以也普到文学，分享人类故事

走出内向

给孤独者的治愈之书

〔美〕杰茜卡·潘 著
郑志远 桔又 译

天地出版社 | TIANDI PRESS

图书在版编目（CIP）数据

走出内向：给孤独者的治愈之书 /（美）杰茜卡·潘著；郑志远，桔又译. —成都：天地出版社，2021.1
ISBN 978-7-5455-6021-3

Ⅰ.①走… Ⅱ.①杰… ②郑… ③桔… Ⅲ.①内倾性格—通俗读物 Ⅳ.①B848.6-49

中国版本图书馆CIP数据核字（2020）第244911号

Copyright © 2019 by Jessica Pan
Published by agreement with Conville & Walsh Limited, through The Grayhawk Agency Ltd.

著作权登记号　图字：21-2020-102

ZOUCHU NEIXIANG：GEI GUDUZHE DE ZHIYU ZHI SHU

走出内向：给孤独者的治愈之书

出品人	陈小雨　杨　政
作　者	［美］杰茜卡·潘
译　者	郑志远　桔　又
责任编辑	柳　媛　李　栋
装帧设计	仙　境
责任印制	董建臣

出版发行	天地出版社
	（成都市槐树街2号　邮政编码：610014）
	（北京市方庄芳群园3区3号　邮政编码：100078）
网　　址	http://www.tiandiph.com
电子邮箱	tianditg@163.com
经　　销	新华文轩出版传媒股份有限公司

印　刷	北京文昌阁彩色印刷有限责任公司
版　次	2021年1月第1版
印　次	2021年2月第2次印刷
开　本	710mm×1000mm　1/16
印　张	19.5
字　数	280千字
定　价	52.00元
书　号	ISBN 978-7-5455-6021-3

版权所有◆违者必究

咨询电话：（028）87734639（总编室）
购书热线：（010）67693207（营销中心）

如有印装错误，请与本社联系调换

| 目录 |

自序 /1

译序 /3

引言 /001

第一章　减肥成功就能重获新生吗？　　　　　　　　/ 009

第二章　和陌生人搭讪　　　　　　　　　　　　　　/ 023

第三章　聚光灯下的进与退　　　　　　　　　　　　/ 055

第四章　生活插曲：父亲的心脏病手术　　　　　　　/ 085

第五章　通过社交软件寻找好友令人羞耻吗？　　　　/ 097

第六章　主动出击，别临时爽约　　　　　　　　　　/ 125

第七章　可怕至极的婚礼演讲　　　　　　　　　　　/ 147

第八章	即兴表演	/ 157
第九章	内向者的"珠穆朗玛峰":单口喜剧	/ 177
第十章	当我们谈论孤独时我们在谈论什么	/ 205
第十一章	独自旅行:寻找"极乐之境"	/ 221
第十二章	至暗时刻:第二次喜剧表演	/ 249
第十三章	自我救赎:卡文迪什喜剧之夜	/ 257
第十四章	与我共进大餐	/ 267
第十五章	在内向者和外向者之间切换	/ 287

后记 /297

致谢 /299

| 自 序 |

首先,我要强调一点:我认为性格平等,一个人无论是内向还是外向,都不存在所谓的"需要被治疗"。但对于我个人而言,长久以来的内向给我带来了一些不愉快的经历。所以我有点好奇,如果我用一年的时间来尝试一下可能让我害怕的新事物——和陌生人打交道,我的生活是否会发生些许变化?如果会,我的生活又会被这些变化引导着奔往哪个方向?这本书讲的就是我将这些想法付诸实践时所发生的故事。接下来,我"梦魇"般的遭遇将陆续展开,请和我一起"享受"这段旅程吧。

| 译 序 |

"孤独"是一门玄学，它不以人数而定。怡然的独处不一定孤独，群体的热闹也不代表个体的不孤独。我可以拿着书看着窗外的风景，时而发呆时而阅读，独处一整天也不感觉孤独。反而在喧闹的聚会里，看着别人轻车熟路地寒暄，自在大方地开玩笑，我尤感孤独。

因为，我是内向者。

社会的发展需要各种性格的个体。我从未迫切地想成为一个外向者，但我不得不承认，内向这个特质，在很多我不得不面对的学习或工作场合中，给我带来了许多困扰。

所以在拿到本书时，我幻想过无数种作者想要表达的东西，它也许是对于内向者心理无微不至的刻画，也许是表达自己对于内向的苦闷，或者是如何与内向和谐共处。但万万没想到，作者居然"胆大包天"地试图通过一些"手段"，将自己从一个内向者转变为外向者。真是闻所未闻，我不敢相信真的有内向者会去实施这一项"地狱级"的任务，但她办到了。当然，这些手段合理合法，甚至有些有趣，而不得不使出这些手段的时光被作者杰茜卡称为"噩梦国度"，这很有些资深内向者的体悟。

本书的翻译历时6个月，我和另外一位译者交替地翻译各个章节，力求翻译风格的统一，经过几遍通读、修改后才将最终版译稿发给编辑。作者的英文通俗流畅，并没有特别艰涩难懂的语句。而翻译中最难的部分，并不是对词句进行准确地翻译，而是进入到作者所处的情境里，思考最贴近她本义的中文表达，力求经过翻译之后，让她那些颇有些"神经质"的经历，也能让中文读者会心一笑。杰茜卡用生动幽默的文字和真挚的感情陪伴我们度过了漫长的6个月的时光，也给予了我们许多温暖和快乐。

杰茜卡在书中描写了她经历过的无数次约会——主动的、被动的、尴尬的、愉悦的……进入她的"噩梦国度"，并尽量把这份"惊悚"原封不动地用中文呈现出来的时刻，我们将之定义为"与杰茜卡·潘的约会"。我个人很喜欢这样的"约会"，希望作者也能喜欢。

我用半年的时间，感受了杰茜卡365天的蜕变，一场所有内向者应该都会向往或者在某个时刻向往过的蜕变——从内向者到外向者的转变。这是一次极有意思，也极具现实意义的实践，尤其是对我这样同样为内向者，并且在很多时候深受其扰的"天涯沦落人"而言。

内向是天生的吗？内向可以改变吗？可以的话，应该怎么做呢？需要多久才能够完成这种转变呢？与其说我在翻译这本书，倒不如说我在逐一找到以上这些问题的答案。我找到了吗？我找到了属于杰茜卡的答案，而属于我自己的，恐怕需要我走进杭州的地铁里，随便揪上一个陌生人，上去就是一个掷地有声的提问："请问中国四大名著是哪四大？"然后属于我的外向密码就开始解锁。杰茜卡外向之旅的初始密码是"英国现任女王是哪位"，换成国内，因地制宜，我想应该就是"中国四大名著是哪四大？（《西游记》《水浒传》《三国演义》《红楼梦》）"或者"黄豆和毛豆是什么关系？（黄豆就是老了的毛豆）"之类老少咸宜、生活气息浓厚的问题。如果我再勤奋一点，准备的问题再多一点，那就可以开一档地铁版的《开心辞典》了。当然这是后话，毕竟我是一个躲在自己舒适区的内向者。

杰茜卡这一年，尝试了许多就算出现在我的幻想里都属于"犯罪"的东西。没错，对我们内向者来说，表达自己就已经是惊天大难题了，而她居然

| 译序 |

去讲了单口喜剧（即脱口秀）。她通过这些，一步一步地找到了内向和外向之间的勾连通道。

她勇敢善良、乖巧内敛，并且带着很强的幽默感。她尝试新鲜事物的过程也许可怕，也许尴尬，但结局总是令人忍俊不禁。加上内向者一向敏感的心思，细腻生动又可爱搞怪的一年就在书本上、文字里跳起了舞，然后跳进读者的眼里、脑海里，还有我这样的内向者的心里。

毋庸置疑，这是一本治愈人心的书：它让那些被内向所困扰而渴望改变的人看到了一丝希望；教会散落在世界的内向者学会自洽；告诉也许正陷入孤独的内向者，看啊，还有千千万万个和你一样的人正在共享这份孤独呢。

如果你是外向者呢？

如果你是外向者的话，那欢迎来我们内向者的世界做客，偶尔感受一下内向者的力量吧。

桔又

2020 年 9 月 7 日

| 引 言 |

这个世界上有两类人。第一类是极端厌恶热闹和人群的人,让他们收看电视里播放的格拉斯顿伯里音乐节(Glastonbury Music Festival)上的演出,不亚于逼他们看一部世界上最骇人的恐怖片。他们的目光越过地毯看向电视,那神情看上去他们仿佛被一个肮脏的、深不见底的泥潭缠住了,无法挣脱,难受无比。因此,没有在音乐节现场并"错过"这场纯粹的狂欢,反倒会让他们松一口气。比起在音乐节现场被一群大腹便便、头发油腻、喝得酩酊大醉而且不断大呼小叫的人团团围住,像现在这样舒舒服服地窝在沙发里,实在是要悠闲惬意得多。

而另一类就是热衷于去现场参加热闹非凡的音乐节的那些人。很不幸,我不属于后者。

22岁生日那一天,几个大学同学为我准备了一个神秘的惊喜。在黑漆漆的卧室里,大家一起蹿出来的瞬间,我的眼泪立马涌了出来,止也止不住。所有在场的人都觉得我一定是太感动了,然而事实却是,我被吓到了。谁能想到,几个月来我第一次抹眼泪,竟然不是因为我单恋我的西班牙语助教这件闻者伤心、听者落泪的"悲剧"?那天晚上,我的好朋友、家人们和一些泛泛之交都坐在我的床上休息、寒暄。最令人难过的是,这张床恰恰是我平时为了躲避他们而独自待着、寻找安宁、只属于我自己的小小空间。

所以，我根本无处可躲。我满脑子都是：他们要待多久啊，什么时候能够离开？以至于到了最后，为了能够让大家明白我的意思，我干脆把所有的灯都打开，殷切地期待着大家都能懂我的心思——生日过完啦，你们可以走啦。

如果你也跟我一样内向，对于害怕自己的生日派对是种什么体验，你肯定能够感同身受。你应该也会害怕发表演讲，害怕参加团建，甚至害怕每一个高朋满座、推杯换盏的新年夜。

作为一个内向的人，对于上述活动，我的感受和你一模一样。其实我是一个既害羞又内向的人（后面会详细介绍）。但凡一个真正的内向者，都会不约而同地拥有一些生活上的共性。比如：让电话铃在房间里一直响着却不想接；总是假装生病来逃避社交；匆匆浏览一个网络事件后立即退出；在酒吧被搭讪时，假装不会说英语……

除了以上必备的基础生存技能，作为内向者，我们还拥有最后一种最高级、最有效的杀手锏——"死机器眼"。我们特别擅长躲避眼神接触，只要露出一双双目无神、毫不聚焦的"死机器眼"，即使熟人迎面走来，我们也能很好地打消他们想打招呼的念头。

但实际上，生活中90%的熟人都不知道我是个内向的人，因为我掩饰得非常好。

下班后一起喝奶茶？不好意思啊，我忙不过来。

等下一起去吃中饭？哎呀，真不巧，我有其他安排了（其实只是在幸福的孤独中享用拉面）。

同事们只会觉得我很忙，被工作以及其他事务缠身，忙得不可开交，业余时间也被各种约会塞得满满当当，生活丰富充实，是一个社交"小达人"。除此之外，我还有一点儿脸盲，在路上经常认不出他们。

直至今日，我的22岁生日已经过去很久了，我增长的已不只是年纪，还有我的聪明才智。现在只要我的生日一到，清早我就会轻轻摇醒我的丈夫萨姆（Sam），在他耳边低语："你要是敢给我准备什么惊喜派对的话，我就灭了你。"他总是睡眼惺忪地点头，但我知道他并没有真的理解。因为他和我完全不是同一种生物。他喜欢安静，但也喜欢酒吧的热闹，热衷于在节日里外出闲逛。

萨姆即使不理解，但也早已对我的一些"异常"行为习以为常了。比如某个夜里我们在酒吧里好好地坐着，我突然跟他说："把我外套拿上，去电梯门口等我！"话音刚落，我就已经冲向后面的出口了。而我这么做只是因为一群醉意初显、媚态百生的女孩突然涌进酒吧，据我的判断那应该是一场单身派对。

萨姆虽然能够包容、理解我的"异常"行为，但其实他对我深层次的精神世界一无所知。举个例子，他不明白为什么比起人类，我会更喜欢小狗。其实道理很简单，小狗不需要你陪它们闲聊，不会对你评头论足，也不会在你工作的时候像蚊子一样"嗡嗡嗡"地围绕在你的身边，令人心烦意乱。它们不会冲你咳嗽，更不会问你什么时候要孩子。但在萨姆眼里：狗是相当野蛮的生物，它们会把脏爪子放在你的身上，弄脏你干净的新衣服；它们随时准备着攻击你，令人提心吊胆。萨姆对狗的认知恰恰是我对人类的感受。

我以为，我会一直安然地接受自己做一个内向的人，像现在这样的日子也会被复制到未来的每一天。直到一件事情的发生打破了我原本平静的生活：在一间桑拿房里，我穿着黑色运动服，握着一本《男性健康》(Men's Health)杂志，哭着对一名水疗中心的员工爆着粗口大声抗议。

那时，我意识到有些东西必须改变了。

当然，上面这个故事已经被我简化了。

有的人很擅长和陌生人交流以建立新的人际关系，在聚会上结识新的朋友也轻而易举。而我的技能点，在别的领域也确实能大放异彩，比如在黑暗的门口沮丧地徘徊啦，聚会的时候躲到沙发的角落啦，总是提早离场啦，擅长在公交上假装睡着之类的。

虽然人们参考的标准可能不同，但结果是一致的。至少有近三分之一的人认为自己是内向的,所以"内向"这个词很可能也可以用来形容正在读这本书的你。所以,如果我们出现在同一个派对上,又刚好都没有玩得精疲力竭,我们就可以一起躲在厨房的奶酪旁,共同探讨一下与内向有关的话题。

关于内向者和外向者的定义一直存在着很多激烈的争议。有一种定义被人们普遍接受,即内向的人从独处中获取能量,而外向的人则从与他人的相处中获得能量。但心理学家经常讨论的是与此相关的另外两个维度——害羞和开朗。我一直认为所有的内向者都是十分羞赧的,然而事实是,有些内向者在群体中格外自信,发表一场流利的演讲也信手拈来。他们内向,仅仅是因为他们不能长时间地应对人群。①

但是,我内向是因为我真的很害羞。我害怕与陌生人接触,畏惧成为众人瞩目的焦点。每次被熙熙攘攘的人群围住后,我都需要很长一段时间来恢复。正如一篇文章定义的那样,我是一个"不善社交的内向者"。所以,"害羞的内向者"这个词用来形容我再贴切不过了,谁让我是一个时刻低着头、只对别人的小腿感兴趣的"变态"呢。

我并不知道内向是天生的还是后天养成的,但于我而言,内向这个特质在我很小的时候就露出了端倪。我在得克萨斯州的一个小镇长大,在那里,我故意错过一年一度的生日派对,常常为了逃避做课堂展示而假装生病。在很多个夜里,我都在写关于平行宇宙的日记。在这个宇宙里,我和很多人友好互动,偶尔会成为众人关注的焦点。

在孩提时代,我总是不明白,为什么对于同一件事情,我和我那些外向的亲戚的感受会如此天差地别。我的父亲是中国人,我的母亲是犹太裔美国人。他们都钟爱两件事情——中餐以及和新朋友聊天。除此之外,我的两位兄长也热衷于邀请一大帮朋友在家里聚会好几个小时。原本我天真地以为,他们只是更擅于假装喜欢我讨厌的东西,但后来我发自内心地感到困惑:为什么他们会

---

① 有关这方面的更多信息,请参阅本书后记。——作者注

| 引言 |

喜欢结交一大帮新朋友，愿意花上好几个小时进行社交活动，并且对举办我并不感兴趣的生日派对如此乐此不疲？问题出在哪儿？我开始严重怀疑问题就出在我身上。

尽管如此，在成长过程中，我还是一直向往着更辽阔的人生，因为世界上新奇好玩的事物总是层出不穷。但是在我成长的小镇上，那是一种我想象不到的人生。所以我决定离开"熟悉的圈子"，从认识我的人中抽离出来，将自己变回一页白纸，到一个可以彻底改造自己的簇新之地。我去过北京，到过澳大利亚，最后选择了我现在居住的伦敦。

尽管路途遥远，但在旅行中有些事情我始终如一地在做，比如独自一人在角落里吃饭，食物还是那些食物，像饺子、烤虾、烤饼和奶油等。还有独自一人在外徘徊，从紫禁城到悉尼歌剧院，再到伦敦塔。我本以为在异国他乡，我或许能将内向从身上抖落，但没想到它就像湿疹一样，在一般的气候条件下都能茁壮成长。

2012年，苏珊·凯恩（Susan Cain）的畅销书引发了一场"无声革命"。书中写道，每两三个人之中就有一个内向者。他们没有任何问题。内向的人往往专注做事，喜欢独处，"不爱攀谈，讨厌公众演讲，喜欢一对一的谈话"。"又害羞又敏感的宅女？"没错，说的就是我！

读到这些时，我如释重负，决定拥抱自己的这一面，因为这就是最真实的我。我是一个内向的人，我没有因此而感到自责，反而十分庆幸。毕竟，我的性格是我成为作家的重要原因之一。这也意味着，我和我小圈子里的朋友的关系甚为亲密。

但在接下来的一年里，一切都变了。先是失业，再是最亲密的朋友搬走，笼罩在我头顶的孤独感瞬间压了下来，就好像最近我搁浅了跑步计划，我的人生也变得停滞不前。事实上，我想故伎重施，跳上一架飞机，顶着弗朗西丝卡·德·露西（Francesca de Lussy）式的名字，开启一段新的生活。但很显然，

005

我并没有那么多自信来实现这个念头，甚至连我用来遮脸的帽子也没有那么多可以用来更换。

我总是停下来思考：我究竟想从生活里获得什么？我想获得一份工作，也想结交一些新朋友，从而获得真正意义上的和社会的连接感，从而变得更加自信。这样的要求很难实现吗？应该不会吧。那么，现在我有工作、有密友，生活富足、人生充盈，还有什么是我做不到的呢？于是，我带着与日俱增的自信逐渐意识到，原来那些不内向的人一直在尝试新事物，他们在冒险，在和社会建立新的联系。与躲在昏暗的角落窥探这个花花世界不同，他们选择在这个世界上尽情地绽放自己鲜活的生命。

曾经，我无意中听到我的前同事薇洛（Willow）提起她去纽约旅行的经历。那天她在展望公园（Prospect Park）闲逛，偶遇一只小狗，并逗了逗它。然后薇洛就和小狗的主人——一位女士共同度过了一整天。夜幕降临时，她俩还一起去了一家爵士乐俱乐部，玩到凌晨 4 点仍然意犹未尽。在那之后，她又通过一位新朋友的介绍，找到了自己梦寐以求的工作。甚至在某个节日的时候，她在排队上厕所的空隙交上了一个新男友。并且她发现自己患有低血糖，也是通过在聚会上和一位医生聊天得知的。薇洛的整个人生都是由这些偶然的相遇拼凑而成的。因为每当与人相遇，她都会选择交谈和倾听，而不是飞快地从他们身边跑开，嘴里还嘟囔着："我不会说英语，我不会说英语……"

所以，如果我也敞开生命的大门，我的人生际遇会发生什么改变呢？它会朝着更好的方向前进吗？

尽管我已经全然接纳了自己，但此时此刻，在这个人生的关键节点，我没有感觉到快乐。我向来最擅长的就是，用自己内向者的身份做砖瓦，逐渐筑起一堵与世隔绝的高墙，任凭他人在墙外嬉笑，而我在墙内总能获得些许的安全感，这就足够了。

我很享受只属于一个人的世界，但有的时候又会好奇，如果我一直这么内向的话，是否会错过什么。当你试图去定义一件事或者一个人的时候，就会不

| 引言 |

可避免地产生一些和你的定义有关的局限性。于是，我对自己的看法，慢慢变成了一个自我实现的预言："演讲？不了不了，我不会演讲。""聚会？不了不了，我不擅长搞聚会。"我接受了我是谁，接受了自己是内向者，从而理所当然地拒绝了那些让我天然恐惧的东西。因为我依旧害怕，并且从未直面过恐惧，更遑论走出去迎接内心渴望的新生活。

在我攻读心理学学士期间，我选修了一门神经科学课程。因为我对"先天"和"后天"的相互作用兴趣盎然，尤其是对内向性格的成因充满了好奇。但是现在我已然成年，假设我做出"后天"的努力，这些新的经历又能将我的性格改变多少呢？！

莎士比亚有句名言："忠于自我。"话虽如此，但我不想一直被内心深处时不时涌上来的不安全感和焦虑感裹挟，我不想一直"发育不良"，无法成熟。作为万物之灵的人类，我们是最聪慧的生物，我们有能力让自己成长和蜕变。

当我意识到这一点时，一个小小的声音穿透了我的身体，萦绕在我耳边："管他呢！"原来，我一直在用内向这个标签作为逃避的借口。

直到那时，我一直保持着内向的特质。它让我和内心深处渴望着的事物完全绝缘，比如职业生涯的发展、崭新又有意义的人际关系、充满欢声笑语的友谊等。

或许，我本身就是一个生长在山洞里的内向者，而不是因为我是一个内向者，才住进山洞里。有很多内向者很快乐，即使在山洞里，他们也能达到人生最完满的状态。但是，我想走出那个山洞，因为我坚信，有一个比现在更广阔的生活在等待着我，它会让我振奋，让我雀跃不已。

但是如果这样做的话，有些事情必须被改变。

这里有许多值得探究的问题：如果一个害羞的内向者，拿着外向者的剧本，像"交际花"一样生活一年，会发生什么？她是否会心甘情愿地将自己置身于那个她之前不惜一切代价逃避的熙来攘往、人声嘈杂的社交场合？

这次改变会帮她按下重启人生的按钮，赐予她韶华重来的机会吗？

或者，她会形单影只，选择在树林里以草为食，和狼聊天，直到因为营养不良而死去，但她再也不用和人闲聊比特币了，她会因此感到高兴吗？

算了，不管这么多了，思维发散到此结束。

第一章
减肥成功就能重获新生吗？

第一章　减肥成功就能重获新生吗？

　　我的丈夫萨姆是一个英国人。我们在北京相遇，用你能想到的最可能的方式，两个害羞的人相爱了。我们供职于同一家出版单位，工位仅有两个办公桌之隔。上班期间，我们在聊天软件上"暗送秋波"、互相暧昧，但私底下却从不进行任何眼神交流。我深深地为他着迷，因为面对他，我第一次感受到，原来和他人相处时，我也能卸下身上所有的防备，全然放松下来。他就是我的"真命天子"。在面对面"会晤"之后，我们一起搬到了澳大利亚。后来，我们结了婚，搬到了伦敦北部伊斯灵顿的一套小公寓里。

　　在北京，当地人对你有什么评价，总是直言不讳。我花了近3年的时间来适应这种直来直往的表达方式。茶馆老板觉得我太过丰腴，相反我的房东太太却认为我过于苗条。但他们，包括路边卖水果的小贩都有一个共识——觉得我热水喝得不够多。

　　他们总是好奇我当杂志编辑一年能挣多少钱（其实并不多），或者为什么我总喜欢趿拉着人字拖在外边晃悠（可能是我年少无知的缘故）。因为北京是个大城市，穿着人字拖外出显得不太庄重；路边偶尔也会脏乱，人字拖显然保护不了我干净的脚丫。又或者，他们会关心我为什么看起来如此憔悴。

　　这些花样百出、偶尔还涉及我隐私的问题当然给我带来了不少困扰，但至少有一点支撑着我内心的平和，也是最重要的一点——我清楚地知道我身在何处。

　　离开了存在语言壁垒的北京，我天真地以为在英国这个没有语言障碍的国家里，一定能够生活得如鱼得水、自由畅快。再加上有几个老朋友和萨姆相伴，我感觉我的生活就要起飞了。在中国度过混乱的 3 年之后，我对伦敦尤为敬畏：满目皆是沁人的绿意，街边的队伍井然有序，马桶都带着座圈，以及塞恩斯伯里超市里摆着各种各样的巧克力棒和薯片……这一切无不让我欢呼雀跃。我不自觉地想张开双臂，徜徉在伦敦的街头，大口呼吸我所热爱的空气。我多么希望，伦敦能像我爱她那样爱我。

但是，伦敦不仅没有回应我的爱，反而派了一个伦敦人偷走了我的钱包和签证，从而剥夺了我在英国工作的权利。伦敦用一种毫无善意并且咄咄逼人的方式对我进行了惩罚，没有签证，意味着我不能离开这个国家。她囚禁了我，剥夺了我工作的机会，这是多么残忍。

然而这一切才刚刚开始。在火车上，我挪开了我的行李让一个女人经过，她对此表示很感激。我几乎可以肯定她的潜台词是"你做得太对了"。但当一个男人在自动扶梯上从我身边挤过，并说出"请问，我可以……？"时，我简直要哭出来了。因为，人们在询问我是否想做某事，就像那位扶梯上的男人想借道时，我总是无法听出他们的语气：他是在命令我吗？或是给了我一个建议？还是其实是在挖苦我？

那不如交些朋友吧！然而事实却是，即便在最容易的地方，我也很难交到新朋友，更不用说在伦敦了。伦敦人在公共场合尤其喜欢独处。起初这让人很自在，可以一个人静静待着做自己的事儿，没有人上来叨扰，多幸福。这种幸福感一直持续到我在众目睽睽之下摔倒在伦敦人来人往的街道上。为了缓解尴尬，不让路过的人担心，我嘴里下意识地念叨着"还好还好，没多大事儿"。但没想到的是，我躺在地上如此无助，却没有一个人停下来扶我！至今回想起这一幕，我仍然觉得历历在目。这些人啊，简直比我还内向！

因为没签证，不能工作，所以我拥有了大把可支配的自由时间，然后追完了"英国文化最伟大的发明"——大型真人秀节目《与我共进大餐》（*Come Dine with Me*）。我发现，大多数英国宴会都会以一个水煮梨收尾，而且每个人都会在私下说老板的坏话，这个发现让我莫名有些开心。

第一章 减肥成功就能重获新生吗？

几个月后，我拿回了签证。签证一到手，我就完成了一项迫在眉睫的任务——在一家营销机构找到了一份专门给某个鞋类品牌撰写文案的工作。我的工作内容是写攻略，告诉大家在什么天气该穿什么样的鞋。可笑的是，大多数人7岁时就已经熟练掌握了这项技能。

不知不觉间，我和萨姆已经在伦敦待了好几年。在这几年间，我所有在伦敦的朋友都相继离开了。我大学最好的朋友雷切尔（Rachel）搬到了巴黎，来自中国的好朋友埃莉（Ellie）搬回了北京，我的英国同事都散居在乡下或郊区。我对伦敦这座城市感到愈发陌生，置身其中，我仿佛成了一座孤岛。街道日渐熟悉，但每天我目之所及的都是陌生人的面孔。于是，我逐渐沉迷工作，把自己埋在实时更新的帖子中，钻进一场场冗长的客户会议里，躲进品牌方琳琅满目的鞋堆里。

故事的转折点发生在一个夜晚。那晚是公司的表彰大会，老板们要选择一个经常在办公室度过周末、留在公司时间最长的员工，为其颁发大奖，并美其名曰"午夜加班奖"。他们宣称，这个人全身心地扑在工作上，然后他们拆开了信封，叫出了我的名字。

当时，我还没彻底反应过来，只能傻愣愣地走向那个临时搭建的颁奖台。有许多男同事拍了拍我的后背，开玩笑地"祝贺"我，"嘲笑"我没有私人生活。我咬咬牙，在脸上挤出一个微笑，接受了这个奖项。

我把上面刻着我名字的奖杯带回了家，它就像佛罗多（Frodo）的魔戒一样，变成了一件被诅咒的器物，只是它没有那么强大和闪亮，看起来也更加笨重。它时刻提醒着我，我是一个失败者——因为我对工作、生活毫无热忱，完全提不起兴趣。我希望成为自己敬佩的那种人——敢于冒险，勇于尝试新鲜事物，面对重大问题能深思熟虑而不是做简单的选择题。我离这样的要求还相差甚远。

就像佛罗多的魔戒一样，奖杯也不能被火烧掉或是丢到垃圾桶里。我看过电影《指环王：魔戒再现》的预告片，担心它会像电影里的魔戒一样重新找上门来。于是，我决定把它安置在最偏僻的地方，关在了柜子里，让它烂在半打垃圾袋和水管清洁剂旁边。"去你的吧！"我温柔地对奖杯说道。

第二天，回到工作岗位后，我得知"午夜加班奖"去年的得主是戴夫（Dave）——一个看上去总是满面愁容、每天嚼着同样口味的三明治的人。在公司的圣诞晚会上，我们俩在一个角落里挨坐着，他醉醺醺地跟我承认："只要能够知道如何离开这里，我愿付出任何代价。"

我从戴夫那里得到了启发，随后就做了一件极其愚蠢却令我倍感舒畅的事情——我辞职了。

由于没有找好下家，我开始称呼自己为"自由职业者"。在我的字典里，"自由职业者"是一种委婉的说法，特指那些在公园里闲逛，看到猫咪会格外兴奋的一类人。我坐在家里的蓝色沙发上，继续写着关于鞋子的文章，赚的钱比之前少了很多。当我看到人们在通勤的路上行色匆匆时，我突然意识到，这个偌大的城市容纳了近900万人，而我每天的交流对象仅限两位——萨姆和一位咖啡师。

咖啡师不是一个健谈的人，而萨姆在我们家的四面高墙之外，也有自己的生活。他有热爱的工作、聊得来的同事，参加了一个夜跑俱乐部，还有能和他一起看足球比赛的至交好友。他是一颗可以自转的独立星球，而我却是一颗只能围绕着他转的精神贫瘠的卫星。每天清晨他一去上班，我就把头深深地埋进被子里，因为不想独自面对又一个阴郁的日子——一个不会有人在某个地方等我赴约的苍白的日子。我哥给我发短信说："你好长时间没给我发短信了，过得怎么样啊，最近还好吗？"

我哥发来的短信给了我重重一击。我无法将我的情况告诉家人，因为他们离我实在太过遥远。我掉进了一个抬头都望不见日光的幽暗的洞里，怎么找也找不到出口。但我不愿向任何人承认，包括萨姆，也包括我自己。

一个寒风凛冽的冬日清晨，我给远在英吉利海峡对岸的雷切尔发了一封邮件。在此之前，我彻夜未眠，在谷歌搜索了一连串问题："黑洞""我有注意

第一章　减肥成功就能重获新生吗？

力缺陷障碍吗？""米克·贾格尔（Mick Jagger）和戴维·鲍伊（David Bowie）是朋友吗？"。我发现，我总是从一个网页跳到另一个网页，从来就没有完整地看完过其中任何一个。我思绪紊乱，变得健忘，注意力也很难集中。至此我不得不承认，我极有可能患上了注意力缺陷障碍。

雷切尔很快回信："我不确定……关于你说的一切，我感觉更像是抑郁症。注意力不集中实际上是抑郁症的症状之一。你应该找个人好好谈谈……"

我不懂她为什么会想到抑郁症，所以我又仔细回看了先前发给她的邮件。当我看见那份邮件的结尾是"我对什么都没有了期待"时，我迅速关上了电脑。

年轻的时候，我们认为未来的生活一定是创意满分，精力无限，我们不会虚度哪怕一秒的光阴，每天都会过得丰富充实。但随着年龄的增长，我慢慢把自己逼到了一个角落。我前进的道路，只剩下一条狭长幽暗的走廊，两边的门都关得严严实实。而且，在这个自由的社交媒体时代，它们都是玻璃门。我透过那些对我紧闭的大门，可以清楚地看到，每一扇门里都有一位同龄人被一群好友簇拥着，他们笑容灿烂，春风得意。

我的周围无形之中筑起了一座堡垒，那是我亲手筑成的。堡垒上满是层层叠叠的书籍，书墙上挂着一个牌子，上面赫然写着："无论如何我都不需要你！"

但实际上呢？实际上我真的需要，雷切尔知道，我也知道。我想是时候走出令我越来越不舒适的"舒适区"了。但是我很清楚，我不是因为内向而产生抑郁，只是因为我是一个内向的人，然后碰巧心情不好而已。我确实讨厌自己现在的状态，所以我决定重新开始。

于是，我开始在健身房健身，虽然这听起来一点都不像是我解决实际问题的方案。

按照一般故事的发展逻辑，我应该通过健身减肥重获新生，抑郁症被完全治愈，生活变得风生水起，然后我成了一名百万富翁，从而让这个励志故事拥有一个圆满的大结局。但很遗憾，现实不是小说，这只是我如何谨小慎微地穿过禁锢我的堡垒，试图踏入外部世界的故事。我走出自己的房间，慢慢地重新融入社会。一个内向的人要做出改变，迈出的第一步便是尽量让自己看上去像一个外向者。我要了一点小伎俩，为后面要讲的故事做了一些轻松的铺垫。

为了获得健身房提供的免费会员资格，我每周要参加三节健身课，还必须赢得他们的室内健身和减肥挑战。环顾四周，这个健身房里的女性个个身姿挺拔，高高梳起的马尾辫非常贴合她们的气质。她们极有可能完成了父母的期许，当上了医生、律师或者银行家，总之绝不是那些在博客上写"系鞋带的一百种方式"的庸俗之辈。

如果我真的完成了健身房的挑战，我就能得到免费会员，加入她们的行列，四舍五入的话，相当于和她们一起生活了。如果运气好的话，或许我还能交到一两个新朋友。想象着在健身房的淋浴室里使用免费的高档洗发水，在身体变得强壮之后搬大型家具也不在话下的画面，感觉健康快乐的人生之旅好像马上就要展开啦（运动会让大脑分泌更多的内啡肽）。

我对自己赢下比赛这件事充满信心，因为我的生活里没有其他事情需要操心，所以我全力准备拿下这样的比赛简直轻而易举。事实证明我是对的，一周接着一周，来上健身课的人越来越少。很少有人能坚持上完三门课程，这也意味着我的竞争对手越来越少。

到了最后一周，只剩下我和一个叫波希亚（Portia）的女人角逐唯一的胜出资格。

可悲的是，我对波希亚竟然萌生出了一股深深的怨恨。

这场比赛也许有点愚蠢，但它寄托了我对未来美好生活的全部期盼，所以我必须打败波希亚。我开始思忖这个冰冷又残酷的比赛规则——体重下降的百分比的大小是比赛结果的唯一评判标准。称重将在一周后进行。人的体重由什么决定呢？答案是脂肪、肌肉、骨骼和水。

有天晚上，我在上网时偶然发现，摔跤运动员和拳击手通常会在几天内通过减掉10~15磅的水来"减重"。此后，我就像坠入黑洞一般，沉迷于有关摔跤和拳击的博客难以自拔。这些博客是由叫布兰登（Brandon）的家伙写的，其中事无巨细地列举了快速减掉身体水分的方法。有些方法比较简单，比如喝黑咖啡（一种利尿剂）。稍微极端一点的方法是服用咖啡因或饮用蒲公英茶。喝咖啡听上去还可以，因为"社畜"都会这么干。但我现在已经每天都在喝咖啡了，所以这一条对我失去了作用。

从我第一次因为和波希亚竞争的事情而绝望地瘫在沙发上开始，萨姆一直对我和我的"行为"格外耐心和包容。这种包容持续到称重的前一天，终于被打破了。我努力向他解释，我之所以不愿意洗澡，是因为皮肤会吸收水分，这会导致比赛当天我的体重将增加1千克，这是新手们才会犯的错误。不经意间洗的一个澡，就有可能决定最后的胜负。

"你报名参加这个比赛，是奔着健康和快乐去的，但你现在却在说要打败一个叫作波希亚的人，每天吃起了咖啡因药片。还有，你为什么再也不洗澡了？"

"我只是明天不洗澡！"我吼了回去，"我也没有买什么咖啡因药片，你以为我疯了吗？"

我气呼呼地回去继续浏览有关摔跤的博客，突然发现了一种备受推崇的减肥方法——蒸桑拿。

当然，有别于传统意义上桑拿的温暖惬意，这并不是一次斯堪的纳维亚式的温泉之旅，它不仅不排毒，而且还让人很不舒服。桑拿唯一的作用就是把体内的水分"烤"干，并且为了"烤"出最佳效果，那些博客还建议不要脱衣服，裹得像粽子一样效果更好。

我爱桑拿，我也有资格去蒸桑拿。女人蒸桑拿又不犯法，也没有规定说一个不喝黑咖啡、不洗澡的女人就不能去蒸桑拿吧？"你可以去！"我坚定地告诉自己。任何一个女人都可以在任意一天把以上这些事情做个遍。

但显然，萨姆是对的。我太想打败波希亚了，以至于逐渐忘了踏进健身房的初衷。其实我也知道我做的这些事很可悲，也并不喜欢自己现在的状态。但一年多来，"失败者"这三个字像阴云一样，一直笼罩在我上空，压得我喘不过气。在我快要跌到人生谷底的时候，我急迫地渴望一场酣畅淋漓的胜利。

称重的这一天终于来临了。我"全副武装"踏进桑拿房，一屁股坐到滚烫的木板上。我上半身穿着一件黑色长袖 T 恤，下半身穿着黑色运动长裤，双脚套着加厚的羊毛袜。干热的空气瞬间吞没了我的身体，我就像一个修行的忍者一样，合上双眼，向后一倒。

此时，我浏览过的关于摔跤的博客一篇篇地在我脑海里浮现，正是它们指引着我来到这里。我和业余摔跤英雄们有一个共同点，那就是我们都知道，要想得到必须先失去，成功必然有牺牲。但一旦桑拿房里有人问起我在干吗，我确实不知道该如何向他解释。此刻我坐在这里大汗淋漓，其实是为了让我的生活回到正轨，为了省下办健身会员的钱。

在桑拿房里穿成这样其实相当难受，但我已经熬过了最艰难的时刻——决定违背内向的本性，试图外向，做个表里不一的"混蛋"的心理斗争时刻。而现在我只需要熬过这 15 分钟的炙烤时光，这简单多了。我紧闭双眼，等待时间一分一秒地流逝。在这种高温下，我想象自己是一只沙漠甲虫，这样我就能够保持坚忍，度过高温时间。我可以的！

然而接待员并不想让我如愿，这导致我很难进入真正意义上的"禅定"。她可能觉得我的行为鬼鬼祟祟，所以总是对我进行突击检查。当她第一次使劲地打开桑拿房的门时，我积攒的所有热气都跑出去了。我连忙跳了起来，把门"砰"的一声关上，用手示意她我们可以隔着薄薄的玻璃交谈。就这样，门被我们打开关上，关上打开，来来回回，重复了好几次。

"你为什么穿成这样？你疯了吗，赶紧把厚衣服脱了！"她隔着玻璃对我喊道。此时我的衣服已经湿得透透的了。

"不脱，我就爱这么穿！"我交叉双臂，没做过多的解释。她第三次来开门时，我终于爆发了，喊了一句："苍天啊，你能不能走远点，算我求你了？"她愣住了，终于决定让我一个人安静地待着，再没来打扰。

我终于重获安宁，再一次闭上了双眼。我已经口干舌燥了，却不能喝水，

第一章 减肥成功就能重获新生吗？

因为那样做会违背我来这里的目的。我的嗓子像冒烟了一样。每隔 30 秒我就要看一次钟，我觉得 1 个小时都该过去了，抬眼一看发现才过去 5 分钟。为了分散自己的注意力，我伸手去角落里想找本杂志消遣，却发现每一本都在谈论男性健康。

我翻看了其中一页，看到了一个关于如何在夏季远足时保持安全的专题。我心不在焉地浏览了一条和中暑有关的信息："由于过度出汗、脱水和过热造成的中暑会导致脑损伤或死亡。"呃，我看到了什么玩意儿？

从早上开始到现在，我滴水未沾，现在我觉得嘴唇干得快要裂开了。我在一个巨大的"烤箱"里大汗淋漓，简直为中暑创造了完美的条件，而且这还是我故意为之的。我陷入了强烈的自我怀疑：我会不会中暑？我是不是已经中暑了？中暑是什么感觉？

我惊慌失措，感觉自己马上就要在桑拿房里"香消玉殒"了。恍惚间，我仿佛看到了自己的讣告："她在伦敦北部的免费健身会员竞争中中暑，壮烈牺牲。"他们会告诉我的父母，我死的时候穿得像个"刺客"，手里正拿着一本《8 分钟腹肌训练指南》。

我的身体还在燥热的桑拿房里慢腾腾地烤着，但我内心深处的某个地方已经瓦凉瓦凉了。我完全失去了理智。我没有失去脑子，因为我脑子早就没了。

我推开桑拿房的门离开了。

随后，我坐在一家咖啡馆里拼命喝水，双目无神地望着天花板。我给自己灌了很多很多水。一回到家，我就像耗尽了最后一丝力气，一下子瘫在了沙发上。

我究竟怎么了？没有工作，没有朋友，还不够惨吗？现在连脑子也没了。[①]

那天我跌进了人生的谷底，但是随即上帝便慷慨地洒出了他的光芒，照耀

[①] 我顺理成章地赢下了减肥挑战。因为波希亚还没精神错乱到那种程度，世上恐怕也只有我和那些写减肥博客的家伙们才会疯狂成那样。——作者注

到了我的身上，就在我顽强地窝在桑拿房，读着男性健康杂志以消磨时光的那个瞬间。但这没有什么值得骄傲的，因为我陷入了前所未有的迷茫。我不知道我的沮丧和孤独来自何处，也无法知晓我天生的内向性格又将在何处消失。我曾经是一个快乐的内向者，但是现在我的世界已经被恐惧和不安完全占领，它们让我裹足不前，甚至把我排挤进了一个幽暗的洞里。

　　那天，我仔细审视了一下我的现状：我目前的生活圈很狭小，我会喜欢更广阔一些的生活吗？如果我想让我的生活圈扩大，那么这意味着我必须向世人开放我一直以来小心维护的内在世界。我读过很多主题为"30岁很难交到朋友"的文章，对于像我这样内向的人来说，情况估计会更糟糕。我将友谊简单粗暴地分成了两种：要么你是我最好的朋友，我们亲密无间，无话不谈；要么你是个陌生人，我觉得你让人捉摸不透，充满危险，从而时刻对你保持警惕。

　　从咖啡馆的窗户望出去，车辆川流不息，人群熙攘游走，整个世界滚滚向前，就像奔腾不息的长河，热烈奔放，充满生命力。但这热闹的世界没有一丝一毫属于我。我想念分散在世界各地的朋友，怀念对事情感到兴奋的感觉。我觉得我的灵魂正在脱离我的躯体，逐渐远去。

　　最终我找到了答案，做出了最后的选择。

　　接下来的日子里，我会和陌生人聊天，不是闲聊，而是认真地探讨，甚至会问"你父亲对此有何感受"这种深入的问题；我会当众演讲，学会面对密集的人群；我会独自上路，在旅途中结识新朋友；我会接受社交邀请，参加聚会，并且再也不第一个离开。

　　如果我能挺过这一切，我会尝试攀登内向者的"珠穆朗玛峰"——表演一场单口喜剧。这根本不是在选择一次冒险，而是在选择经历一场噩梦。

　　在这场噩梦的结尾，我举办了一场午宴，来弥补22岁生日聚会上提前开灯的过失。我邀请了一些偶遇的路人，也绝对没有在1小时后就把他们轰出去。我努力娱乐大家，参与闲聊，享受庆祝的快乐。

　　这和慢跑一样，让我汗流浃背，心跳加速，浑身不自在。但从长远来看，

第一章　减肥成功就能重获新生吗？

这应该会让我获益匪浅。

我想，我其实是可以外向的。

我想给自己一年的时间去完成这种转变。

第二章
和陌生人搭讪

第二章　和陌生人搭讪

我身旁坐着一个颇为俊秀的陌生人，他有着高挑的身材、黝黑健康的肤色、帅气的五官，浑身散发着一种温和谦逊的气质。他还有一双泛着光的宝蓝色眼睛，身穿格子衬衫和牛仔裤，裤角微微卷起，一切都显得刚刚好。

我们小心翼翼地打量了对方一眼，然后鼓起勇气开始对视。我做了一个深呼吸给自己打气，然后迈出了这段注定艰难的对话的第一步。

"我住的地方离父母很远，所以他们觉得我过得不太幸福，但其实还好。只有一点我受不了，就是有时候我真的不知道自己在干吗，挺迷茫的。"

他听完眨了眨眼，说道："我已经连续 10 个月没见过我的家人了，但我突然发现，即使这么长时间不见面，我也一点儿都不想他们。我害怕这样下去，我可能会变成一个冷血的'坏人'。"

又到了我的回合。

"我总是特别担心自己挣的钱不够花。"我说，"一交完税，就没剩几个钱了。我害怕这辈子永远就在温饱线上下挣扎了。"

轮到你了，老兄。

"我觉得我配不上我的妻子，因为她挣的钱比我多得多。"他说。

这是他的真心话。

"我最好的朋友都搬走了，我们之间慢慢变得疏远。我担心我再也交不到一个亲密无间的朋友了，每次一想到这个我就特别难过。"我感觉到我的声音在微微颤抖。

"我也发现，我现在很难再交到真正的新朋友了，这也是今晚我来这里的原因。我跟我妻子说我在加班，她肯定想不到我居然在这里。"这时铃响了。

我和克里斯（Chris）报名参加了同一个培训班，这个课程在宣传广告上承诺，将教会我们更好地与他人建立联系。但我们都没想到，这意味着要向陌生人袒露自己的隐私，可是他们的宣传手册里只字未提。

"如果你说的话让你觉得自己是一个失败者，那么你就做对了！"我们的老师马克（Mark）用鼓励的语气喊道。

我和克里斯互相点头表示赞同，身子在座位上下沉得更低了。我们的确做对了，我们两个人都挺失败的。

外向者的一个显著特征便是他们喜欢与别人待在同一个空间，享受互动和聊天带来的快乐。而对我来说，和别人聊天时要理解的东西、需要耗费的精力实在太多了，简直是难于上青天。

如果你和我一样，也只认识一小撮人，那么你接触的多数"其他人"自然都是陌生人。所以我要想在一年之内变得外向的话，就必须克服和陌生人说话时的恐惧——横亘在我面前的第一块绊脚石。

刚来伦敦时我就知道，伦敦人不喜欢和陌生人说话。如果你在伦敦的公共场合和陌生人搭讪，他们看你的眼神就好像你扇了他们一记耳光一样，既震惊又委屈。他们会觉得你背叛了他们，背叛了整个社会，因为你破坏了公共场合里人人心照不宣、暗自遵守的社会规则。不止一个英国人告诉过我，只有美国人和神经错乱的人才会和陌生人讲话。也许考虑到北方人或是整个约克郡的名声，我不应该这么说他们。但是，这些英国人除了吐槽美国人，还会偷听你和朋友较为私密的谈话，这简直让人苦不堪言。

几年前，我在伦敦当地的一家咖啡馆里发现了一盒徽章。我捡起一个，上面写着"我喜欢和陌生人说话"。我连忙把它扔了回去，生怕有人看见我拿着它，写这个还不如写"我喜欢吃蜘蛛"来得正常一点儿。

和陌生人说话是我最不得以而为之的选择。除非我在陌生的地方迷了路，

第二章　和陌生人搭讪

手机坏了，腿也摔断了，然后12级台风呼啸着来了，我在风雨中弱小、可怜又无助——以上这些坏事一股脑儿同时发生，我才会考虑和陌生人搭个讪、说句话、求个救啥的。

我知道世界上像我这样的人有很多。在城市的早晚高峰，我们像沙丁鱼罐头一样挤在公交上，彼此"亲密无间"，但车厢里依旧一片寂静。虽然我的脸都快埋进你的胳肢窝里了，但你想让我找你聊聊天？哼，门儿都没有。

但随后我又将那枚"我喜欢和陌生人说话"的徽章拿了起来，然后冒出一个"邪恶"的想法：去弄一件衣服，上面写上"健谈的游客"。哈哈，穿上它一定能在万圣节让所有伦敦人闻风丧胆。

过了很久之后，我几乎要把徽章这件事忘得一干二净了。直到有一次我读到一篇文章，上面说当人们被迫与陌生人交谈时，他们会更快乐，这个理念让我一时受到了冲击，同时回想起了那枚徽章。

和读到那篇文章几乎同时，我在纽约飞往伦敦的一次航班上遭遇了第二次"暴击"。我和两名男子坐在一排三人座位上，我一落座就开启了"系统关机模式"。我戴上耳机，目视前方，不断在心里默念："我不在线，我不在线，不要和我说话，不要和我说话……"我的祈祷果然奏效了，他们很快就转向了对方，开始攀谈。我很满意。从交换烧烤食谱到用手机互相展示各自的全家福，他们谈天说地，畅所欲言。当我们在希思罗（Heathrow）机场着陆时，他们的关系已经发展到其中一个在邀请另一个参加他星期五的生日聚会了。

我震惊了，如果6小时的航班就能让两个人的关系拉得如此之近，那么我每天对几十个甚至几百个陌生人视而不见，到底给我造成了多大的损失？一份份调味人生的食谱，一场场与朋友举杯畅饮的聚会，一个个伤心时可以借靠的肩膀，这些是不是都在我的视而不见中悄悄溜走了？

外向的人喜欢与他人待在一起，所以我要做的第一步就是试着和他人交谈。只要一想到这个，我就紧张得掌心直冒汗。

我害怕自己出师不利，担心自己会表现得极其差劲。

我会不会因为太差劲而被英国社会拒之门外，被永远流放在一个孤岛上？岛上到处都是精神错乱、爱聊天的人类。那些美国人、汽车销售员、7岁大的孩子、在酒吧高谈阔论的男人，还有在牛津街车站拽着你不放试图拯救你灵魂的人，他们在岛上喋喋不休，聒噪得可怕。

这对我来说太不公平了，我真的真的不想去那种"炼狱"。

所以在"外向的一年"计划启动的第一天，我就坚定了勇往直前的决心，即使它可能会触发"自我毁灭"程序，产生比我预想的还要糟糕的负面效果，我也还是会头也不回地扎进去。

早上8点钟的公交站前，我做了一个深呼吸给自己打气，然后故意走到一位女士面前试图搭讪。但她似乎察觉到了我的"企图"，立刻转过身背朝我，我只好放弃。随后我在公交车2层找了一个位置坐下，车里都是早上通勤上班的人。坐我旁边的女士捧着手机，正沉浸在"糖果消消乐"（Candy Crush）的世界里。车上一片寂静。我开始在脑海里不断练习各种关于糖果的开场白，紧张得心跳加速。我还没来得及开口，那位女士就注意到我在盯着她的手机看，于是我又自动取消了这次"搭讪任务"。

两次"滑铁卢"式的搭讪经历沉重地打击了我的信心，所以我决定去获取一些唾手可得的战利品。我走进一家陌生的咖啡馆，暗暗鼓励自己：那个端着咖啡的服务员看起来很面善，我只要和他说句话就行了。我可以的！

"你是新人吧！"我冲他说道。因为顾客是上帝，我相信他肯定会很友好地回应我。

"我在这里工作3年了。"他面无表情地答道。

我身旁的顾客忍不住"扑哧"笑了出来。

我瞬间石化了。

我曾经读到过，孤独是导致过早死亡的风险因素之一。这意味着在某种程度上，与陌生人侃大山可能会挽救我的生命，让我更长寿一些。但我现在感觉它在毁掉我大块的时间，我需要全方位的专业援助。苍天哪，谁能来救救我？

第二天，我手里紧紧攥着"我喜欢和陌生人说话"的徽章，因为我意识到，无论走出舒适区有多么不自在，我都必须克服它。我急需一位引路人来指引我度过这充满未知的一年，无论他是行业专家、宗教大师，还是人生向导，只要能在我跌落深渊的瞬间拉我一把，让我避免坠入无边的黑暗，我都会感激不尽。

经过一番调研，我决定联系斯蒂芬·G. 霍夫曼（Stefan G. Hofmann）。他是波士顿大学心理治疗和情感研究实验室的主任，经常指导人们克服与他人交往的恐惧。他的英语发音略带一些德国口音。他告诉我："社交焦虑是一种完全正常的现象。人是群居动物，我们都希望被同伴接受，不想被拒之于千里之外。如果一个人没有任何社交焦虑，那么他一定有问题。"

嗯，听起来很有道理。

然后我向斯蒂芬诉说了我的另一大困惑。和陌生人聊天这件事对我来说非常棘手，在英国这片土地上尤甚，因为英国人不喜欢和陌生人说话。如果我去英国以外的地方，和陌生人说话这件事是否会变得相对容易一些？每当我在伦敦这块绿意盎然、风景如画的土地上"羞辱"自己的时候，我就迫不急待地想收拾行李逃到别的地方去。

"这的确跟城市有关。例如，波士顿人就比纽约人更难相处，因为纽约人更喜欢攀谈。我是一个德国人，德国人往往都很忙，所以你很难和一个德国人搭上话。但是，一旦你引起了我们的注意，我们还是很好相处的。"他说道。

根据他的经验，"暴露疗法"是治疗社交焦虑的有效方法之一。这种疗法需要让患者直接暴露在他之前会坚决抗拒的场景中。比如他可能会指示患者站在路边放声高歌，也可能会让患者在地铁上接近 100 个陌生人然后向这些陌生人索要 400 英镑[①]，又或者会让某个患者每天都在一个非常公开的场合把咖啡洒得到处都是。

---

① 英镑是英国货币单位。1 英镑约为 8.78 人民币（2020 年 7 月）。——译者注

这些方法归根结底就是——让你直面你的恐惧。

斯蒂芬解释说："就算你做了这些事情，也不会有人解雇你、逮捕你，或是和你离婚，所以没关系，大胆去做吧。"结果显示，接受"暴露疗法"后，80%的患者的社交焦虑明显减少，这是一种积极的反馈。所以说，斯蒂芬的"疯狂"是有道理的。

"那……那你准备给我开什么'药'？"我有些惶恐。

"首先，你告诉我，你在社交过程中最害怕什么？"

接下来是一段即兴的治疗过程。经过这番即兴治疗，我袒露了内心深处的恐惧——我害怕陌生人觉得我很古怪或者很愚蠢。

"这样的话，我们最好编一个最愚蠢的对话，然后你走到一个陌生人面前，把这些话全都说出来。"斯蒂芬建议道，"你要跟一个陌生人说：'不好意思，我忘了，咱们英国有女王吗？如果有的话，她叫什么名字来着？'你只能说这些话，别的都不能说。"

我的心脏怦怦直跳，斯蒂芬仍在一旁滔滔不绝。

"你不能找那种看起来就很面善的人，比如和蔼的老奶奶之类的。你也不能说'哎呀，打扰一下，我忘了我们的女王叫什么名字了……'这种多余的语气词。因为这对你来说是安全行为，会阻止你克服恐惧。"斯蒂芬补充道。

"啧，怎么说呢？我宁愿在一个狂风骤雨的台风天里，被丢到一个陌生的地方摔断双腿，也不要在伦敦问一个陌生人这么愚蠢的问题。"

"你认为你这样做的话会有什么后果？"

我如实和他解释，如果我真这么做了，陌生人要么觉得我在搞恶作剧，故意撒谎，要么觉得我得了健忘症。对我自己来说，我会觉得自己就是一个彻头彻尾的傻瓜。"嗯，没错，那之后会发生什么呢？你想象一下。"于是我听话地闭上了眼睛。

"他们会翻着白眼走开。如果是在地铁上，每个人都会盯着我，觉得我又蠢又怪。"

第二章　和陌生人搭讪

"这也没错。"斯蒂芬接着说,"你所描述的,是我们所有人遇到了都不会好受的现实情境。你问一个人这个问题,他觉得你很蠢,翻着白眼走开,这也就结束了,但生活仍在继续。世界上的人千千万万,有一小撮觉得我们很蠢,这又有什么关系呢?"

"但一想到这一小撮人觉得我蠢,我就'压力山大'。"我对他说。

"嗯,你知道我是怎么想的吗?"斯蒂芬说。

"怎么想的?"我问。

"要不你先去找个陌生人试着问问?"

我紧张地笑了,随后斯蒂芬嘲笑我的反应,我们俩笑得前仰后合。

我挂了电话之后瞥了一眼沙发,又拿起手机,看了看我手上的徽章。

"我喜欢和陌生人说话。"我默念道。

我起身,抓起我的外套。

我无比紧张,害怕等下会被抓起来。我接下来要做的事情,应该会被抓吧?(问别人这种问题,对别人来说极有可能是精神虐待。)

一个男人在站台上向我走来。他40岁出头,穿着一件海军蓝的西装,看起来行色匆匆。他离我越来越近,越来越近。就在他快要从我面前走过时,我朝他挥了挥手。他一个"急刹车"停了下来,惊讶地望着我。

"对不起,我忘了……"我的声音越压越低。

他期待地看着我。

"嗯……英国有女王吗?如果……有的话,她叫什么名字来着?"我结结巴巴地说。

"英国女王?"他满脸疑惑,皱起眉头重复道。

"是的。有女王吗?她……她是谁?"我问。

"维多利亚。"他说。

这跟我想象中的情境完全不一样。

"维多利亚？"我问。

"是的。"

"你是说英国女王叫维多利亚？"我难以置信地又反问了一遍。

"是的。"说完他跳上了火车。我已经被搞糊涂了。我赶紧招呼下一个我看到的人，还是一个男人，年纪20多岁，身高180厘米以上，穿着一身运动服，拎着一个健身包。我很快地问了他这个问题，他带着困惑和轻蔑的眼神盯着我。

"就是维多利亚。"说完他就走开了。

行吧，抛开这个变外向的实验不谈，真的会有人不知道英国女王是谁吗？那我以为的英国女王是不是真正的女王，还是我也搞错了？

我一脸茫然，接连拦住四个女人，她们都对我说："伊丽莎白。"有些人惊讶地笑了，有些人害怕地停了下来。她们看我的目光仿佛在看一个可能患了智力障碍的老人。其中一个问我是否还好，万幸的是没有人报警，我也没有羞愧至死。

斯蒂芬是对的。

当然，我现在对英国民众对历史时事的了解产生了深刻的怀疑。至于我自己，我很好，好得不得了。经历过这样的"严刑峻法"之后，我感到一阵头晕目眩。但我一路上欢脱地蹦跳着回家，把脚边的落叶踢到空中，看着它们打着旋儿飘然而下，快乐得不得了。

有人说世界上并不存在所谓愚蠢的问题，我觉得也不尽然吧。正是问了一些似乎愚蠢至极的问题，我克服了与陌生人交谈的恐惧。

于是，我的自信心爆棚了，就像一个高大威猛的美国人一口气干掉了四瓶啤酒那样自信。或许我也可以这么来一下，没准我也能一口气干掉四瓶啤酒，嘿嘿。

第二天，我独自一人在日式居酒屋吃饭，享受着独自午餐的悠闲时光。我咬了一口辛辣的金枪鱼，被呛得打了个喷嚏，寿司残渣被喷得到处都是，我的

第二章　和陌生人搭讪

黑色牛仔裤也没有幸免。这时，我听到身后传来一个男人的声音。

"我可以坐在这儿吗？"

我满嘴食物，鼻涕横流，碎米渣洒得到处都是，这听起来已然是一场"人间惨剧"。然而，此刻我对面一个西装革履的商务男士正扑闪着他亮晶晶的眼睛，专注地看着我。我宣布我直接堕入地狱，就在这一秒，我一刻都不想在这个世界上多待。我的老天爷啊，这不管对他还是对我都是末日降临啊！

我向这个男人点了点头，朝椅子做了个"请"的手势，边用餐巾纸擦脸，顺便遮挡一下我尴尬的表情，边讪讪道："不好意思啊，我刚打了个喷嚏。"他也顺势坐下了。

我当时觉得这个世界上没有什么事情能比打喷嚏更糟糕的了，我必须挽回我的颜面。于是我深吸了一口气，做好准备。当他终于从手机上抬头的那一刻，我立马"扑"了过去。

"你是哪里人啊？"我问。

其实我已经听出了他的口音，他是法国人。他笑了笑，比划了个手势，好像在说他要继续吃午饭了。但是我是不会那么容易就被打败的。

"那具体是在法国什么地方啊？英国脱欧这件事你觉得咋样，有没有觉得不太妥？"这不是我擅长的话题，但对话进行得很顺利。（没错，他确实对英国脱欧感到不满。）

接下来的几天，我讨论了 7 次突然变冷的天气。"你觉得今年会下雪吗？"我向陌生人这样问道。

当然，并没有人知道这个问题的答案。

"我等下想买一杯咖啡。"在佩登（Pret）[①]排着长队等餐时，我对一位 50 多岁的妇女突然开口。

[①] 佩登，英国简餐品牌。——译者注

"好啊。"她说,"咖啡不错。"

我想,听到的人都会尴尬得想死。

事实证明,闲聊也是一项技术活,难得很。

我抚摸了许多狗狗,把这当作和它们的主人搭讪聊天的借口;在一个讲故事的活动里,我和邻座的女士聊起了天气;在公共汽车上,我强行加入了一个孩子和她的祖母的"20个问题"游戏①。她们坐在我附近玩着游戏,我突然插嘴:"那是一只狐狸吗?"她们困惑地盯着我,但还是慢慢地接受了我的参与。(那其实是一只浣熊。)

我觉得自己就像一个善良的乡巴佬,在城市里漫无目的地游荡。无论我如何努力,都无法超越世俗,获得城市居民的关心。斯蒂芬已经帮助我和陌生人建立了联系,现在需要有人把我真正地和这些陌生人连接起来。

因此,我决定给下一位专家打电话。他叫尼古拉斯·埃普利(Nicholas Epley),是芝加哥大学布斯商学院(Chicago Booth School of Business)行为科学领域的教授,同时也是一位心理学家,促使我开始这场"冒险之旅"的人就是他。他发现,人们如果在上下班途中与陌生人交谈,能够获得更多的快乐。我听完这个观点,直接告诉他这简直就是天方夜谭:"你说大家喜欢在公共汽车或地铁上聊天?那难道不是跟别人聊天最糟糕的地方吗?"

"对我而言,这好像是最容易的地方。"他说,"如果在别的什么地方,大家手头上都会有自己的事情要做。但在地铁或公交车上,大家就只能坐在那里,什么都做不了,除非玩《糖果消消乐》。"

尼古拉斯(昵称尼克)说,伦敦地铁车厢的沉默可能是"多数无知"的结果。实际上每个人都愿意交谈,但他们都认为其他人不愿意,所以车厢里坐满

---

① 一种游戏。游戏规则是:甲想一个事物,乙来猜。乙可以问甲任何有关的线索,比如"他是不是男人""是不是中国人",但不可以直接问有关信息,如"她叫什么""他有什么特点"。甲只能回答"是"或"否"。问题最高上限为20个。20问后,乙若猜出则乙胜,否则甲胜。——译者注

第二章 和陌生人搭讪

了想要攀谈而不得的人，一片寂静。

他在芝加哥做过一次实验。参与实验的人普遍认为，在与邻居交谈这件事上，邻居感兴趣的程度明显要高于他们，这也佐证了他的观点。

"我们调查了一些人，问他们'如果你先开口，你认为有多少人愿意和你交谈？'这一问题。火车上的人估计会有42%的人愿意和他们交谈，而公交车上的这一数据是43%。"

他们错了，愿意与他们交谈的人，实际比例几乎能达到100%。除了莫里西（Morrissey），毕竟他能在热闹非凡的好莱坞豪宅派对上，独自待在一个空房默默地喝茶。

尼克说："有些人的确不会接你的话茬，不愿意和你聊天，但这种情况并不常见。"

尼克在这件事上如此笃定，这着实把我吓了一跳。

"你的意思是，你可以做到一整天在伦敦地铁上什么也不干，只和陌生人聊天？"我问。

"对啊。"他说。

哼，把这个疯子给我抓起来。

退一万步讲，也许他真的可以做到，但是那些从头到尾都只想自娱自乐、"独自美丽"的通勤者呢？他的研究是否横向比较了内向者和外向者之间的反应和区别呢？

"我们的实验对象里有性格内向的人，也有外向的人。我们评估过他们的性格，但结果显示，并不存在性格外向的人比性格内向的人更喜欢与陌生人交谈这一说。"

我万分诧异，同时又燃起了新的希望，对我在今年剩下的时间里完成改变自己的计划又多了一点信心。

我一口气把自己的"老大难"问题全抛给了尼克，我告诉他我无法和陌生人进行正常的闲聊。我不能通过闲聊和陌生人建立任何有意义的联系，我只是机械地抛出话题，等待回应，比如尬聊一下天气，或者问他的狗狗叫什么名字，他做什么工作，以及问问谁是我们国家的女王。

"就聊天气？"尼克听起来很失望，"你觉得自己还能进步吗？"

如果我不是我，而是任何一个外向的人，我当然能进步啊，而且是巨大的进步。但我本人在这方面做得真是一塌糊涂——我不知道如何才能做得更好。

"你要更多地表露自己，分享自己的想法和生活，然后尝试多问他们一些私人问题。"

尼克告诉了我一些谈话中比较有意义的话题，比如最喜欢工作中的哪些部分，介绍一下你的家庭，今年去过的最有趣的地方是哪里……我突然发现自己正在上一堂"聊天课"，但我明明已经成年很久，早就告别课堂了。

通过以上种种，我也充分意识到我在和陌生人聊天上真的一窍不通。

但仔细想来，从出生到现在并没有一个人，也没有一堂课教过我该如何与他人聊天，唯独自己在生活的摸爬滚打中获得了一星半点的经验。我遇到过很多和我同病相怜的人，面对他人时：他们要么不说话，闭口不语，充耳不闻；要么就算开口了，不是东拉西扯、词不达意，就是频频打断他人，而又毫无主张。

沟通是我们与他人联系最紧密的方式。在现实生活中，我们需要通过不断和别人聊天来获得经验，这意味着掌握与陌生人沟通的方法尤为重要。而该投入到这种聊天实践中以获得经验的那段时间，我却一直在蛰伏看书，根本没有去实践。

"问一些私人问题"这句话，不禁让我回忆起过去那种害怕被拒绝的刺痛感。

尼克提醒我，社会生活是由互惠主义支配的。

"几年前，我开车经过埃塞俄比亚的一个偏远地区。有几个母亲和孩子站在泥屋外，他们面如土色，眼神毫无生机。他们怔怔地盯着我，仿佛我不是一个有生命力的人，而是已故的人。我这辈子都不会忘记他们，不会忘记他们看我的眼神。

"但我突然想到，在他们眼中，坐在车里的我看他们的眼神是不是同样的毫无生气，所以他们才用面无表情、神色黯淡来回应我。于是，当我再次经过他们时，我开始冲他们微笑、挥手。我的友好仿佛一个开关，当我开始微笑、挥手，他们瞬间也变得友好起来，开始从他们的窗口挥手，朝我微笑，甚至有的还跑出他们的房子来跟我击掌。

"这就是世界的真相，杰茜卡（Jessica）。"他漫不经心地叫了一声我的全名，这暗示着他即将冒出一句箴言："没有人会主动挥手，但所有人都会回应你的挥手。"

我在电话中听出来，他从芝加哥开始一路上都在跟别人打招呼，以至时不时就得把耳机摘下来。

没过几天，我路过我们社区时看到一个人在街上画画。我暗暗提醒自己要成为第一个挥手的人。于是我给自己加油鼓劲，你看他的眼神多么善良啊，这次搭讪一定没问题的。我冲他打了个招呼，他紧接着就放下了手中的画笔，和我聊起了周边的环境（我这几天一直在聊这个话题）。他给了我一个大惊喜——邀请我下周去一个人家里看私人艺术展。几天以后，我站在了一个极度奢华的大房子里。房子共三层楼高，穹顶高耸，墙上挂着毕加索的画。厨房也巨大无比，大到能塞下我的整间公寓。我对自己发誓：我要在"聊天"这场战争中凯旋。今晚，我将以他们为师；今夜，我将袒露自己。

我有目的地穿过大厅，看到一个年逾60岁的男人独自站着。他穿着考究，令人生畏。我很紧张，不断在他身边徘徊，却不敢上前一步搭话。每当我提起一口气准备靠近他时，他就从我身边走过去了。眼看时间一分一秒地流逝，我心一横，像一只恶鬼一样，从角落里蹿了出去。

"你好，我叫杰茜卡。"我按捺住自己的紧张开口道，"你家在哪里啊？"这句话说出去的一瞬间，我感觉周遭的喧闹似乎都消失了，四下寂静，只剩下我的声音在大厅里回荡，异常洪亮。我意识到，我随口抛出的这个问题是多么简单却又让人"细思极恐"。

这位年长的绅士还是回答了我，他叫马尔科姆（Malcolm），住在一个美丽安静的广场上。我跑步时经常路过那个广场。

"透露一些你的隐私吧。"在我尴尬又无措的这一瞬，尼克的声音在我耳边回荡，宛如救星，"问他你真正想知道的。"

我接上了马尔科姆的话："好巧啊，我跑步经常路过那里。我几乎每次路过都往那些房子的窗户里看。大大的厨房一直延伸到庭院，后面那个花园更加好看！我有时会假装自己住在里面。我猜那是世界上住起来最舒服的房子，对吧？"

"嗯。"他淡淡地说完，然后扭头走开了。

和人搭讪真不是一件容易的事啊。

但是，我是不会被轻易击败的！于是我继续在房间里搜寻下一个"受害者"，然后瞄准了一个叫戴夫的男人。他50岁出头，现在的梦想是成为一名单口喜剧演员。我们站在一幅抽象画前，画中看起来是一头病恹恹的海象。他率先打开了话匣子，我们讨论了一会儿如何才能克服写作障碍。一边喝红酒，一边听罗德·斯图尔特（Rod Stewart）[①]的歌能治好写作障碍，这是他告诉我的方法。目前为止，这个方法疗效显著。

那几天，我一直都在应酬。晚上活动快到尾声的时候，我碰到了那个邀请我参加艺术展的街头艺术家罗杰（Roger），他聊起了他的画。

"对我来说，艺术是唯一有意义的东西。"他说，"它轻盈，质地温柔，而且……"

打住！我一点都不想在艺术展上谈论什么艺术的优点。我满脑子都是：对于这个温文尔雅、说话轻声细语的男人，我有什么想了解的？

"罗杰，你做过最糟糕的事情是什么？"难以置信，我竟然直接问出了这

[①] 罗德·斯图尔特，全名罗德里克·戴维·斯图尔特（Roderick David Stewart），1945年1月10日出生于北伦敦海格特，英国摇滚歌手。——译者注

第二章　和陌生人搭讪

个问题，我怀疑下一秒他的嘲笑就会劈头盖脸地砸到我身上。

但是，他没有。他端着酒杯沉思了一会儿，说："嗯……在我十几岁的时候吧，我把我们学校的艺术系给烧了。"

哇哦，真劲爆。

按我以前的脾气，我一定会径直路过这个人，不会和他产生任何交集。现在，我居然站在我所参加过的最豪华的派对现场，并且知道了这个人过去的"罪行"。而这一切，仅仅是因为我停下来主动打了个招呼而已。研究结果是正确的——和人聊天的确令人愉悦。虽然比不上找一间小木屋，围着炉火重读《我的秘密城堡》（*I Capture the Castle*）①那么惬意，但也着实不赖嘛！

这次聚会让我"士气大涨"。尽管在见人之前我还是会焦虑不安，但就像拆石膏②那样，只要深吸一口气熬过最开始的恐惧，最痛苦的部分也就随之烟消云散了。那个星期的一个晚上，我搭乘火车回家，邻座是一个男人。我试图和他说话，但又怕他误会我在勾引他，内心无比纠结。

"你好。"末了我还是开启了话题，"你这件夹克在哪里买的啊？我老公正好也想买件这样的。"我紧张得心脏微颤。

他被我吓了一跳，下意识地搂紧了胸前的包，过了半响才慢慢松开。"芬兰。"他回答我。其实这是无用信息，我对他的皮夹克在哪儿买的没什么兴趣。但我问他答，一来一回之后，我身上的"石膏"已经被我拆下来了，这才是我的真正目的。

然而让我没想到的是，这个芬兰男人仿佛打开了什么魔盒，开始滔滔不绝地和我说话。他告诉我，他在伦敦已经住了 5 年，我们还发现了彼此的共同爱

---

① 英国家喻户晓的作家多迪·史密斯（Dodie Smith）的畅销小说。——译者注
② 一般来说，骨折的病患需要用石膏固定伤处，在康复的时候需要把石膏拆下来。——译者注

走出内向：给孤独者的治愈之书

好——一档叫作《我为喜剧狂》①的电视节目。在寒冷的雨夜，能有一个陌生人说说话，总比坐着一言不发、为了避开眼神交流而时刻保持警惕要好得多。这只是一场随意的闲聊，既不感人肺腑，也不发人深省。但当他起身准备下车时，他转向我说："今晚很高兴遇到你。"

车内其他乘客目不转睛地盯着我们，好像在围观一场"科学实验"。

不过也没错，我和他的确在进行一场有关和陌生人搭讪的"科学实验"，而且这次实验进展得还算顺利。

扯远了，让我们把思绪重新拉回我最开始参加的那个人际关系培训班上。我偷偷打量了一眼那个穿着格子衬衫和牛仔裤高高卷起的男人。马克正在播放下一张幻灯片。

他指着一张爱德华·霍珀（Edward Hopper）②的油画，画中是一个绝望的女人在凝视着窗外。

"作为人类，我们极度脆弱。我们是这个星球上微不足道的一环，就像偌大的星系中漂浮的尘埃。我们如此不堪一击，一根树枝从树上掉下来砸到我们的头上，都足以让我们一命呜呼。"

我把身体往下缩了缩，下意识地摸了摸后脖颈。

"我们需要朋友的帮助以存活于世，因此社交的重要性就显而易见了。我们都希望能够拥有深厚的友谊，但随着年龄的增长，孤独成了生活中不可避免的一部分。"他又指着爱德华的画继续说道。

在畅销书作家阿兰·德波顿（Alain de Botton）③的《人生学校》（*School of*

---

① 又名《超级制作人》，一档美国综艺节目，它虚构了一个名为《少女秀》（*The Girlie Show*）的节目，《我为喜剧狂》讲述的就是《少女秀》这个节目的制作团队台前幕后的种种趣事。它和NBC的王牌喜剧节目《周末夜现场》（*Saturday Night Live*）是同一个制作班底制作的。——译者注
② 爱德华·霍珀，美国绘画大师。——译者注
③ 阿兰·德波顿，英国畅销书作家。——译者注

Life）一书中，我现在上的课被称为"如何社交"。

我12岁的时候，美国南部曾风靡过一种礼仪培训班，我母亲断然不会错过这阵潮流。果然，在某天晚上，她通知我去参加这个培训班。我不忍辜负母亲期盼我变得外向一点的良苦用心，只好答应。那一整晚，我都笼罩在黑色的惊恐中，一颗心时刻提到嗓子眼，就怕那位蹬着中跟鞋，手拿麦克风，名为鲜花夫人（Mrs. Flowers）的优雅女人，会突然走到我身边，喊出我的名字。怕什么来什么，她放下麦克风，冲我开口，让我给一个12岁的男孩做舞伴。我只好听话地抓着他汗涔涔的手，和他紧张兮兮地跳了一晚上狐步舞。这让当时年少的我遭受了巨大打击，也让我的外向程度倒退了好几年。所以，我不知道在一个承诺教你如何社交的课堂上到底会发生什么，但我只求不要重蹈覆辙。

夜校设在一间地下室里，大约有40个年龄各不相同的学员参加。马克带着滑稽的自信凝视着我们，我们则像罗素广场上围观的群众，也齐刷刷地盯着他。

我不知道剩下的39个人来上这门课的真正原因，但英国最近被称为欧洲的"孤独之都"，所以我猜多少都和孤独搭点儿边吧。最新的一项研究表明，现代人整天盯着手机，忽视别人已经成了常态。这可能就是我们忘记了如何和自己的同类打交道的原因。

孤独被宣判为一种健康流行病，与他人共度时光是疗效最显著的治疗方法。马克告诉我们，为了健康，我们也要多多与他人沟通交流。但他同时强调，这种沟通交流不是指每天有一搭没一搭地闲聊，而是能让我们深切地感受到彼此的、有意义的深入谈话。这和尼克的理念不谋而合，我回想起他曾鼓励我尝试更多的私人谈话，我在艺术展上将这个建议付诸实践并取得了不错的结果——那个人似乎真的言之有物。

说实话，能深入交谈，探索他人更深层次的领域让我兴奋不已，因为我对闲聊真的不感兴趣。我一点都不想谈论工作、天气以及人们的通勤方式。内向的人往往对闲聊深恶痛绝，这种互动方式手法拙劣而又难掩尴尬，索然无味且没有任何意义。马克说，内容丰富的深入谈话异常罕见，但我其实已经在伦敦的街道上体验过了。

我们每个人都有一个"表我"（表层自我）和一个"真我"（深层自我），知晓这一点，能使我们的谈话变得更加充满感情和妙趣横生。"表我"谈论天气，晚餐吃了什么，或者周末的安排。"真我"则谈论这些事情之于我们的意义，以及我们对它们的真实感受。

"真我"控制着恐惧、希望、爱、不安全感以及梦想。"表我"则被实物、事实、细节和条规占据。"真我"是婚礼上的誓言，"表我"是婚礼的策划师。"真我"喜欢透过你的眼睛探视你内心深处的欲望；"表我"则会时不时地跳出来，检查你的购物清单。我自己的理解方式则是：天命真女组合（Destiny's Child）的音乐专辑《有迹可循》（The Writing's on the Wall）是"表我"[《跃跃欲试》（Jumpin' Jumpin'）、《烦人精》（Buy A Boo）、《账单、账单、账单》（Bills, Bills, Bills）]，碧昂丝（Beyonce）的《柠檬水》（Lemonade）则是"真我"[《祈求你能留意我》（Pray You Catch Me）、《爸爸的教导》（Daddy Lessons）、《别伤害自己》（Don't Hurt Yourself）]。明白了吗？

马克给我们分享了一个晚宴的短视频。视频中，一名男子事无巨细地描述了他的通勤情况，然后询问对面的女生在大学里学什么课程，专业是什么。接着，女生开始谈论她最喜欢的素食食谱。这简直是"肤浅谈话"的典型案例。我回忆起零星参加过的几次晚宴，对这种感觉出奇地熟悉。

在另一段视频中，一名男子提到他母亲过世了，但他迅速跳过了这一部分，将话题转向足球。但一个女人突然打断他，问他对母亲的死有什么感受，因为他母亲的离世发生在他双亲离婚后不久，她很好奇他是如何同时应对这两件事的。视频中的女人看起来并无恶意，甚至她自己也觉得问这些问题或许有些冒犯。

马克将视频暂停："看到这里，你们估计在想：这个女人这么问也太失礼了，万一他不想提到他的母亲怎么办。但事实是，他说他母亲将自己抚养成人，确实很想找人说说心里话，但一直找不到倾诉的对象。所以，一旦人们觉得对方是真诚的、友善的，他们通常会很乐意回答一些看上去可能有些失礼的

第二章　和陌生人搭讪

私人问题。"

"有道理。"在我前面的一个女人点头赞同。

此时一个30多岁的男人举起了手:"但不是所有人都想和外人讨论他们的想法和私人生活吧?有些人可能是极度反感的。"

马克转向他:"有道理,但这可能是因为人们把被冒犯的可怕程度夸大了。比被冒犯更令人害怕的应该是这辈子都切断了和世界的联系,空虚混沌地度过一生。"

话毕,马克用意味深长的目光看着我们所有人,慢慢又重复了一遍,似在强调:"与整个世界毫无关联、空虚孤独、浑浑噩噩的人生,这种恐惧感和凄凉感,实在是被世人低估了。"

然后马克拍了拍手,让班上一半的同学转向坐在自己右边的陌生人。转身的同学要告诉对方一件已经发生或者正在发生的事情。谈话的开头已经被安排得明明白白,这场谈话能否从肤浅转向深入,激发真情实感并保证有意义,则要看作为听众的对方如何引导。

我转向坐在我右边的女人。她叫琳赛(Lindsay),美国人,来自亚拉巴马州。她穿着黑色羊绒衫,戴着珍珠项链。

我准备就绪,开口道:"我最近计划去得克萨斯州看望我的家人。"说完我心想:"我的妈呀,她可以顺着这个话题聊任何东西,比如家庭,与家庭的紧张关系,这次回美国是带着焦虑、渴望还是遗憾……"

"哦……好远啊……要飞多久?"琳赛问道。

"11个小时。"我回答道。内心满是无奈:"你接的太肤浅了,琳赛。"

"等下,让我再试一次。"很好,琳赛没有放弃,"你是……嗯……你是想回家逛街吗?我去!"通过琳赛最后的粗口,我猜她也立马意识到有些东西坚持可能没什么用。但我不能放弃,我像一个智者一样,默默比了一个手势让她再试一次。

"你期待晴天吗?"她好像在冒险。

好了，我也放弃了。琳赛做不到，她问不了深奥的问题。我本来以为聊天这种事美国人要比英国人擅长得多，看来是我有地域偏见了。

各种声音不断在我脑海涌出来，它们七嘴八舌："琳赛，问问我的家庭啊！问我是不是也会失眠，不断盘问我为什么离家人那么远，而我却一年更甚一年地想念他们。真的是因为伦敦的戏剧、咖啡馆和报纸让我留恋，有助于我的写作吗？快，快问我一些有意义的问题啊！"

我们周围小组的对话都很有深度，它们听起来感觉都言之有物、言之有料，两两之间相谈甚欢。但琳赛到现在还在问我是否期待在得州吃到墨西哥菜，我已经控制不住我的洪荒之力了，明晃晃的失望摆在脸上，无法控制。终于，铃响了，这意味着轮到我深入挖掘琳赛的内心世界了。

在那之前她需要先陈述一条自己的实际情况。她吸了一大口气，我充满期待地望着她，她却什么也没说。

她似乎想不出任何有关她自己的话来。嗯，没关系！她只是太紧张了，于是我决定起个头。

"你在英国住多久啦？"我问。

"5年了。"她说。

"是什么风把你吹到英国来了？"我问。我知道现在提的问题还在"浅水区"，但这都是一些必要的铺垫。"我丈夫调到英国工作，我就跟来了。"我点点头，注视着她棕色的眼睛。

"你每天都做些什么啊？"我继续问道。

"一般就和孩子们在家里待着。"

我要深入一点，再深入一点。

"你上这个课，是因为你觉得很难交到朋友吗？"这个问题让我一下子跳进了"深水区"。

"我只是觉得这可能会很好玩。"

这个答案出乎我的意料，她居然跑偏了。她根本没有深入，依然停留在"浅水区"。现在的状况就像我纵身一跃，跳进了冰冷的深水中，而她却站在岸边，悠闲地拾着珍珠，甚至连泳衣都没穿上，她都没打算跟着我一起跳！

"啊，这样啊，我只是想……"我试图缓解一下现在微妙的气氛，但是没有把话说完。因为我心一横，准备放飞自我，毕竟现在最关键的是帮助"弱势群体"。

"你孤独吗，琳赛？"我这次换了种问法，温和又直白。真机智！

"孤独？我不孤独啊！"她大声回答我。

"如果你孤独的话，也没关系的。"我慢慢地引导。

"我不孤独。"她又重复了一遍，只是这次声音小了一点。

我忍不住在心里默默回答她："你是孤独的，我也是，我们都是。我想起了爱德华·霍珀的那幅画。我们都会孤独地死去，琳赛你也不例外。"

随便吧，无所谓，这可能也不是我真正想要表达的。诚然，我和琳赛萍水相逢，只有 5 分钟的交情，却希望迅速建立联系。我转念一想，琳赛可能会在鲜花夫人的交谊舞课上如鱼得水。在那个课上，老师教我们要在晚宴上彬彬有礼，落落大方。她来自亚拉巴马州，是很有可能上过这门课的。

铃响了，我转回身，再次面向前方。

课程第二个环节，马克告诉我们，与他人建立真正的联系的最快方式是分享我们的弱点和不安全感。然而大多数人都喜欢吹嘘自己，这只会招致别人的怨恨或妒忌。

"这并不是说我们期盼着别人失败，而是说，我们的悲伤在别人的世界中也会产生共鸣。"强力往往让人心生敬畏，脆弱却能滋养友谊。这就是人与人建立关系的方式。

这段话让我想到了我和我儿时最好的朋友乔瑞（Jori）的关系。我们 10 岁时第一次见面，然而一直到 14 岁这个青春期最脆弱敏感的年纪才成为真正的好朋友。乔瑞阳光开朗，我们之间几乎没有秘密，我知道她怦然心动的瞬间，知道什么是她的弱点，知道在学校她嫉妒谁，知道她的初吻是如何在

045

一次学校组织的旅行中给了一位来自法国巴黎的帅气男孩（但这个人不仅偷了乔瑞的数码相机，还传染给了她令人恶心的肠胃病毒）。她对我毫无保留的真诚，让我觉得我可以不假思索地告诉她任何事情，我们也因此变得形影不离。

这次我换了座位，和另一个女孩配对。这个女孩穿着芭蕾平底鞋和黑色紧身衣，体态轻盈，让人看不出年纪，可能12岁，也可能22岁。屏幕上，马克贴出了一系列问题给我们做参考，用以改善我们苍白的对话。我从屏幕上挑了一段读给她听。

"说一件让你遗憾的事情吧！"我问她。

"我没有遗憾。"她回答道。

"你完全没有遗憾？"

"对。"她说。

"没有？真的完全没有？"

"嗯，我对我的生活很满意。所以如果我为了遗憾改变了过去的什么，我现在的生活就不是这样了，对吧？"

嗯？这是什么解释？我们现在没有在聊"蝴蝶效应"，没有探讨是否一个细微的改变就足以颠覆你的整个人生——这只是一次对话练习。而且，你这分明是赤裸裸的自夸、明目张胆的炫耀，在这里吹牛是违规的！我无数次按捺住了想向马克举报她的冲动。

幸运的是，铃响了，我终于得到"解放"，可以回到座位上了。也许我错了，我已经和两个人搭档过了，但我和她们都没进入"深度谈话"，更别提袒露自我了，或许是我期望太高，不切实际了。

"一般情况下，我们会觉得要给人留下深刻的印象，就要足够幽默风趣。但实际上分享失败比分享成功更容易和对方交朋友。"马克继续用无所不知的口吻发表着他的观点，进行着下一个环节的开场白。

下一个环节名为"脆弱网球"。我们将和新搭档一起，将不安和恐惧的情绪化身成网球,来回击打、碰撞,就像小威和大威两个人手握球拍,球以每小时 120 英里①的速度在两个球拍之间跳跃。不同的是,我们所击打出的每个"网球"背后,都藏着深深的忏悔和秘密。

游戏的唯一规则是不能评论别人的言论,我们只能袒露自己作为失败者的一面,用自己窘迫的经历来回应对方同样尴尬的过往。

我就是这样认识克里斯的。

"有时候我还挺想要个孩子的,不为别的,就怕自己会孤独终老。"我对他说。

他听完面无表情。

"我觉得自己在工作上不如同事,后悔没有上大学。"他说,"不过我也不确定自己考不考得上大学。"

他要是这么说的话,那我们就有的聊了。

和琳赛,还有那个没有任何遗憾的女人比起来,克里斯简直是一个"旗鼓相当"的对手。

正如马克所预测的,"网球比赛"之后,我和克里斯之间隐约产生了某种联系。我们刚刚经历了一连串残酷的袒露自己失败的时光,我们从谷底爬上来,身体已精疲力竭却充满了内啡肽,就像歇斯底里大哭一场之后产生的一种畅快的解脱感。他主动、坦诚且不带评判,尽管我和克里斯才刚刚谋面,但刚刚进行的情感"涤荡"已让我们格外亲近。我们都意识到自己所坦白的情况是多么的荒谬,说出来的时候总忍不住发笑,类似于:"哈哈哈哈……这是我内心最深处最黑暗的秘密。我真的很讨厌自己——好好享受吧!哈哈……有时候我晚上哭着睡觉,睡着了还哭得很厉害,甚至把邻居们都吵醒了。哈哈哈……"

无论那些笑是发自内心还是为了掩饰尴尬,比起和熟人掏心掏肺,对陌生人袒露心声要容易得多。因为他们对你一无所知,所以不能正确地评判你,也

---

① 英里,英制长度单位。1 英里 ≈ 1.61 千米。——译者注

不可能把你的秘密转述给你认识的人。这真是一种自我解放啊！同时，他们愿意向你坦白，这件事本身也很令人惊讶。克里斯是那种如果你在街上看到会以为他是功成名就的人生赢家的人。他长相帅气，有一份体面的工作，妻子美丽又聪明，就连他支持的足球队都一直表现得很好。

然而，他却和我一样孤独、迷茫。

课程结束的时候，马克说："下次我们和朋友在一起或者遇到新朋友时，我们应该将今天学到的东西应用起来。好比一场晚宴，我们花了那么多时间打扫房间、烹饪食材，是不能让它草草了事的。所以不能在今天学习了这么多理论之后，下次到正式场合，却任由谈话变得随意、肤浅。我们明明可以更深入的，可以通过设计问题来改变谈话的进程，建立人与人之间的联系。"

下课时大家都松了一口气。这一趟惊心动魄的情感过山车之旅持续了两个半小时，我将带着一大堆秘密回家，最后把它们带进坟墓。我觉得自己拥有了一种新的人生观：和人建立深度联系是可以的，分享最失败的经历也未尝不可。我感觉自己像被打通了任督二脉，通体舒畅。教室里大多数人的感受应该和我一样，当我们从教室鱼贯而出时，每个人的脸上都是一副受了莫大冲击的样子。

出去的时候我一把拦住了克里斯。

"交个朋友？"我问他。这时候所有正常的社交礼仪都显得有些多余。

"好啊。"他说着，把邮箱写在一张纸上递给我。

我带着纸条兴高采烈地走回家，期待着我们的下一次会面，不是以社交课的学员身份，而是作为最好的新朋友见面。我们可以在周日的午餐时间进行漫长而充实的交流，我的美好生活可能就此拉开序幕了！

然而在第二天清晨寒冷的阳光里，我一下子被拖回了现实。我在想什么？在现实生活中，我和克里斯永远都不会成为朋友。因为我知道的太多了，知道他对妻子谎报了自己的去向，知道他羞于挣得比妻子少。我们只知道对方最难堪的那一部分——除此之外，我们对对方一无所知。而且我保证，如果他知道

第二章 和陌生人搭讪

会再见到我,他绝对不会告诉我他的任何秘密。

我给他发了封邮件,说很高兴认识他,他没有回复。我松了一口气,克里斯也知道我们永远不会成为朋友。在教室里,我们进行了一场满是恐惧和秘密的"网球比赛",这堂课我永生难忘。它的确与众不同,甚至有些怪异,但也真切地减轻了我们的孤独感。"你听吧,没关系,反正我可以杀了你。"我突然开始真正理解这句话了。我们萌芽中的友谊,就在这种被迫过度分享中成了牺牲品;我们后会无期,山水不逢。

这个世界上有 70 亿人,而知道我内心深处的不安,知道我担心破产,害怕低人一等,以及因为没有孩子而惶惶不安的人只有克里斯一个。所以我究竟做了什么,居然试图去打破这种微妙的平衡。

课程结束几周后,我登上欧洲之星(Eurostar)①去巴黎看望雷切尔。我的座位靠窗,邻座是一位 70 多岁的法国老人。在经历了过去一个月没完没了的闲聊之后,这段旅途我只打算盯着窗外或安静地看书。但这种难得的静谧时光,被一个 20 多岁、嗓门巨大的女人粗暴地打破了。

她大声地和她的朋友说话:"威尔觉得很尴尬,他嫌我声音太响了,说我又刻薄又粗鲁又可笑!"可能那个威尔骂女人的用词太难听了,她的朋友也吓呆了。

我在包里拼命地寻找我的耳机。

"如果威尔死了,我可能会难过,但肯定不会像我的前男友史蒂夫死了那么难过。如果史蒂夫死了,我会悲痛欲绝!但如果威尔死了,我就还好。"

我把包翻了个底朝天,把东西全倒在折叠式小桌板上,还是没找到我的耳机。

"威尔总跟我说:'不要在公共场合大呼小叫,你要多为周围的人想想。'"

---

① 欧洲之星是一条连接英国伦敦圣潘可拉斯车站(2007 年 11 月 14 日后改为此站)与法国巴黎北站、里尔以及比利时布鲁塞尔南站的高速铁路。——译者注

说完，她开始在车厢里对其他人指指点点，我不禁开始觉得这个可怜的威尔听起来是个好人。"我才不管这些人的死活呢！"她总结道。

我想到了斯蒂芬说过的话："缺乏社交焦虑，是精神变态的表现。"

车厢里的每个人都把目光投到了这边，凝视着这片死亡地带，我们的耳边充斥着这个女人无休止的絮絮叨叨。我知道大家都能听到她的声音，我甚至相信维多利亚女王也听到了她的声音。

"土耳其真是个适合晒黑的好地方！"她依旧喋喋不休。此时我意识到我把耳机忘在厨房的桌子上了，我感觉我的心已经碎成一片片然后泡在咸咸的眼泪里了。

我瞥了一眼坐在我旁边的老人。他愣愣地盯着自己的小桌板，估计也被充斥在车厢里的愚蠢对话给吓蒙了。

那个女人仍在继续："昨晚我和威尔在厨房里做爱了，但我觉得他还是太娘了。"我不确定她的朋友有没有回应过她。

我冒险又看了一眼和我同样身处炼狱的邻座。如果不跟他说话，从伦敦到巴黎的整个旅程，我们都得忍受现在的一切。我必须得做些什么来拯救我们。

这节车厢需要一个英雄，必要的话只能我上了。

呃，当然我是不会上去叫她小声点的，打死我也不去。我不是什么拯救全世界的超级英雄，但我可以救一个。

这次我仔细端详了坐在我旁边的那个老人。他的小桌板上放着四本书，大部分是关于卡夫卡的。他穿着一件老式的米色风衣。我能和他聊点什么呢？不如干脆直奔主题："你和你母亲关系好吗？"这么问好像有点太过了哦。我在内心纠结了大约5分钟后，转向了他。

"你是教授吗？"我问。我问出这个问题依靠的是刻板印象，因为他那严肃的外套和光滑的双手，比起砌砖头，更适合攻克哲学难题。

他惊讶地转向我。

"我曾经是。"他用带着浓重口音的法语说。

第二章　和陌生人搭讪

我又朝他那堆书指了指。

"你是作家吗？"我问。

"是的。我有点累了。"他说，"你能猜出来？"

我慌乱地点了点头。

我们又陷入了沉默。

当我再次重复我刚提的最后一个问题时，他给了我肯定的答复，他确实是一位作家。他叫克劳德（Claude），平常主要写与艺术相关的文章。他告诉我他在西班牙、巴西和日本都生活过。他去过世界上很多个国家旅游，策划过不少展览。他的英语说得很好，但口音很重，所以在嘈杂的车厢里，我不得不集中精力听他说话。

我总是忍不住看向他的左手，他的左手小指上戴着一枚镶有红宝石的精致戒指。仅仅看着它就能感受到从中溢出的忧伤，它看起来好像原本并不属于他。我隐约觉得戒指的背后，藏着一个悲伤的故事。

我们无意中聊到了他和母亲之间的紧张关系。当我问他在哪里长大时，他提到了他的母亲。但他欲言又止，我就在一旁静静地等他说下去。

"说到我母亲……"他停顿了一下看着我，确定我是一个可靠的倾诉对象之后终于开口，"嗯……这……其中有一段故事。"我看到他的手指在空中强调了一下。

他告诉我，他一直都不知道他的母亲是犹太人，直到她死后，克劳德才知道这个秘密。战争期间他母亲因为害怕纳粹而保守了这个秘密。不仅如此，他也不知道自己的父亲是谁。

嗯，这听起来像在编故事。

在去巴黎的这趟列车旅程中，我和克劳德聊得不亦乐乎。他很好相处，时常发出爽朗的笑声，告诉了我许多事。比如他是如何与他的妻子在意大利相遇的，比如巴黎有哪些地方值得一游，比如波尔多非常漂亮，但是过于商业，不怎么宜居，等等。

到站后我们一起下了车,沿着站台往外走。我远远就看到雷切尔的小脸出现在十字路口附近,她怔怔地看着我和一个70多岁的男人朝她走来。我颇自豪地对上她迷茫的眼神,我的眼里写满了:"怎么样,我是不是很酷?"当我和克劳德一起停在她跟前时,她的眼珠子都要掉出来了。

"克劳德,这是我的好朋友雷切尔。"我向克劳德介绍道。克劳德和雷切尔礼节性地握了握手,用法语寒暄了几句,随后克劳德就向我们挥手道别了。看着克劳德的身影渐渐消失在了火车站,雷切尔扭头一脸困惑地看着我。

"我开始和陌生人说话了!"我向她解释。

"哇哦,但你一定要和一个陌生的法国人说话吗?我的妈呀,直接跳出新手村进入困难模式?"雷切尔说道。

我和雷切尔好几个月没见了,所以在我们走出车站的时候,与好友重聚的兴奋感就像烈酒一样让我上头。我感觉自己得到了解脱,我再也不需要刻意想话题,不用担心下一句该接什么。于是我的语速飞快,简直想把之前几个月没说的、错过的话全都一股脑儿补上。

10分钟后,雷切尔在地铁上嘘我,因为我太吵了。

有人说,年龄越大,越能够和陌生人攀谈。因为随着年龄的增长,我们会变得更加自信,更少在意别人的看法。我记起曾经在一辆拥挤的公共汽车上,坐在我旁边的一位老妇人拍了拍我的胳膊肘,大声要求我:"快开窗——我热死了!"

按照我目前越来越"聒噪"的发展态势来看,等我到80岁估计……一想到这儿,我就头昏脑涨。

尼克认为当今社会人们愈发孤立了,但实际上如果人们愿意和陌生人交流,在某些适当的场合建立起一点微小的联系,其实幸福感会更强一些。当你已经排了20分钟的长队或者飞机晚点,被困在登机口已经听了4遍广播,你突然发现隔壁女士的鞋子还挺好看,或者你想告诉她你刚刚听的第4遍广播里有什么奇闻趣事，你可能会担心自己这么做会被当成变态；还有你坐在公园的长椅上，发觉边上正在吃午餐的人手里的咖喱看上去有点诱人，想问他在哪里买的——你就直接问吧，没关系。大多数人都会给予回应并乐在其中。

如果你真诚地希望和别人交流，就去发掘你的"真我"吧。但切记不要直接从别人手里抢过一本书就问："你上一次在别人面前哭是什么时候？"（这一点请务必相信我，尽管尼克测试过这个问题能让你很快进入有营养、有深度的谈话领域。）

我和很多我从前根本想不到的人聊过天，有素昧平生、仅有一面之缘的陌生人，有带着浓重法语口音，但万幸他会说英语的法国人。我参加过全是陌生人的聚会，在大街上和画家聊过天，在地铁里丢过脸。现在如果打"脆弱网球"的话，我不仅能打，还有信心能赢。我知道我用不着和每个人都搭上话，这一点让我的内心愈发强大。（比如，现在我会主动站出来"警告"那些在公交车站让我感到不舒服的人，或者远离那些认为去土耳其纯粹只是为了晒黑的人，等等。）但最重要的是，在行动之前我的脑海里就已经出现了无数种尴尬可怕的结果，然而在我惴惴不安、心怀恐惧地迈出第一步之后，才发现事情根本不是我脑补的那样。

我的社交焦虑还没有完全消失，但至少如果我真的想要或需要社交，我是可以和别人交谈的。交流这件事于我终于不再像天上星、水中月一般遥不可及了。

我还有个意外的收获，我发现当人情绪低落、迷惘彷徨或沉迷在自己的世界无法自拔时，和陌生人聊天竟然是最容易调动情绪，获得多巴胺最廉价、最简单的方式之一。

当克劳德和我在巴黎北站告别时，他说："我从来没有在列车上和陌生人聊过天，这次居然还说了很多心里话。但我很庆幸我这次这么做了，这次旅途美好得像一个梦。"（他是法国人，所以可以说这种浪漫的、酸溜溜的话。）

尽管我从"强撩"陌生人中获益匪浅，但当我告诉其他人我在地铁里问陌生人英国女王是谁的这个"骚操作"时，他们都不约而同地露出了一言难尽的神色：可能是针对我（因为我问了这个"蠢"问题）；也可能是针对那些被我抓住提问的"可怜人"，他们肯定特别尴尬（并且会生我的气）；又或者是针对维多利亚女王这个话题本身。所以这些人究竟是时间旅行者还是纯粹的白痴，还是说他们在嘲笑我？这个答案谁都不知道。

第三章 聚光灯下的进与退

第三章　聚光灯下的进与退

我在北京做记者的那几个月,是我 20 多岁时一段短暂的黑暗岁月。我是电视台里最差的记者,我怀疑也是世界上最差的。我之所以这么怀疑,是因为我的制片人屡次提醒过我这一点。当然这只是我讨厌她的原因之一。她还给自己取名叫索菲娅(Sophia)——我不知道她的中文名,中国人给自己取英文名很常见(外国人给自己取中文名也很常见,于是在这样的中国公司里,人人都顶着不怎么合适的外国名字在打交道)。她叫自己索菲娅,我很生气,因为索菲娅是我很喜欢的一个名字,它差一点成了我的名字。当然,我也给自己取了一个中文名字,后来有朋友告诉我,我相当于给自己取名为"安吉丽娜·朱莉",我很崩溃,但那时改名已经晚了。

我们每个人都有不愿提及的过往,糟心的工作、讨厌的室友、在低谷期同床睡过的人,自以为是狼人的高中男友[安迪(Andy),我永远不会忘记你],以及曾经狂热迷恋的花痴对象[比如阿诺德·施瓦辛格(Arnold Schwarzenegger),《小美人鱼》(*The Little Mermaid*)中的埃里克(Eric)王子]。但时过境迁,我们站在时间的这头,再回望过去的自己时,往往懊悔不已,会扪心自问当时脑子里到底都装了些什么没营养的东西。

同理,我很少提及我作为一名电视台记者的经历,一旦谈及也会赶快略过。"我逃出来了,但不要问我发生了什么,也不要问我怎么逃出来的。"这听起来我好像刚刚出狱。

我会这么逃避,不仅仅是因为我真的真的非常不擅长我的工作,还因为我对它忌惮有加。

走出内向：给孤独者的治愈之书

　　我工作的电视台当时正缺会说英语的记者。我没什么别的生存技能，恰巧会说英语，而我又刚从新闻学院毕业（虽然是澳大利亚的新闻学院，但并不妨碍它的专业性），所以他们录用了我。我一直向往着旅行、写作，向往着探索新事物，从事新闻行业似乎是完成这些计划最好的方式。即使我可能需要采访陌生人、打电话，很多时候都得把自己从舒适区推出来，但我觉得我能克服。因为如果我必须为工作做一些让我焦虑的事情，我通常能够逼自己一把——就像世界上的绝大多数人一样。而且，我认为我内向的性格适合坐下来写文章。

　　现在我从事了影视行业，并期待能够做出一档名为《中国荒岛唱片》（Chinese Desert Island）的综艺节目，期待自己能成为东北亚的柯蒂斯·扬（Kirsty Young）[①]。

　　然而事与愿违。

　　我接受这份工作之后，总是刻意回避每一个让我站在聚光灯下的机会，一如从前因为不想参加校园剧而假装生病，躲避参加任何演讲活动，即使知道答案也拒绝在课堂上举手，等等。

　　许多人对在一个中等规模的课堂上举手发言并没有那么排斥，但站在聚光灯下，面对更多的观众总是让人望而却步。虽然对当众演讲的恐惧是一种普遍现象，无论个体外向或内向，但内向者的恐慌程度明显更甚。一般来说，内向的人对新环境和新刺激更敏感，所以面对一项令人不安的任务，例如当众讲话，内向的人更容易心率加快或血压升高。

　　但这些都过去了，那是老杰丝（Jess，作者的昵称），现在的她再也不会穿那件运动夹克。

　　只是每当摄影机上那盏小灯亮起，我就会按捺不住想冲上去把它关掉的冲动。我会控制不住地全身冒冷汗，心跳陡然加快，心脏重重的鼓点一下一下敲击着我的耳膜。然后我的大脑开始宕机，焦虑和神经错乱纠缠着我，我开始

[①] 柯蒂斯·扬是一名英国女演员，代表作品有《创伤》（Trauma）等。——译者注

第三章　聚光灯下的进与退

语无伦次，舌头打结。最后索菲娅就会在镜头后面对着话筒大喊，她刺耳的声音透过耳机传来："你说得太快了，慢一点！手不要动来动去！你又不是说唱歌手，头晃来晃去干吗？不要看起来那么害怕，有什么好哭的，等下你的妆花……好了，已经花了，补妆吧。"

你看见镜头里的自己会崩溃窒息吗？就像得了创伤后应激障碍（PTSD）[①]。如果你也这样，那我就勉强把自己归到正常人的行列。我感觉镜头里的自己仿佛被劫持的人质一样，浸在一大桶古铜色化妆品里，身后被枪指着，机械地看着提词器念稿子。

我努力放松自己，但是没用。我紧张得身体僵直，沁出大颗大颗的汗珠，感觉自己变成了一头被车灯照得晕头转向的鹿，完全丧失了方向感。只不过打在我身上的不是车灯，而是摄影机的灯。人们大喊着要求我站在他们面前，而我迫切地想逃离这里，钻进我认为安全的森林里，但根本无法实现。

其他记者和新闻主播在镜头前都表现得非常自信从容。他们还特别强调说，职业应该和天赋相得益彰。显然我不是这样，对于这份工作，我最大的天赋就是把所有的机会都搞砸。

那段时间我为了坚持下去，把所有的怀疑和痛苦都塞进了一个叫作"饲料疗法"的精神盒子里。但这个盒子不是密不透风的，它有一条细细的裂缝，这条裂缝从盒子诞生起就一直存在。我不断告诉自己生活其实挺好的，到后来我自己都快相信生活是真的挺好的。直到某天下班后，我百无聊赖地坐在台阶上，看着街对面的广场上一群北京大叔大妈跳起了广场舞，酷玩乐队（Coldplay）的《牢记你》（*Fix You*）突然响起，我知道，有东西从那条狭窄的裂缝里漏了出来。无数的酸楚开始上涌，泪水决堤。

在澳大利亚同居一段时间后，我和萨姆的签证都到期了，他搬回了伦敦，

[①] 创伤后应激障碍是指个体经历、目睹或遭遇到一个或多个涉及自身或他人的实际死亡，或受到死亡的威胁，或严重的受伤，或躯体的完整性受到威胁后，所出现的个体反应延迟的现象和持续存在的精神障碍。——译者注

走出内向：给孤独者的治愈之书

我搬回了北京，异地恋的感觉一点都不好。我无法和同事做朋友，他们个个天赋异禀，是天生的表演家，我显得格格不入。我的室友是一个我几乎不认识的女孩，我还对她的猫过敏。没人说话的时候，我就自己一个人听播客。其中我最喜欢的节目叫《飞蛾》（The Moth），讲的就是像我这样的普通人的故事。正因为他们是普通人而不是练达老成的表演者，我才喜欢他们。躺在床上听着陌生人的故事，跟着他们的情绪时哭时笑，这大概就是我日常生活的真实写照了。

时间在流逝，但我在工作中的表现依旧不尽如人意，我不够大方灵活，在镜头前总是惴惴不安。每当我准备做些什么来缓解紧张的时候，我又会挨骂，于是我更加紧张了。我的恐惧来源于聚光灯，即使摄像机投射到我的脸上的聚光灯只有小小的一束，我还是会不由自主地盯着镜头，开始脑补我的脸出现在别人家的电视机上，然后观众就开始埋怨我为什么表现得如此差劲。我很想做好这份工作，但只要我每天一踏进办公室，铺天盖地的恐惧就会向我袭来。

最后，我决定辞职。离开那天，我抱着放在办公桌上的5件运动夹克，头也不回地跑出了演播室，和我脑海中想象的越狱现场简直一模一样。我搬到了伦敦，嫁给了萨姆，试着忘记过去所有不好的记忆。

从那时起，我就暗暗发誓，为了我的健康考虑，再也不把自己放在聚光灯下了。一个人真正成熟的标志，就是学会接受诸事未必如意的现实。

"桑拿"事件发生后不久，我和萨姆决定搬去伦敦。

楼上的邻居因为噪声问题把我们赶出了之前的房子，虽然我觉得明明是他们的女儿在制造噪声。我知道作为一个成年人我不该和小孩斤斤计较，但如果你遇到这样个子不高，脚却跟灌了铅似的8岁小毛孩，我打包票你也会讨厌她的。

也许她长大后会成为下一个米莉·鲍比·布朗（Millie Bobbie Brown）[①]或

[①] 米莉·鲍比·布朗，英国女演员。——译者注

第三章　聚光灯下的进与退

马拉拉（Malala）或马莉娅（Malia），但 8 岁的时候，她还是个没事就会在我们头顶上疯狂跺脚、大喊大叫，甚至把屎拉到地板上的熊孩子。对你的邻居说一句"请安静一点"已经够张不开口的了，说一句"你孩子的笑声让我有想死的冲动"就更难了。只要一听到她拉起小提琴，我和萨姆就知道我俩马上就要坠入"地狱"模式了。

搬家之前，我在收拾行李时，从成堆的名片、杂志、书以及传单里看到了《飞蛾》的节目单。我研究了一下这个节目单，找到了一个导演的名字——梅格（Meg）。

几年前，我就在联合教堂（Union Chapel）参加过一场《飞蛾》节目。这个教堂白天用来工作，晚上则是一个著名的音乐和喜剧表演会场。那天晚上，我被讲故事的人深深迷住了。他们站在彩色玻璃窗下，绚烂的灯光洒满全身，面对着 900 名观众，将他们的故事娓娓道来。我替他们这样成为人群的焦点不自觉地感到阵阵忧虑，却又充满敬意和同情。

因为我就住在联合教堂所在的街区，所以大多数日子里我都会路过这个教堂。我和那个街头画家罗杰一起参加的私人艺术展，离教堂只相隔两幢房子。

现在我拿着节目单陷入了沉思，思考下一步能做什么。

我一直努力变得外向，努力和陌生人聊天，努力去参加更多的社交活动。但成为焦点这件事依旧是我心里很难迈过的一道坎，是一个几乎不可能完成的任务。我无法想象自己站在舞台上，站在唯一一束闪亮的聚光灯下的样子。

在电视台像"蹲监狱"一般的时光，以及辞职后我游戏闪现般地落荒而逃，现在想起来我还是十分尴尬、羞愧。因为我没有直面恐惧，而是选择了逃之夭夭。我知道，我被我内心深处的恐惧牢牢支配了，而现在，我想挣脱这种支配。

我确实怯场，但怯场并不是一个可以不去尝试的正当理由。每天都有内向的人在克服这种恐惧，为什么不能是我？

所以我壮了壮胆，给梅格写了封邮件，内容是关于我的故事。节目的主要讲述人通常都很有成就：比如宇航员或知名的小说家；或者有不同寻常的成长经历，比如在双胞胎家庭长大成人。但他们偶尔也会征集普通人的故事，类似于这个人发现自己处在一个奇怪的境地——比如在地铁上随便抓着一个人问英国女王是谁。这是一个我可以试着讲出来的故事，更因为它发生在当地，就在联合教堂附近，梅格可能会感兴趣。我列了一个简短的提纲，在我反悔之前点了发送。我还没来得及想象自己站在舞台上，接受黑暗中 900 名观众的注视是什么样的光景，也没想清楚参加这种活动究竟会有什么潜在的风险，就赶紧去散步了，试图通过散步抑制住因为恐惧和悔恨而想放声尖叫的冲动。

"告诉我完整的故事吧。"梅格的声音透过听筒传进我的耳朵里。

我此刻正坐在伦敦的新公寓，手里电话的那头是远在瑞典的梅格。

梅格给人的感觉很温柔，声音也很真诚。可能因为在播客的《飞蛾》上听过她的声音很多次，我立马分辨出了她的声音，毫不犹豫地告诉了她我尝试和陌生人交谈的经历。梅格对我的故事十分感兴趣甚至有些亢奋，因为她知道英国人被冷不丁地搭讪时，会表现得多么神经质。

"其实伦敦人比我们瑞典人好相处多了。瑞典人互相之间从来不说话，但是会一直盯着你看。"几年前梅格从纽约搬到了瑞典，因为工作经常会去伦敦。

"我觉得伦敦人也蛮会躲避眼神交流的。"我说。

"那和瑞典比起来是小巫见大巫了。"她说，"瑞典的一切都非常孤立。我每年都会举办一次圣诞聚会，只要是我认识的，我都会邀请过来。但这里的瑞典人完全不能理解为什么我会把所有的朋友聚合在一块，他们说这很诡异……"

我没有告诉梅格，在圣诞聚会这件事上，我其实和瑞典人站在一边。举办一场盛大的圣诞聚会，然后邀请我认识的所有人，这听起来就是一场噩梦啊！

通话末尾，梅格说她还不确定是否能把我的故事加到她的节目里。

"几周后我再联系你。"她说。

我挂了电话，心怦怦直跳，有一半的念头是：你还是不要再给我打电话了。

第三章 聚光灯下的进与退

但怕什么来什么,梅格的电话随后就过来了,通知我在 1 个月后,参加下一期节目。

等下,1 个月?我根本不可能在 1 个月内完成参加节目的所有准备工作啊!我以为我的准备时间会有好几个月,那我可能还会朝完成任务冲一冲,至少有时间找找各种方法,比如去催个眠,做个额叶切除手术,或者万一碰到个宗教奇迹之类的。

我告诉梅格我还没准备好,我能在 6 个月后上节目吗?她的回答是"不行",她为了配合我的故事已经策划好其他的故事了。

在我努力变得外向的这一年里,我希望我牢记勇于挑战这个宗旨并能坚持到最后一刻,而公众演讲恰恰又是我变得外向这条道路上的最大心魔,我更要战胜它。如果我推迟录制节目的时间,说不定在延长的等待期里又会节外生枝,被卷入本来完全不会发生的意外里。1 个月就 1 个月,免得夜长梦多。(看吧,我又一次想到"适时发生的宗教奇迹"了。)

我没有对梅格说我跌宕起伏的心路历程,也不敢细想那些可能会让我窒息、崩溃的结果,趁着大脑一片混沌,我很快给了她一个肯定的答复。毕竟只要我的脑子还在,就不可能答应。

答应的下一秒,我就在谷歌搜索栏一个字一个字地敲下:如何应对怯场。我看的第一篇文章,建议我服用 β 受体阻滞剂[①]来抑制身体对肾上腺素的反应。

我疯狂心动,因为这是一条不费吹灰之力的捷径。但这样不是直面"心魔",只是让"心魔"镇定下来,然后我踮着脚尖,提起裙边,谨小慎微地绕着它转,生怕惊动了它,这一点都不酷。

大脑混沌期过去后,我的脑子终于开始工作了,然后我意识到自己离《飞蛾》的表演只有几周的时间了,神经突然高度紧绷起来。一想到自己要站在舞

---

① β 受体阻滞剂是能选择性地与 β 肾上腺素受体结合,从而拮抗神经递质和儿茶酚胺对 β 受体的激动作用的一种药物类型。——译者注

台上，面对台下坐着的乌泱泱的一片人，而且我手里没有讲稿，没有备份资料，什么都没有，我不禁冷汗如雨下。

我想蜷缩成一团躲在角落，想逃离现在的生活，想重新开始。最好能找个温暖的地方，最重要的是，没有公开演讲。有大量会让人长胖的碳水化合物也没关系，兴许我还可以成为一名面包师。

不对，我痛恨早起，成不了面包师。但没关系，无论如何，只要逃离了现在，那崭新的我一定会拥有崭新的生活，过得很滋润！

但我哪能逃得出去呢？

晚上，萨姆在烤架上烤奶酪，我突然不耐烦地冲自己大声埋怨："你到底在干吗？"

他震惊地盯着我，发现我不停颤抖着双手，反应过来，温柔地安慰我："杰丝，参加一个演讲而已，没关系，船到桥头自然直。"

"不，不会的。"

其实我的内心已经开始咆哮了："难道你没发现这是世界末日吗？"

我知道他想理解我，但我也知道他做不到。因为恐惧这种东西你要是没有切身体会过，是无法感同身受的，而他没有我的这份恐惧。

75%的人对公开演讲的恐惧要高于对死亡的恐惧。社会生物学家将这种恐惧的源头追溯到我们的祖先：把自己从一个群体中分离出来，就是向其他族群发出了来攻击你或排挤你的邀请函。在现代生活中，这更像一个人独自流浪，直到死于寒冷和饥饿，手里还紧握着PPT的笔记。

为了登上那个舞台，我不得不与根深蒂固的进化本能做斗争。

在街上和一个陌生人说话很难，但与同时和900个陌生人交谈相比，前者简直就是小菜一碟。

我陷入了典型的自我挫败中，深不见底的恐惧感让我无法着手任何准备工作，甚至连试一下都怕得要死。梅格想让我重新整理一遍我的故事，好把它改编成舞台剧，但我是绝对不会这么做的。我没有练习发言，没有背所谓的演讲稿，更没有被催眠而萌生出自己会焕然一新，能够胜任这个艰巨任务的不切实际的幻想。

我无法入睡，躺在床上凝望着黑暗，脑子里一片混乱。我下载了各种用来放松的应用软件。我已经紧张到无法依靠冥想让自己入睡，所以选择听睡前故事。不知为何，我居然在小时候没有听过《绒布兔子》(*The Velveteen Rabbit*)[①]的故事，我的童年都去哪了？但我又为我幼童时期不认识这只兔子感到一丝庆幸。大家都知道这只令人毛骨悚然的兔子有各种感知能力，它好像一只活着的真兔子，但它却不是真兔子。它的眼睛是用纽扣做的，这又是什么鬼？这太可怕了，这种可怕的故事怎么能哄孩子入睡呢？

我彻夜难眠，直到凌晨才有零星睡意。我的大脑终于疲惫不堪，开始进入梦乡。结果 1 个小时后，我就被一阵刺耳的女高音吵醒，我的手机里传出那只小兔子声嘶力竭的呐喊："我是真兔子，我是真的！"

"我不知道我能不能做到。"我对朋友倾诉了我的苦恼。她刚从柏林飞回来（请时刻谨记我在伦敦没有朋友），我们穿过汉普特斯西斯公园，目标是公园那头的游泳池。

"你还没变成你想变成的样子。你要迎接挑战，做一些改变啊，结果肯定会很好的。"她安慰我。

我们在更衣室里脱掉了牛仔裤、靴子和外套，她先一步跳进了冷水里。我和她都算半个中国人，她也叫杰茜卡，但她很擅长在公共场合演讲，也很擅长和陌生人聊天。我们竟是如此的截然不同。

当我慢慢潜入水中时，她已经游过了半个泳池。水温很低，冰冷刺骨，我的身体有点承受不了。

45 秒后，我放弃了，爬出泳池转战甲板，开始在甲板上享受温暖的阳光。

[①]《绒布兔子》是由玛格丽·威廉斯等创作的童话故事。有一回圣诞节，绒布兔子被当作礼物送给了一个小男孩。它得知，如果能得到人类的爱，它就会变成"真实"的兔子。——译者注

这时一个60多岁的女人过来打招呼。她叫简（Jane），是杰茜卡住在伦敦时的老朋友。当然，杰茜卡和每个人都是朋友。

简和我们聊了几句后，转身一头扎进泳池里。当她再次出现时，我震惊地看着她还在滴水的头发。

"天这么冷，你居然把头发搞得这么湿？"

"噢，我总是把脑袋弄湿，感觉这么做能洗掉所有压在身上的东西，把脑子一下子清干净！"简回答道。

我不禁把视线投向泳池，灰扑扑的水面散发着冰冷的寒气，水下是一片深邃的黑暗，但此刻我可能必须得像简那样直接跳进水里。因为现在的我，急需清除掉身上背负的一切压力。

演出前的第11天，这又是一个不眠夜。我决定起床，去克服压在我身上的恐惧，我需要帮助，专业的帮助。我偶然发现了一个关于治疗演讲恐惧的在线论坛。它给出了一些建议，包括催眠疗法、大量的练习、想象约翰·汉弗莱斯（John Humphrys）穿着内衣（这真的有用吗？）、使用应用软件练习呼吸、用色彩鲜艳的披肩包裹自己来获得自信等。

然后，一个名叫朱莉娅（Julia）的人推荐了一位名为艾丽斯（Alice）的声音教练和言语治疗师。朱莉娅这样评价这位治疗师：她"改变了我的生活"，"完全治愈了我"。

我掏出手机。

"你好，我11天后有一场大活动，但我有些怯场。你能帮我吗？"一听那头有一个女人应答了，我就脱口而出。

"你现在有什么问题吗？"艾丽斯问。

神经过敏，强烈的自我意识，断断续续的口吃，不安全感，严重的焦虑症，脊背不好，语言能力差，害怕蜘蛛，没达到理想身高，新陈代谢慢——以上全是我的问题，但现在这些都没那么重要。

第三章　聚光灯下的进与退

"我在公共场合会不知所措，很害怕，然后讲话会不自觉地加快，总是忘记应该说什么。"

艾丽斯了解了我迫在眉睫的情况。

"星期二下午两点到我家来。"

终于有一个成年人能够解决我的窘境了，我想我找到了下一位人生导师。

艾丽斯住在伦敦南部，去她家的一路上我都很兴奋，因为我彻底征服恐惧的这一天即将来临。我已经在邮件里把我的故事一五一十地告诉了艾丽斯。我幻想着，我进门以后，她会让我坐在沙发上，递给我一杯热茶，耐心地听我倾诉，温柔地抚慰我，仿佛呵护襁褓中的婴儿一般呵护我。天气阴沉沉的，沁着丝丝凉意。我裹紧了身上的黑色风衣，从火车站走向她家。

到达目的地后，我按下门铃。不多会儿，艾丽斯就来应门了。她将一头白发梳成齐整的马尾垂在脑后，额前的刘海很是清爽。她身材娇小而苗条，穿着也得体，看上去十分干练。我看不出她的年纪，可能是 45 岁，也可能是 75 岁。

"请进。"她示意我进门。

她的房子大得出奇，我们在她带法式双开门的大厨房里坐了下来。

我们在餐桌前面对面坐着，艾丽斯问了我几个简单的问题。她的态度有些冷淡，我感觉自己仿佛在接受盘问。当她开始探究我的内向性格和怯场心理时，我有一点抵触。这和我想的不一样，一点都不让人如沐春风！我抵触恐惧的心理令我陷入了尴尬，因为我发现不论我说什么都有一种被他人审视、判断的意味。

"跟我说说你今晚要讲的故事吧。"艾丽斯看起来很期待。

终于到了要展现自己的时候了，即使观众只有她一个，我的手也开始发烫。我咽了口口水，摩拳擦掌，准备就绪。

"所以我在这个咖啡馆里发现了这个徽章……"我向艾丽斯讲述着我的故事。但在我说话的时候，她一动不动地盯着我，让我异常紧张。

结果我忘了故事讲到了哪里。

我只好重新开始,告诉她我搬到了伦敦,偶尔会抚摸陌生人的狗。简短的几句话后,我口干舌燥,心跳加速。紧接着,我的大脑像放电影一样快速闪回过去的种种场景,最后突然宕机,变成一片漆黑。什么都没有了,真的,空无一物。

"我忘记了……"说完这句话我自己也大吃一惊,我居然记不住这么一个小故事。艾丽斯又不是在考我《坎特伯雷故事集》或蒙古的口述历史,这些都是我生活里实实在在发生过的事情,这也能忘?我好像得了暂时性失忆症,故事的下一部分我竟完全想不起来了。

我不禁脑补出了这样一个画面:我站在联合教堂的舞台上,聚光灯打在我的脸上,四处昏暗,黑暗中观众席上数百张脸都齐刷刷地凝视着我。而我在追光的正中心支支吾吾地开口:"我有一个徽章……我的徽章……徽章?"真的太丢脸了。所有人都盯着我,窃窃私语,想知道我到底怎么回事。能怎么回事儿呢,不过是我一直都无法振作,连这点小事都做不好的废柴本质暴露无遗而已。

"再试一次。杰茜卡,仔细回想一下,接下来发生了什么。"

艾丽斯看着我,一动不动,我觉得浑身燥热。然后不争气的眼泪夺眶而出,刺痛了我的眼眶,顺着脸颊直往下淌。

她递给我一沓纸:"写下来吧。"我接过纸,拿起钢笔,泪如雨下。

"我做不到,我真的不记得了。"我有些崩溃。

我曾经在书上看过,虐待罪犯会导致虚假供词。果然是这样,至少我很吃这一套。现在只要5分钟我就能承认我是班克西(Banksy)[①],只要我承认了,艾丽斯就不会再用她那双锐利的蓝眼睛盯着我。

"衔接的问题。"她穷追不舍,"因为你的故事衔接得不够自然,所以它会让人感觉一团糟。"

[①] 班克西,英国街头艺术家,被誉为当今世界上最有才气的街头艺术家之一。——译者注

第三章　聚光灯下的进与退

她让我把我的故事画出来，但我甚至连这个也办不到。于是她拿出一张纸，开始帮我画。

"好，你有一个徽章。"她画了一个徽章，然后画了一只猫。

"你为什么画猫？"我问。

"你说你跟陌生人说话的时候总是摸别人的狗。"

哇哦，是这个理儿，没错。但我觉得可能画只狗更合适。

她又画了一架飞机，画工有些粗糙。而且我看不出这有什么用，我的故事里没有提到飞机啊。艾丽斯画完飞机开始画一条时间线，上面全是象形符号，我能看懂的只有这些：一面英国国旗代表我来到英国，一只猫代表我在抚摸别人家的狗，还有几副眼镜……

"那些眼镜是什么？"

"你咨询的专家们。"

什么？我的故事看起来像一个儿童寻宝游戏吗？

我越来越迷茫，她画了一个王冠来代表英国女王，但我觉得女王的象形符号显然不是王冠，而应该是两个交叉的脚踝，因为克莱尔·福伊（Claire Foy）[①] 在《王冠》（*The Crown*）里总是坐着。

我觉得画这些符号估计起不了什么作用，但还是假装表示赞同。

"你现在再试着讲一遍这个故事看看。"她说，"你刚哭过，情绪宣泄完了，现在应该可以了。"

什么？简直大错特错，我的情绪怎么可能宣泄完了呢？我还有很多美好的、悲伤的等各式各样的回忆深埋在心底呢！因为我一直在极力克制自己——我还没有呼吸急促，泪水决堤，也根本没有因为宣泄完情绪而感到如释重负。我要毫不克制地大哭 10 到 15 分钟，这样我才算把情绪释放完。

[①] 克莱尔·福伊，英国女演员。2018 年，她凭借《王冠》荣获第 70 届美国电视艾美奖剧情类最佳女主角奖。——译者注

但我们没有那个时间。

我跑上楼,去卫生间拿纸巾。在她巨大的浴缸沿上坐下,试图缓和情绪。艾丽斯显然是一个"严师"类型的人,她不会如我期待的那般待我像襁褓中的婴儿,细心呵护。今晚的任务陡然艰巨起来。但我来这里不是为了在陌生人的浴室里自怨自艾,而是为了战胜恐惧。

所以我很快回到楼下,重新坐在艾丽斯的对面。她继续着之前的议程,好像什么事也没发生过。

她说了很多话,但我的脑子完全无法接收它们,光听清那些话我就花了一分钟。

"你真的不特别。"她告诉我,"也不是宇宙的中心。"

我的天。

我清楚艾丽斯的意图,她想告诉我,其实没有人真正在意我表现得如何,所以大可放手一搏。我也知道她说得没错,这就是事实。我把观众的反应看得太重,担心自己不够完美,与此同时也一直认为自己就是一个普通人。这便是问题的症结所在,我觉得自己不够资格站在台上,去获得所有观众的关注。所以她说我不特别,无疑放大了我的恐惧——我就是一个冒名顶替的骗子,我配不上那个舞台,迎接我的只有失败。

"没人在乎你是否会失败。"艾丽斯说。

我不认同。梅格会在意,观众会在意,我会在意。我一辈子都会因为这次失败而耿耿于怀。这件事对我来说至关重要。

彼时我唯一的念头就是立马离开那座房子,那种扭头就走、干脆利落的离开。

说做就做。我说我得回去了,留下了艾丽斯一个人在前门。出门后我走啊走,一连走了5条街。然后发现我把外套落在了她家,而且我走的方向是去车站的反方向。

第三章 聚光灯下的进与退

我站在伦敦的陌生街头，天空渐渐飘起小雨，冷风阵阵，寒意更甚。我身上只穿了一件单薄的T恤，冷风中我不禁打了个寒战，手里的手机电量显示只有9%。

我闭上了眼睛，感受雨滴落在脸上的冰凉之感。

论坛里那个叫作朱莉娅的女人说艾丽斯改变了她的生活，但她没有说她完全抛弃过去，重获新生了，对吧？我只能这样解释，好让自己好受一些。

最后我找到了去车站的路，外套就留在了艾丽斯家。我坐在火车上，脑海里一遍又一遍地闪回那一幕——我坐在艾丽斯对面，接受审问："给我讲讲你的故事吧。"而我只能哭着回应："我只记得这些徽章，其他真的想不起来了。"整个画面就像是《法律与秩序》(Law & Order)①里，每一位目击者都要接受长篇大论式的盘问一样。

我希望我能向别人解释清楚，为什么那个分明再正常不过的时刻会使我泪如雨下。我只是在一幢漂亮的房子里，和一个穿着整洁的女人说话而已。但事实是事后连我自己都很难理解我的举止，更别提向他人解释了。那时候，艾丽斯一动不动的注视让我的神经格外紧张，我渐渐失去了理智和自我。这种熟悉的感觉仿佛让我回到了在北京的那几个月，我完全暴露在了别人的视野中，一览无余。

艾丽斯的注视让我倍感压力。曾经表演失败的焦虑和站上舞台对我的重要性开始产生混合反应，我的身体不自主地开始释放指挥战斗或逃跑的肾上腺素。无数忧愁涌上我的心头：我的声音听起来正常吗？我说得对吗？我是不是看着有点奇怪？有没有哪个细节弄错了？艾丽斯是不是讨厌我？

我过于兴奋，也过于紧张，极度容易分神。这和人们希望在表演时达到的全神贯注和禅定的状态南辕北辙。研究表明，当压力过大时，我们的身体就会释放皮质醇，它们会干扰我们的注意力和短期记忆。简而言之，

---

① 一部反映美国法律制度的电视连续剧。——译者注

我的大脑短路了。

面对这种恐惧，我无法控制身体的反应，但我可以给出合理的解释。抛开我的大脑到底给我刻画了多么吓人的场景，实际上我只是站在了舞台上，并没有真的被一头剑齿虎追赶那样可怕。我没必要沉溺于自己当电视记者的失败经历里，还把它当成座右铭来时刻提醒自己。

我可以试着摆脱过去在公开演讲时的焦虑。

但这种情绪扎根在了我内心深处，将它刨根挖底需要付出代价。

我回到了泳池，这次就我一个人。还没来得及给自己做什么强大的心理建设，我就直接把脑袋泡进了水里，每根发丝都湿透了。"删除一切。"我在光滑的褐色水面下潜着，向池水发号施令。天气还是很冷，但我的身体迅速进入了一种愉悦的状态，又逐渐平静。我在水中游弋，有时也躲到树后，或是抬头望向天空，它碧蓝澄澈，所有的烦恼都渐渐被抛诸脑后。

我从泳池上来，擦干身上的水迹，换上了牛仔裤和套头衫，开始在公园的荒地上漫步。我在树下漫无目的地走着，然后陷入沉思。最终我决心至少要尝试一下。我要战胜焦虑，看看到底会发生什么，我不能做一个只会在浴室里哭的弱者。今年我发过誓要更加勇敢，不向自己怯懦的性格屈服，遇事也不能再逃避或躲藏，所以我不能就此放弃。更重要的是，我想摆脱这困扰了我30多年的恐惧。这次参加演讲是我战胜"顽疾"的最好机会，我不能白白浪费。

我陷入自己的思绪中无法自拔，结果在公园的荒地上迷了路，走了1个多小时才找到我要去的火车站。

我回到家后有些虚脱，因为在水里浸泡太久，又在荒地上经历了漫长的步行。但我强迫自己在公寓里大声练习我要讲的故事。我从头到尾练习了两次，虽然并不让人身心愉悦，但确实是一剂良药。

我回到艾丽斯那里进行了第二次治疗。因为我别无选择——我尚未痊愈，也没有找到别的治疗方法，此外我的外套还落在她那里。

第三章　聚光灯下的进与退

这次，她带我去了另外一个房间，里面有一架钢琴和一座漂亮的老式壁炉。

艾丽斯摆好两把椅子，我们再次面对面坐着，双脚平放在地上，两膝相距 8 厘米左右。

她演示了一种呼吸练习方法，用手指堵住一个鼻孔，另一个鼻孔吸气，然后换一个。她让我做 20 次。

我们一起做。

我不知道我的眼神该落在哪里，也不知道这个动作何时才能结束，可能永远不会结束。

然后，艾丽斯微微向前倾斜身体，双腿张开。她说："让肌肉更紧张一点，坐的位子大一点，让身体尽可能放松下来。"我模仿她的动作，感觉还不错。

然后我们面对面站着。

"有时候我们的声带会没有氧气，这样我们就失声了。如果发生这种情况，我们要学会做一个爱管闲事的婆婆，像这样。"艾丽斯用鼻子"哼"了一声。

"你试试。"艾丽斯说。

"哼！"我假装吸气，把空气推出去，我感觉到我的声音在喉咙后部颤动。

"很好！"她说。听到她的肯定后，我开始不那么紧张了。"如果你失声了，这么做能把你的声音找回来。"

然后她让我把手放在横膈膜上，说这样能感觉到它的收缩，但其实我并没有感觉到，我只能假装感觉到了。

"好，现在我带你做一些声乐热身，跟着我做就好了。"艾丽斯说。我点头。

"Ba——ba——ba——baa——"她冲着我。

"Ba——ba——ba——baa——"我予以回击。

"妈——妈——妈妈！"艾丽斯的声音像波浪般起伏。

"妈——妈——妈妈！"我附和着。

"很棒！"艾丽斯说。

我喜欢从这种简单任务中获得的表扬，因为我做得到。

"我妈妈棒极了！"艾丽斯大声喊道。

我停了下来。

"跟着我一起说出来，"她又重复了一遍，"我妈妈棒极了！"

但艾丽斯是用英国口音说的，而我是混合口音，确切地说是"在美国生活了 10 年的美国口音加在伦敦生活了 10 年的伦敦口音，再加上我嫁给了曾在澳大利亚生活过的桑德兰人的澳洲口音和桑德兰口音"。

"你是想让我跟你一样说出来？"

艾丽斯点点头，略带一些不耐烦。

我感觉遭受了打击。我就像是《国王的演讲》（The King's Speech）里的科林·弗思（Colin Firth），而她是狡猾而执拗的杰弗里·拉什（Geoffrey Rush）。我盯着艾丽斯的眼睛，她也盯着我的。自从我搬到英国的那天起，我就一直在等待有人给我释放让我大声说话的"通行信号"。

"我妈妈棒极了！"我用傲慢的英国口音吼道。我的声音和《欢乐满人间》（Mary Poppins）[①]里的一个孩子一模一样。

"我妈妈棒极了！"艾丽斯鼓励地冲我喊。

"我妈妈棒极了！"我激动地回应，现在我的声音听起来像赫米奥娜·格兰杰（Hermione Granger）。万一有人突然看到这一幕的话，大概率会以为我们是精神病。我们像是两个乱吼乱叫的木乃伊，但我们为此感到无比自豪。

这种吼叫持续了一段时间，也许是很长一段时间。

艾丽斯说："很棒，现在我们坐下来，你再给我讲讲你的故事。"

哦。

艾丽斯在房间后面坐了下来，我则走到了走廊上。她大声报幕："欢迎来到舞台，杰茜卡·潘！"

[①]《欢乐满人间》是由美国迪士尼影业公司出品的奇幻歌舞片。影片于 1964 年 8 月 27 日在美国上映。——译者注

第三章　聚光灯下的进与退

随即我就从走廊出现，走进房间。她坐在椅子上，两条细腿交叉着，很端庄。我没有看她，我看的是她头上那顶漂亮的皇冠——这所富丽堂皇的房子。

我站在她面前3米远的地方，开始集中注意力讲述我的故事。最后，我终于，终于熬到了结尾，没有卡顿，也没有支支吾吾。

艾丽斯为我鼓起了掌。

我还没来得及沐浴在胜利的光芒下好好享受，艾丽斯就提出了新的要求："来，你再讲一遍，这次我会干扰你。因为大家在晚上可能会醉成烂泥，然后很吵，甚至可能冲你瞎嚷嚷，你要适应干扰。"

我发自内心地不想再对她讲这个故事了，因为重复一遍让我觉得自己就像一个傻瓜。但她一个人顶一群聒噪的女人，一次又一次地叫我的名字，最后我屈服了，又一次跳出走廊，讲起了这个故事。

这次艾丽斯拿起了电话，故意在我出错的环节放声大笑。我被她干扰，停顿了大约30秒，这时她冲我喊："谁在乎这个啊？！"于是我决定不理她的反应，继续讲我的故事。

艾丽斯的反复拷问和冷嘲热讽，把我从自己设立的禁锢中解救了出来。我把故事又从头讲了一遍。我踏出她家门的那瞬间，感觉一切都变了，变得更好了。

我后面又见了艾丽斯一次。她让我把这个故事再讲两遍，每讲一次我都更加平和。我的声音愈发平稳，思路愈发清晰。我不由得开始相信，我能在真实的人群面前表演。就在我讲第二遍快收尾的时候，我的余光瞥到一只蜘蛛从天花板上缓缓垂下来，即将要触碰到我。我一个健步缩到角落，极力控制自己不发出尖叫声。

于是，今天的重要课程是——永远保持警惕。

在我收拾东西离开之际，艾丽斯对我说："我想让你记住你为什么要讲这个故事。你必须渴望讲述你的故事。这种渴望非常必要，当你神经紧张的时候，记住回想一下你这么做的初心。"

从艾丽斯家出来，我径直前往《飞蛾》排练现场。明天就是演出的日子，今晚我要和其他4位讲述者一起上台彩排。

一位是澳大利亚纪录片制作人达兹（Daz），他有一头精灵般的金发；一位叫英格丽德（Ingrid），之前是学者，后来成了作家；还有刚从华盛顿飞来的美国人戴维（David）；最后是我。其实还有第五个讲述者，他因为女儿病了，今晚来不了，我没记住他的名字。可能是因为我的注意力全放在戴维身上，我刚刚发现他是奥巴马在白宫的御用演讲稿撰写人之一。

对不起，什么？我要和那个帮奥巴马写演讲稿的人一起表演？我要在他表演完后上台？不，我不能在他后面！

但后来我意识到，还有谁能比他更好地给我建议？除了这个帮助过最伟大的演说家的人，还有谁？如果有人能给我一些关于演讲的建议，那一定就是他！好吧，应该是奥巴马第一，这个人第二。

于是我拦住了他。

"你觉得奥巴马有没有演讲恐惧症或者你觉得……"

"我觉得比起演讲，他应该还有别的更值得操心的事。"戴维回答。

"也对。"我点头。

戴维告诉我，每次演讲前，他和奥巴马都要排练很多次，这让我颇感安慰。因为不知道为什么，我从没想过原来奥巴马演讲也需要排练。我认为像他这样的人天生就能言善辩，冷静优雅。

"啊？那你要是知道碧昂丝也会怯场的话，你就不会这么紧张了。"戴维说。

戴维人很好，但这种安慰其实对我来说毫无意义。大家总会这么安慰人，你看谁谁也和你一样。但事实是，我不是碧昂丝，我甚至连她的一根头发丝都比不上。她永远是碧昂丝，我还是我，碧昂丝几乎百分百会把事情做得很好。而对我来说，什么糟糕的事都有可能发生。

有一次在格莱美表演现场，阿黛尔（Adele）中途停下来，骂了一句脏话，

第三章 聚光灯下的进与退

然后转过头向大家道歉:"对不起,我刚骂人了,我们能重新开始吗?"所以,比起完美的碧昂丝,我更像阿黛尔。

"戴维,你……你真觉得我可以吗?"我问。

"你可以。"他说。此刻,我收获了一位奥巴马的啦啦队队长。我试着信任他,就像奥巴马必须要做的那样。(我和奥巴马?我们本质上其实是一样的。)

梅格让我们围坐在一张桌子旁,轮流讲述各自的故事。英格丽德有些犹豫地开口了,她讲述了一个最感人、最生动的故事。当她谈到如何照顾自己罹患乳腺癌(后来去世)的母亲,以及自己的儿子在学校如何被欺凌时,她的讲述逐渐顺畅起来,不再犹豫。看得出她还沉浸在对母亲的思念中,但不知为何,英格丽德仍努力地让她讲的整个故事的氛围显得轻松有趣。

我喜欢听别人的故事,看着他们动容地回顾着自己人生中重要的时刻。但我更喜欢的是,看到他们讲述故事时流露出的一丝丝惶恐和害怕。这是世界上最美好的事了,他们的集体恐惧让我感到一丝丝慰藉。它让我明白:我没有疯,我也不是孤独的,我是他们中的一员。梅格就像我们的童子军女训导一样,精力充沛,活力四射,她不断向我们保证:"怯场没关系,一切都会好起来的。"但我们没人相信她。

正式表演的前一晚我彻夜未眠。

天好热,太热了。整个白天我什么事情都做不了,因为我的注意力完全无法集中。终于挨到了夜幕降临,我冲了个澡。萨姆帮我熨了衬衫。我穿的和莎伦·霍根(Sharon Horgan)在联合教堂举办的"书信现场"(Letters Live)活动上的打扮一模一样:穿着带纽扣的浅蓝色男式衬衫、黑色牛仔裤、灰色靴子,头发松松垮垮地垂下来,戴着大大的玉耳环(为了辟邪)。

我到现场时,门口已经聚集了一小撮人。观众对我来说一直是"理论上的存在",但现在却变成了"现实的存在"。他们排着长队,有些人还盯着我看。我站在外面,整个人都吓呆了。幸好这时门开了,一个制片人探出头来,示意我进去。然后她说了一些《飞蛾》的表演规则：故事最好控制在12分钟以内，一旦到了12分钟，小提琴手就会拉出一连串吓人的音符，提醒我们时间到了；最多不能超过15分钟。

我只听进去了一半。

我看着观众席上的空座位，犹豫地走进了教堂，然后发现其他讲述者正在用麦克风练习。轮到我时，我跳上舞台，肾上腺素开始飙升，隐约有些不适。我刚说了几句话，就被自己奇怪的声音震住了，它像极了一个弧线球在房间里吊诡地弹来弹去。现在我根本不需要弧线球嗓音。

"可能没人告诉你，等下房间坐满了人，回音就会少很多了。"一名站在舞台附近的男子说，"当你真的在那边讲故事的时候，你的声音听起来不会这么奇怪。"他就是剩下的第五位讲述者，看起来怪怪的。他刚从一个文学会赶过来，自我介绍说他叫奈克什（Nikesh），但我几乎没认真听他讲话。他的全名是奈克什·舒克拉（Nikesh Shukla），我当时不知道他是《好移民》（*The Good Immigrant*）的编辑，我还读过他的两本书。当时实在是有太多别的东西让我分心了，我没有办法更细致地去了解他。所以对当时的我来说，他不过是战场上的另一位对手罢了。

他穿着菠萝短裤和菠萝衬衫。

"你看上去好像不太紧张。"我有些怀疑地说。

"我紧张啊。"他说，"不然你觉得我为什么要穿这个？穿了这个我就觉得大家看的是一只菠萝，而不是我。"

我们在休息室里等着，不安地转来转去。澳大利亚人达兹不停地跑过来，又跑过去。她甚至比我还紧张。她在房间里大步走动时，身上那飘逸如斗篷的长外套印证了我的想法。不用说，这就是她今晚的盔甲。

她冲回休息室，坐在钢琴前，开始敲击琴键。

"这样能让我轻松一点。"达兹说道，钢琴的旋律很快淹没了房间里的其他噪声。被介绍过来的计时员——一位留着深褐色头发的小个子白人女士，拿出

第三章 聚光灯下的进与退

她的小提琴，开始附和钢琴的演奏。现场一片混乱，充斥着嘈杂的、诡异的声音。我就像踏入了一部先锋派电影[①]，主演已经失去理智。

与此同时，梅格和另一位制作人还在嘈杂的音乐中大声交谈。戴维穿着他的黑色外套来回踱步。我站在角落里，看着这一切。整个场景让我觉得我的大脑好像被翻了个底朝天，剧烈地晃动着。

我跑出房间，穿过走廊，透过黑色的大幕布往里看。

室内的光线暗了下来，外面太阳正在落山，观众陆续开始就座。

我体内的肾上腺素飙升，我都快撑不住了。离演出还有整整半个小时。

"杰丝去哪里了？"我听见梅格的声音从房间里传出来。然后钢琴声戛然而止，我被怀疑要"叛逃"了。

想想也有道理，因为我把头发扎成了马尾，此刻正在调整我的袜子。尽管穿着带后跟的短靴，但我知道如何穿着它们跑步，说实话我穿这双靴子能跑得很快，我完全可以逃之夭夭，头也不回。

我听见身后有动静，然后转过身看见了戴维。

他用恳求的眼神看着我。

"你能不能带我——"他开始说。

我不解地看着他的眼睛，猜测他要说的话。

开始新生活？出海？去找奥巴马？他到底想去哪儿？

"去买杯冰咖啡？"他问道。

我叹了口气。

"我没什么精神。"他说，"上场前我想喝杯咖啡。"

这真是一个逃避的好借口。我领着他穿过联合教堂的过道，经过制片人和舞台工作人员，以及在外面排队的人们。

[①] 先锋派电影是20世纪20年代以后，主要在法国和德国兴起的一场电影运动，这些影片的重要特点是反传统的叙事结构而强调纯视觉性。——译者注

现在门外的队伍已经变得很长了。

"他们是狗仔队!"我说。我被他们吓得呆住了。

"狗仔队可不是这样的。"戴维说。

"我知道!"我说,我挥手让他走开,眼睛盯着人群。

他们在这儿。他们都在这儿。人们都在这儿。

"我们去哪儿?"他问道。

"现在是星期天晚上,我们在伦敦,而你想喝杯冰咖啡,戴维,"我说,"所以我们要去星巴克。"

当我们穿过马路的时候,我感觉不到我的身体和思维。戴维在讲话,但我没法走心地回应他。他说英国人都不喜欢他,因为他实在太喜欢说话了。他还说了什么有一次他在一家饭店,把脏牙签放了回去之类的话。

"嗯。"我只好这么敷衍地回应。

在回教堂的路上,戴维仍然一边喝着咖啡,一边滔滔不绝。我在第一排坐了下来,等着灯光暗下来,然后我们就该上场了。

戴维坐在我旁边,喝着他的冰咖啡。

他说:"我一紧张就会变得很爱说话。"接着他就开始讲述冰岛民主和维京人的历史。

我开始明白为什么英国人那么讨厌他了。

"戴维,我现在说不了话。"我忍不了了。

"好吧。"他点了点头,继续喝着冰咖啡,自言自语地念叨着冰岛的政府制度。

只剩下5分钟了,我跑出去做艾丽斯教我的呼吸练习。

总是这样。时间刚才还剩那么多,现在却所剩无几。

我迅速走进卫生间,做鼻孔呼吸让自己平静下来。为什么,为什么我要在厕所里做这个?"莎伦·豪根用过这个厕所。"我开始不择手段地说服自己。

"以及达米恩·赖斯(Damien Rice)。"我的呼吸更平静了。

第三章 聚光灯下的进与退

"莉莉·艾伦(Lily Allen)也来过这里。还有埃米·怀恩豪斯(Amy Winehouse)、埃尔顿·约翰(Elton John)[①]。"

回想一下曾用过的所有治疗方法。快,集中注意力。

我再次把注意力集中到呼吸上。就像艾丽斯教我的那样,把身体微微前倾。嗯,感觉好多了。

这时有人进了厕所,我觉得我的心都要跳出来了。我面朝墙壁,默默背诵着我的故事。我的小空间里只有我,以及达米恩·赖斯和埃尔顿·约翰的尿渍。

我闭上眼睛,回忆艾丽斯说过的话——一定要有讲这个故事的欲望。我开始思考我是多么想和观众分享我的故事,这是一个多么好的机会,让我人生中第一次能在大舞台上表演,以及我为此付出了多少的艰辛和努力才能够走到现在。

我走出隔间,端详了一下自己:红色的口红,熨得齐整的衬衫。我凝视镜子中自己的身影,身体微微前倾。

此时此刻,我脑海里只有一件事。

"我妈妈棒极了!"(艾丽斯教的那句)我对自己说。

"让我们掌声欢迎,杰茜卡·潘!"我的腿失去知觉了,我的脸也是。

我穿过黑色的幕布,走上台阶。主持人拥抱了我一下,然后我走上舞台,调整了一下麦克风,试着对数百位盯着我的人视而不见。梅格就坐在我的正前下方,但我不敢看她,我怕一看她我就会摔下去。

我眼中只有聚光灯打下的一束追光,四周包裹着无边的黑暗,灯光刺眼。

是时候了。

我的演讲随即开始,没有前言,直接进入故事。这是这几夜的惯例。

[①] 埃尔顿·约翰,英国歌手、曲作者、钢琴演奏者、演员、慈善家。1947年3月25日出生于英国伦敦。他曾获得6座格莱美奖,第67、92届两届奥斯卡金像奖最佳原创歌曲奖等。——译者注

"我去买咖啡的时候发现了这些徽章……"

我很熟悉这个故事,知道每一个节拍。然后,在正确的地方,我听到了笑声。但我无法细细品味这些观众给予我的正向反馈,因为我需要专注于故事本身。我大脑的一部分仍然不停敲打着我:"啊,你在公众面前演讲啦!千万别搞砸了!是不是很疯狂,我们在演讲耶!简直疯掉了!但别搞砸了!别结巴,继续说。"

教堂里亮处灯火辉煌,暗处一片漆黑,仿佛我这个有趣的故事是在讲给上帝听,他偶尔会通过天上飘来的掌声给予我回应。

我死了?这就是死亡的感觉吗?我死在一个教堂里?只是因为讲了个有趣的故事就死了?

终于,终于,我感觉马上就要迎来尾声了。我没有结巴,没有停顿,顺畅地说完了最后一句。

在我走下舞台之前,我对着麦克风轻轻地笑了一下,纯粹是出于一种空前的解脱感。

掌声和欢呼声此起彼伏。我跑下舞台,整个人瘫倒在第一排的长凳上。

英格丽德挽着我的胳膊,冲我微笑。我的身体好像漂浮在这片黑暗之中,暗自咯咯笑着。

奈克什走上舞台,开始讲述他母亲的故事。我沉浸在奈克什的讲述中,全然忘我。当他母亲去世时,他悲痛至极,于是决定学习如何烹饪母亲的特色菜品。循着他的故事,我好像也被传送到了他的厨房。故事里满含的悲伤深深地打动了我,我的泪水夺眶而出。隐约间我听到英格丽德也在我身旁抽泣。

我好喜欢他们。尽管不熟识,但我真的好喜欢他们。两天前,他们于我还完全是陌生人,而现在我们彼此分享了最私密的故事。可以说,从第一天开始我们就进入了深度交谈的领域。

在我完全反应过来之前,整场节目已经落幕。

第三章 聚光灯下的进与退

我挺过了这一关。

那天晚上,我和其他的故事讲述者一起待到很晚。我们经历过一场艰苦卓绝的战斗后,终于可以好好地庆祝一番了。萨姆向我道贺,我演出的成功也让他喜出望外。他早早就回家睡觉了,但我一直待在外面,直到酒吧关门。梅格早上要坐飞机回瑞典。戴维要飞往华盛顿。奈克什已经踏上了回布里斯托尔(Bristol)的火车了。英格丽德则是搭乘巴士回马斯韦尔山。我们互相拥抱,亲吻道别。我不能相信我们只见过一面,因为今夜我们的心靠得如此之近。

我在黑暗而温暖的夜色里步行回家。

当你长时间深信不疑的关于自己的某些特质突然发生了改变,所有事情都会焕然一新。我想跳舞,想跑步,想敲开别人家的门,然后大喊:"我是一只真正的兔子!我是真的!"因为我已经被突然袭来的解脱和幸福感包裹着,甚至有些得意忘形。我完成了一件过去想都不敢想的事。

回到家,我难以入睡。身体承受着空前的压力,随即又因为演出成功而如释重负,就像一台刚高速运行完的机器仍在嗡嗡作响。我站在舞台上刚开始讲述故事的时候,语速很快,依旧非常紧张。但随着时间的推移,我变得越来越自信。我已经打破了恐惧的外壳。

我惧怕在别人面前表演,但通过在艾丽斯面前不断练习,这份恐惧开始慢慢消解。假使我没有在别人面前预演过就跳上舞台,我的大脑肯定又会一片空白,我甚至会哭出来。

在其他人(艾丽斯、梅格以及其他几位故事讲述者)面前练习,我感受到他们的目光落在我身上,这份恐惧仍然存在,但程度大大减轻了。取而代之的是,我开始相信自己能做到。

我打破了"远离公众舞台"的庄严誓言,颇有些志得意满。几个星期以来,恐惧和焦虑填满了我生活的角角落落。在过去的 32 个年头里,一种轻微的紧张情绪构成了我日常生活的底色，一路延续到中国，再到现在的伦敦。但那天晚上，我面对着聚光灯，感受到了自己的心跳，站在舞台上为观众倾情表演，最后终于卸下了恐惧的枷锁。

  我不知道这种放松会持续多久，但在那 12 分钟里，我是自由的。

第四章
生活插曲：父亲的心脏病手术

第四章　生活插曲：父亲的心脏病手术

随着第二阶段落下帷幕，我感觉我已经做好了十足的准备来迎接接下来的更多改变。然而，我却忽视了那句古老的谚语——人类一思考，上帝就发笑——所揭露的痛苦真相。

我曾承诺要花一年的时间让自己完全走出舒适区，但因为其中的标准由我自己设定，所以这些标准表面看起来依旧安全。当然，现实生活对以上这一切都毫不在意，它并不会理睬你详尽的清单、周密的计划，抑或是崇高的理想。

仅仅几天之后的深夜，我正准备上床休息时，收到了一条短信，当时的我仍被表演成功的喜悦萦绕着，随后就戛然而止了。

短信来自我父亲："我们能谈谈吗？"

事情不妙。他打电话告诉我他一直心悸，然后他去做了检查，医生在他心脏的部位发现了肿瘤。在这个位置长了一颗肿瘤，这真是太糟糕了。

我知道他一直有心悸的症状，但一直没有重视这个毛病。

心脏直视手术将在洛杉矶进行，因为这是一项实验性手术，我们得克萨斯州的小镇不具备手术条件。医院已经下达最新通知：手术3天后进行。

我爸爸，要做心脏直视手术，就在3天后。

和陌生人交谈、努力变得外向、改变我渺小而孤独的生活，所有这些想法，都在这一瞬间被抛诸脑后。

这一切是那么猝不及防，我毫无准备，所有人都没有。

走出内向：给孤独者的治愈之书

我订了第二天去洛杉矶的机票。我不知道我什么时候回来，也不知道我父亲能否康复，更不知道他怎样才能康复。我的大脑一片空白——我不敢想象会发生什么事。我只知道我必须尽快跨越半个地球回家。

我深爱着我的父母，真的。但不要说得过于像菲利普·拉金（Philip Larkin）[①]的腔调，毕竟大多数人都有被父母搞得一塌糊涂的经历。偶尔我也想知道，我内向的性格是否有一部分是由于我的父母在日常生活中那么外向直接导致的。他们会和任何人聊天：飞机上的邻座，店里的服务员，一起排队的陌生人，路过的邮递员，邻桌吃饭的人，等等。我还记得他们最近一次去伦敦时，我父亲和我们的优步司机进行了如下对话。

我爸："你是哪里人？东欧？俄罗斯？"

优步司机："我是格鲁吉亚人。"

（长时间的沉默。）

我爸："斯大林来自格鲁吉亚……"

你永远想不到我爸下一步会做出什么奇怪的举动。他曾经在酒店大堂摔倒，结果顺势开始教一旁的门卫如何改善俯卧撑动作；他曾询问一个波兰女服务员是否非常想念她的家人，以及有没有后悔搬到伦敦；他还在我的婚宴上，和我的一众英国姻亲，讨论美国和英国发生"割礼"的概率。

"你爸可以跟任何人搭上话。"这是我妈的口头禅。

嗯，他可以的，但他非得这么做吗？

在我爸动手术之前，我们全家一起度过了再平常不过的一天。每次去洛杉矶，我总和我的祖父母待在一起，他们现在都90岁了。我爸手术的前一天晚上，我和我的父母、祖父母一起去了常去的中餐馆 Hop Li。当我们吃着筋道的港

[①] 菲利普·拉金（1922—1985），英国诗人。

第四章　生活插曲：父亲的心脏病手术

式面条、喷香的蒜蓉茄子和蛋饼时，我的祖父母劝我的父母喝鸡蛋汤，但他们像往常一样毫不犹豫地拒绝了。所有的一切都很熟悉，与过往无异，好像这真的只是再普通不过的一天，但实际上整个夜晚都被一层阴影笼罩着。

当幸运饼干上桌时，我妈一块都没拿，连忙把头扭开了，连看都不看一眼。我知道她是在担心自己会交霉运，毕竟明天的事情不能出任何差池。我也没吃。我们吃了几片桌上的橘子来代替幸运饼干。

临睡前，在我和爸爸一遍又一遍不厌其烦地互道晚安之前，他在地板上一口气做了20个俯卧撑，只为向我证明他真的很强壮。不要去想，千万不要去想，绝对不要去想这会不会是他最后一次这么做。他有些激动和亢奋，他曾经十分害怕手术，现在反而很兴奋地期待着手术结束。

在我祖父母的厨房里，他拿一把钳子向我演示了手术过程。他把他心脏上的肿瘤称为"松露巧克力糖"，还乐此不疲。在对他心脏做的回声扫描视频中，肿瘤随着血液流经心脏前后来回摆动。它看起来一点都不可怕，就好像只是血液循环中一朵微微颤动的小蘑菇。"我们进去，把松露取出来，一切大功告成。"他津津有味地说着，"小菜一碟！"

但他说漏了一个重要环节：外科医生会把他的身体放在泵上，将他的心脏直接切开，取出"松露"，再将他的心脏缝合，然后重启。他也遗漏了医生七手八脚地把他的身体重新组装起来的那部分内容。

我没有在医院待过很长时间，我对医院的绝大部分认知都来自《吉尔莫女孩》（*Gilmore Girls*），这是一部合家欢的电视剧。剧里有适量的搞笑片段和很少的恰当的性爱场面（几乎为零），这有助于塑造健康的亲子观。

在剧中，理查德（Richard）的祖父患有心脏病，后来病情突发。在这段剧情中，罗蕾莱（Lorelai）和她的女儿罗里（Rory）经常在白色的医院走廊里来回踱步，一边寻找咖啡和垃圾食品，一边互相安慰。剧中的医院里到处都是自动贩卖机、精疲力竭的护士和慈眉善目的医生，以及无穷无尽的劣质纸杯咖啡。现实世界真的是这样吗？

有一次，在看其中的一集时，我爸对我和我妈说："你俩难道不希望像罗蕾莱和罗里一样，既是母女又是最好的朋友吗？"

这个问题让我浑身不自在，因为我们的关系与剧里的母女关系完全不同。罗里 16 岁，罗蕾莱 32 岁。我 16 岁时，我妈已经 51 岁了。我的成长过程伴随着一路的争吵。我们也没有什么闲情逸致每天放学后一起在餐馆喝喝咖啡。我当然也不会跟她分享我的初吻和初夜，我们的感情还没有好到这个地步。

我们的性格天差地别。小时候，我总是静静地坐在她旁边，而她则每天都在和形形色色的陌生人打交道。我们深爱着彼此，却因为性格迥异，我们没能成为最好的朋友。

我爸做心脏手术那天，我们早上 5 点就起床去了医院。然而虽然到得很早，但由于医生的耽误，我们可能要等上好几个小时才能手术。

我们停车时天还是暗着的。我爸摘下他的手表递给我，我戴上手表，扣上银色的夹子，瞬间觉得手腕上的分量变重了。我们走进医院，他签了字。

医务人员让他签关于手术的表格，我和我妈则在他旁边坐等着。过了一会儿，医生说："好了，跟我上楼，换好病号服，你就能输液了。"

我和我妈都站了起来。

医生说："只允许一位家属陪同。"

就是这个瞬间，该来的终究还是来了。

我以为我们还能一起再待几分钟，但这个瞬间让我不得不直面冰冷的现实，这可能是我最后一次看到我父亲活着的样子。我放声大哭，紧紧地抱着他，说我爱他。我不知道在这种时候我还能说些什么，我想起了我 4 岁得肺炎时他对我说的话："我知道你身体超好的。"我今天对他说了同样的话，然后再次拥抱了他。

我一个人坐在候诊室里，尽可能坐得离其他人远些。我开始轻声抽泣，没

第四章　生活插曲：父亲的心脏病手术

有纸巾，我就拿我的衬衫擦眼泪，那一刻我发现我的生理期好像也来了。这时一个女人走向我，我苦涩地冲她半哭半笑。

"他们让你上楼。"她说。手术刚进行5分钟，我疑惑地看着她，那个女人给我指了指方向，递给我一张新的家属通行证。我朝电梯飞奔而去，挤进电梯，然后冲过走廊，找到号码对应的房间。

我听到了我妈的声音，洪亮而清晰。

"妈？"我试探性地喊道。

"我们在这儿！"她说着拉开窗帘。我看到我爸正穿着他的病号服，躺在床上，挂着点滴。我跑过去再次拥抱他，我还能够拥抱活着的他。现在的我完全不关心为什么我突然被允许进来，或者我还需要多久才能买到卫生棉条。

一个麻醉师，一个心脏外科医生的助手，另一个麻醉师，然后是一个护士——一个接一个的医生和护士源源不断地拥进来，滔滔不绝地说着接下来要做的事情。他们谈论着正在慢慢喂我爸吃的所有药物，谈论着如何停止他的心脏，以及在重新启动它之前要先切断它的内壁，诸如此类。

我害怕得几乎一阵晕眩。

20分钟后，终于，他要进手术室了。我开始心神不宁。我觉得需要有一个说服他的筹码，好让他必须回来，这样才能保证他的心脏重新开始跳动。"贿赂"在我们家一直都有奇效。

"如果你手术成功的话，2020年我就让你抱上孙子，好吗？"就在他临走前，我冲他脱口而出。

他的眼睛一下亮了起来，说道："我能得到一个书面保证吗？"

这个人已经有5个孙子了，但他打算组建一支完整的足球队。

但时间已到，护士和医生都过来了。他们推着他的床沿着走廊离开，他慢慢从我的视野里消失了。

我和妈妈走进电梯。"我们去吃早饭吧，"她说，"我饿了。"神奇的是，即使生活比连续剧更跌宕起伏，但细碎平凡的那一部分仍旧在继续着。

我们穿过大堂来到餐厅。

"你是怎么把我弄上楼的？"我问，"他们说只允许一个人陪同。"

"上次我们来这里做初步测试时，认识了一个人很好的乌干达护士。我们聊了很多他家里的情况。刚刚他走过来跟我打招呼：'我在哪里都能认出你的微笑。'我跟他说我很担心你一个人待在候诊室，我们需要待在一块。他笑着说：'我看看我能做什么。'"

感动之余，我有些震惊，因为我妈刚用她擅长攀谈的性格，为我创造了一个奇迹。

我妈向和她几个星期前才认识的护士朋友表达诉求这件事，在这一阵"兵荒马乱"的日子里，教会了我一些关于变得外向的经验。

我们排好队取完餐，在一张桌子旁面对面地坐下。我们都点了丹麦樱桃浓咖啡。我爸的手表仍然压在我的手腕上，我努力不去想它，不去想它为什么会在那里，而是专心地品尝我的点心。如果不是在现在这种处境，丹麦樱桃口味的咖啡应该会更好喝一点。

我妈呷了一口咖啡，她端着杯子，胳膊支在桌子上，环顾着食堂里所有的医生和护士。

"你觉得这帮人在楼上的杂物间里做过爱吗？"她突然发问。

"什么？"我有点怀疑我的耳朵。

"就像《实习医生格蕾》（*Grey's Anatomy*）里演的那样，没有一个杂物间是不让医生和护士忙碌的。这里的清洁工一定'压力山大'。"她说。

我放声大笑起来，这么多年来，这种情况是第一次。

也许我们成不了罗里和罗蕾莱，但在那个瞬间，我觉得我们的关系终于发展到了与其相似的程度。只不过，我必须成为那个 32 岁的人，而不是她。

尽管如此，当我提到我刚来例假时，我妈还是从椅子上站起来去药店给我买卫生棉条。这时，我又回到了 16 岁。

几个小时后，护士通知我们，爸爸的手术已经结束了。又过了一会儿，心

第四章　生活插曲：父亲的心脏病手术

胸外科医生过来告诉我们，他成功地从爸爸的心脏中取出了肿块，并修复了一个我们之前并不知道的洞。若干小时后，我们就能见到他了。

当我们被允许进入病房时，爸爸仍然没有意识，他戴着呼吸器，看起来陷入了昏迷状态。妈妈紧紧地抓着我的手。这时来了一位 ICU[①] 护士皮特（Pete），他告诉我们一切都很好，不用担心。他的笑容亲切，人很温和，微微发胖，我瞬间就喜欢上了他。他像一个年轻版的圣诞老人，操着一口加州口音，是那种我从没想过我会需要的护士。

慢慢地，爸爸的手指开始轻轻颤动。我和妈妈全神贯注地盯着他的每一个细微动作。

皮特打开了收音机来缓和房间里的紧张气氛。正播到罗德·斯图尔特的歌《玛吉·梅》（*Maggie May*）时，爸爸的眼睛睁开了。他呆呆地望着我们，然后皮特慢慢地取下他的呼吸器，他开始说话。就这样，我的爸爸回来了。

日常生活里的很多东西都让我惊慌失措——和陌生人说话，在高速公路上开车，在公众面前演讲——但失去父母，会在我的内心和生命中留下一个硕大无比的缺口。而我无法想象我带着这样的缺口该如何度过超过 30 秒的时光。当一件事顺利解决，身上沉重的担子被卸下时，你会感到格外的清新、澄澈。此刻，我爸爸刚刚做完心脏直视手术，我欣喜若狂，几乎快乐得要"发疯"！

我需要牢牢抓住这种感觉，因为在接下来的几天里，我们白天的大部分时光都会待在医院，在 ICU 陪着爸爸。这意味着我每天和我妈在一起的时间长达 17 个小时。我 7 岁以后就再也没有和我妈一起待这么长时间了，而且我打包票就算 7 岁以前，我更多的时候也是一个人在看电视。

爸爸正在休息。我妈不知道该做什么——于是，她决定打破沉默。

事情的走向让我始料未及，我飞到洛杉矶来照顾我爸，结果却无意间加入

[①] ICU，全称 Intensive Care Unit，即重症加强护理病房。——译者注

了一个关于变外向的"新兵训练营",而我妈担任领队。

这是一场迅速且热烈如火一般的洗礼。我妈在医院的电梯里和人们交谈,加入他们正在进行的对话,自然得仿佛他们是熟识的老朋友。她面对一群人很自然地开口:"你们说的那个女演员是艾丽西亚·维坎德(Alicia Vikander),她长得真的很好看。"她跟门卫聊天,在星巴克拦住往咖啡里加奶油的男人,问他到威尔希尔大道(Wilshere Boulevard)有多远,但我知道她明明认识路!她还在洗手间里和女人们聊起了减肥中心的利与弊。

我们在附近的公园散步时,这个女人会冲人群挥手。

她一天至少两次会在路过别人的时候加入他们的谈话。两个护士在 10 米开外的地方讨论电影,她们想不起了电影的名字。"《爆裂鼓手》(Whiplash)!"我妈隔着 ICU 朝她们两个喊,末了还补上一句,"但我其实还没看过呢!"

这种闲聊是所有攀谈者的基本功,但它会让我神经紧绷。我妈也经常和护士皮特聊天。这种聊天就很不错。因为这是一种旨在"把你的注意力从你所爱的人身上仍然插满了管子的事实上转移开"的聊天,我很感谢她做到了这一点。我们发现皮特的祖父母和我的祖父母来自中国的同一个村子,1948 年他们来到了这里。我们还知道了皮特的童年和少年时代是在旧金山度过的,他也知道在洛杉矶的哪个地方可以吃到最好吃的韩国菜(他还为我们列了一个餐厅清单)。反过来,我妈告诉他她和我父亲在中国的故事,他们俩曾在旧金山生活过,还分享了他们在洛杉矶最喜欢的餐馆。

与此同时,我爸在 ICU 里日益好转,逐渐康复。

5 天之后,皮特告诉我们,我们可能不会再见到他了。因为他有几天的假期,我爸爸很可能在他下一个轮班开始前就出院了。

我心里一颤。皮特要走了?是我们的皮特吗?我太喜欢他了,我妈妈也是。

"我真的很喜欢皮特。""我也是。"这变成我们每晚离开停车场时念的咒语。

皮特为我爸爸抽血,给他开药,确保他的饮食正常。他看着我们哭泣、争吵,亲眼看见了因为我想关掉她打字和短信通知的声音,而从我妈手里一把夺

第四章　生活插曲：父亲的心脏病手术

走手机这种"壮烈"事件。他真的见证了我们在医院的每一天。

说实话这个人知道的有点太多了。但是他既热情又善良，和陌生人总能侃侃而谈，并且能毫无保留地敞开心扉，不知不觉中让这种本该如噩梦般的经历变得可以忍受起来。看到他的样子，我也想努力变得外向：有一天，我也要成为别人的皮特。

在 ICU 住了一周后，我爸终于出院了，洛杉矶的房子里也因此挤满了"半吊子的病人"。我躺在沙发上，看着《王冠》，两边坐着奶奶和爸爸。他们现在很"有缘"地需要服用同一种心脏药物：一个是因为已经 90 岁了，另一个则是因为刚做完心脏手术。

时间在这个房间里仿佛停止了流动。午饭时分，妈妈问："有人想吃三明治吗？"我们的眼神都未从电视上挪开，但异口同声地回道："要要要！"

一种全新的、不同于以往的生活场景好像出现了。就在刚刚，我突然迎来了我的新生活：没有过去，没有将来，时间仿佛永远停留在了洛杉矶的这个房间里，里面到处都是美味的糕点、可口的三明治、奈飞（Netflix）的电视剧以及 90 岁的老人。

但我很清楚我不可能永远逗留在此。我应该回到英国的真实生活中去，回到丈夫身边，回到工作中，回到家里做那些令人作呕的社会实验。这次旅行发生了太多我没有预料到的事情——全是天杀的糟糕的事——但我亲眼见证了健谈和外向这两个特质如何微妙地扭转了紧张的局势，以及一位素昧平生的陌生人如何变成我心中的英雄。

像我妈妈和皮特这样性格外向的人有时会让人抓狂，但有时他们确实也能缓解生活中某些令人不舒服的时刻。比如，他们说服护士偷偷带着我去病房里看爸爸，他们让爸爸的康复之路更顺利了一些。

外向"新兵训练营"着实给了我一个惊喜，我最终竟然奇迹般地过关了。"训练"期间我和我妈只发生过一次小的争吵，最后我俩在麻醉师到底多有魅力这件事上达成了统一意见，争吵也随之结束。我们俩都认为他应该在《实习医生格蕾》的杂物间里赤膊上阵。

我父母为我叫了一辆出租车，坚持要目送我上车，并要求我下了飞机之后给他们发信息。我又回到了16岁，也许这是最后一次也说不准。我把爸爸的手表重新戴回他的手腕上，向他们挥手告别，背起背包，登上了飞往英国的飞机。

我一大早就到了伦敦。从希思罗机场回家的地铁上，我打量着车厢里我周围的陌生人。我在想，父亲在医院里手术后醒来的那一刻，是否会一直停留在我脑海中最重要的位置。这提醒我，在生死面前，其他问题都不值一提。

我想起来我之前允诺过爸爸，要在2020年给他生个孙子。我应该找萨姆好好谈谈了。

第五章
通过社交软件寻找好友令人羞耻吗？

第五章　通过社交软件寻找好友令人羞耻吗?

"你要去度假吗?"眼前这个女人一边问我,一边在我的比基尼线涂上滚烫的蜜蜡膏。"嗯……算不上度假吧。"我说。

"是个特别的约会吗?"

我没有马上接她的话,而是微微畏缩着做好准备,等待着下一秒就会来临的灼痛感。

我没想到,她也停了下来,手在我上方悬着,等待我的回答。

"对啊。"我回答道,语气笃定。

她扯下我的一大块体毛。我用手捂住嘴,强忍住痛苦,不让失态的尖叫声被别人听到。

我去做蜜蜡脱毛,不是要去伊维萨岛(Ibiza)①,也不是因为我有个浪漫的周末约会,而是因为我马上要和一个相对陌生的人进行一场"朋友间的约会"。我们计划的活动里有游泳,我可不能让这个潜在的好朋友看到我狂野、"纯天然"的一面。幸好不是马上约会,不然我有可能会吓跑她。

一些研究表明,29 岁时我们朋友最多,而另一些研究表明,25 岁之后我们开始慢慢失去朋友。30 多岁时,我们的社交圈逐渐缩小,并在余生中持续缩小。我以前读到过这些研究报告,但我从来没有想过,在我 30 多岁的时候,

---

① 伊维萨岛,亦作 Iviza 或 Ivica,位于西班牙巴利阿里,是个奇异的岛屿,很受欧洲人欢迎。这里有嬉皮、狂欢、裸体派对、醉生梦死……——译者注

统计数据海报上的女郎会成为我生活的真实写照。（海报上写着："当心：这个女人和陌生人说过话，因此她是个危险人物，害人害己。"）

在《飞蛾》的演出过程中，萨姆一直在观众席上守候着我。晚会结束时，我看到其他的故事讲述者被一大群朋友和家人簇拥着离开了舞台。尽管当时的我仍处在表演结束的兴奋状态，但眼前这个场景还是让我心生淡淡的悲伤之感，我无法拥有来自一群伙伴的关怀。在等候爸爸手术时，我在候诊室握着我妈的手，一个念头闪过我的脑海：如果我突然需要做一个大手术，而我的父母却远在地球另一端，那会是怎样一副光景。我不愿看到萨姆只身一人孤零零地坐在候诊室里。所以，基于以上种种原因，我想在我生活的城市里，多认识一些交心的朋友。

30岁以后，我在伦敦最亲密的朋友要么搬走了，要么生了孩子，还有一种——搬走之后生了孩子。在选择人际关系时，内向的人倾向于重质轻量，所以我最亲密的朋友离开之后，我在伦敦就再没有什么朋友了。这都怪我以前没想过要"储存"一些朋友以备不时之需。

可当你已然是个成年人，你能去哪里交朋友呢？

这不是一个反问句，而是一个疑问句，我是在认真地问，成年人在哪里能交到朋友？晚自习没有了，大学社团活动也不复存在。虽然还有一个送分的答案——同事，但万一你和同事合不来呢？或者你是个体户呢？你的选择就会非常有限。（还有，如果你的朋友就是你的同事，那你还能向谁吐槽你的同事呢？）

我不做志愿者，不参加有组织的宗教活动，也不参加团体运动。

所以，又自私又无宗教信仰又懒惰的人能到哪里去交朋友呢？这种地方正是我想去的地方。

我最亲密的朋友几乎全都是"被分配"给我的：要么是学校的同桌，要么是大学室友，要么是工作后邻桌的同事。在一阵反省过后，我意识到我的大多数朋友都是"被迫"坐在离我几米远的地方，待上几个小时，然后才成为朋友的。我从来没有主动出击去认识一个离我很远的新朋友。

第五章　通过社交软件寻找好友令人羞耻吗？

如果没有乐于助人的管理员，我们成年人该如何交朋友呢？我们无法永远保持天真，充满活力。那些无所事事的时光会走远，那些被虚度了也觉得浪漫的青春会逝去。失去了时光和青春这个培养亲密感情的温床，我们还能获得一段同样亲密的感情吗？还是说，人一旦越过了30岁这道门槛，交朋友就成了一种奢侈？

另外，孤独是没有年龄界限的。我曾以为，搬到令人期待已久的国家去，新奇的事物就会让你一直感到温暖和快乐。直到现在我才明白，你的确可以搬去巴黎，喝着你的法式咖啡，享受这座城市，但无论那座城市里的楼宇和阳台多么别具一格，你终究会发现，自己会像《悲惨世界》（Les Misérables）里所演绎的那样，陪伴你到生命结束的只有一根孤独的灯柱。

所以我得出去找新朋友。

但这很难启齿，我甚至不愿意大声说出来，因为这听起来太过悲伤和绝望。因此我找了一位友谊导师。雷切尔·柏丝契（Rachel Bertsche）在一年内进行了52次"朋友间的约会"，并在她的畅销书《寻找最好的朋友》（MWF Seeks BFF）中将其事无巨细地记录了下来。她能理解为什么我会害怕别人得知我的心理之后，投来的那些怜悯、同情的目光。

"我如果告诉大家'我在找新朋友'，他们会理解成'我没有朋友'。"我和在芝加哥的雷切尔·柏丝契打电话，"我有朋友——只是他们不在这座城市里而已。一想到要找朋友，我们就会觉得很奇怪，甚至是绝望，友谊居然还要去外面找？但其实我们不应该这么看待这件事，你的态度很重要。"

真的，朋友会听你倾诉，会和你一起开怀大笑，会给你建议，鼓励你，启发你，让你的生活充满欢乐。我感到孤独的一个主要原因是，身边没有一位密切的友人，能够随时打电话"骚扰"，约出来见面喝咖啡，向其分享我生活中的点滴日常。或者是有一群可以结伴出游的好友，三五成群，也不用人很多，不用太招摇。他们就像一个能够依赖的"女巫社"，我可以安全地待在其中，对我的敌人施展击败魔法。布琳·布朗（Brené Brown）称这些朋友为能够"移尸"的朋友。因为这些朋友是你万一不小心杀了人，会毫不犹豫地打电话向他们寻求帮助的朋友。

我所有符合以上要求的朋友，都远居海外。

在伦敦苦苦寻找朋友的肯定不止我一个人吧？

有一天，我在推特（Twitter）上看到一条引起共鸣的推文。两年前搬到伦敦的作家 A.N. 德弗斯（A.N. Devers）在推特上写道：

> 在这个该死的国家交个朋友居然这么难！为了交朋友，我都被逼成一个稀有的图书经销商了……去他的这个鬼地方。我只是想要一个小小的社交圈而已啊！看看我为了这个卑微的愿望付出了多少。

我的第一反应是：书商朋友很多吗？这倒是我没想过的解决办法。这条推特反响很热烈，许多人跳出来说年龄、忙碌是罪魁祸首，也有人说伦敦可能就是一个特别冷漠的城市。还有包括我在内的一些人回复了她的推特，说我们很愿意和她见面。

她回答说现在她太忙了，以后再说吧。

我羞愧地删除了我的回复。

研究表明，我们花在网络上的时间比以往任何时候都多，我们会登录自己的社交账号，给陌生人的猫和餐具的照片点赞，阅读 24 小时新闻，关注世界领导人在推特上的最新动态。但所有这些网络上的连接，其实都在让我们变得更加孤独。

虽然互联网提供了在线社区，为内向者找到志同道合的人提供了便利，但它也有其局限性。似乎每个人都太过依赖科技和社交媒体来进行互动，我们能写出一篇诙谐有趣的推文，发表一段走心的 Instagram（照片墙）评论，但我们不知道怎么去跟小卖店的收银员打招呼，可能还免不了吓出一身冷汗。我们大多数人很可能已经失去了与他人面对面交流的能力。

第五章　通过社交软件寻找好友令人羞耻吗？

社交媒体是孤独问题的重要组成部分（我们不再与我们的朋友见面，只是努力维持着有意义的线上交流），但或许技术也可以反过来解决这个问题。至少，这是 Instagram 一直试图告诉我的。有一款叫作 Bumble 的约会软件，现在推出了"BFF"功能，可以帮你匹配到新朋友（或者下一个终身挚友）。如今，通过手机上的应用软件结识成为情侣已成为一种常态。如果人们能通过婚介软件找到真爱的话，我能用它们找到我的新朋友吗？

在结交新朋友这件事上，我为什么要止步不前呢？给我来一整支球队怎么样？我想在 Instagram 上发表点像是"大家都来了啊！"之类的东西，而不仅仅是只发一张我拿着一打蓝莓松饼和一本萨莉·鲁尼（Sally Rooney）[①] 的小说的照片。

我有次不经意间提到要注册交友软件来认识新朋友，萨姆的朋友肖恩（Shaun）吓了一跳："什么？你要去见一群奇葩？"这真是一个充满希望的故事的开端。

"不不不，"我慢慢解释道，"我不觉得他们是奇葩，我觉得他们只是……和我一样……"

他自己在 Tinder[②] 上认识了他的未婚妻，但他却无法接受我想利用相同的途径去结交新朋友这件事。

这很羞耻吗？好吧，他之所以有这样的反应，是因为承认自己想要交朋友是件难以启齿的事。研究表明，男性比女性公开承认这件事的比例更低。有的研究还说男性比女性更难交到新朋友，250 万的英国男性没有亲密的朋友，所以他们可能比我们更需要这些软件。我在手机上下载了 Bumble BFF 和 Hey！Vina 这两款交友软件，但我又隐隐担心：如果肖恩是对的呢？如果上面真有一大群奇葩呢？比如，喜欢乡村音乐或喜欢口技的人，排着队去杜莎夫人蜡像馆

[①] 萨莉·鲁尼，小说家，代表作品为《与朋友们的对话》(*Conversations With Friends*)。——译者注

[②] 一款手机交友软件。

的人，喜欢在公共场合跳舞的人，还有成天说"soz"①的人。

我的主页介绍里写点什么比较好呢？

我向萨姆的一个好朋友约翰（John）讨教了一下，他用这些交友软件已经好多年了。

他给了我很多建议："你写得越具体越好。正常情况下大家都想让自己看起来招人喜欢一点，但我觉得最重要的是，你要让那些你不喜欢的人从一开始就打退堂鼓，同时吸引那些'同道中人'。不过理是这么个理，但实践起来我还是会尽量避免公开说自己讨厌的东西，因为这种诉说像是在发泄负能量。"

首先，也是最重要的，我要劝退那些住得很远的人，因为我已经有够多"异地恋"的朋友了。我参加过一个圣诞晚会，几乎整场晚会我都在和一位女士一边聊着天，一边逗边上一只可爱的棕色小狗。这位女士似乎也同样对其他客人视而不见，我们很容易就能理解到同一个笑点，然后开怀大笑。那个晚上，我觉得我遇到了"命中注定的那个人"。但晚会快结束时，我发现她住的和工作的地方离我有一个半小时的地铁车程。我们没有费心互留电话号码，因为我们都知道——这段友情还没开始就已经结束了。

就这样，一个知心朋友，即将消失在伦敦东南部高楼林立的城市深处。当她穿上外套离开晚会时，我看着她身后的门缓缓关上，低低说着："再见了，永远地再见了。"

我不想在未来再次经历这种心痛。伦敦是个大城市，在其北部的某个地方，一定会有几个我的灵魂伴侣。我是不会为了任何人去格林尼治的。

所以，我在主页简介里写道："我喜欢看线下喜剧和戏剧，喜欢吃辣，喜欢去舒适的咖啡馆看一本好书。"这些都是真的。我没有加"我在伦敦没有朋友"之类的话，因为这听着好像我在说："没有人要我——你想要吗？"所以，这话最好以后再告诉他们。

---

① So it is，表示"是这样的"之类的意思。——译者注

第五章　通过社交软件寻找好友令人羞耻吗？

放在个人资料里的照片，我也要精挑细选，不能太过严肃，最好比较"有趣"，有点"可爱"。有一张，我站在一辆食品卡车前，独自微笑着；另外一张，我顶着素颜，在山顶落日的余晖下徒步。这些照片传达出的潜台词是："看看我是多么正常，多么有趣啊。"我没有挑我在沙发里哭的照片。

就这样，我开始了线上交友的征途。我一直保持着活跃的状态，不断浏览着新出现的潜在好友。

在浏览的同时，我会研究她们的长相和简介。是你吗？是你吗？你就是我要找的那个人吗？我端详着她们一张张微笑的侧身照。这个穿着豌豆色外套、养狗的女人怎么样？或者这位紫色头发、养狗的女士呢？还是这个穿短裤的……也养狗的金发女人呢？

在这个软件（Bumble BFF）上试玩了几分钟后，我发现几乎每张照片都是3种照片的变体：女人与狗的合影，女人拿着普洛赛克（Prosecco）葡萄酒的照片，以及女人内疚地站在山顶的照片。抚摸大象的女人的数量高得有些不成比例。（斯里兰卡是今年的旅游热门地点。）她们"摸大象"的打卡记录数量，基本与Tinder上单身男子与老虎合影的次数相当。

偶然间，我浏览到一张照片，上面是一个女人拿着冲浪板站在沙滩上的场景。"我能和你一起蜷在床上看电视吗？我们可以一起去旅行吗？在我最黑暗的日子里你会让我开怀大笑吗？你能接受我肚子上的赘肉吗？"看着她的照片我不禁在心里发问。

她的简介是："我曾经特意去巴黎只是为了吃顿午饭，我从不为做过的事后悔。"虽然也有被她的果敢吓到，但我几乎瞬间就喜欢上了她。或许她会成为我外向之路上的新向导。

这个软件和其他软件一样：对你想要见的人（例如带宠物的、吃玉米卷的人）向右滑，对你不想见的人［例如住在格拉斯顿伯里（Glastonbury）的人］则向左滑。我试探性地开始了，打算把每个女人都仔细看看，但很快我就刷累了，变成了一个没有情感的"验图"机器：用了会变可爱的动物滤镜，下一位；

105

兴趣里包括"异灵"和"正念"的，下一位；一张嘟嘴的自拍，下一位！

这个软件设计了用户之间的交互环节，你把你喜欢的人向右滑表示你感兴趣，但是反过来，如果他刷到你时不向右滑的话，你们就没有机会说话。很显然，那个在巴黎吃了顿午饭却不后悔的女人不想理睬我。没关系。这是她的权利。这没什么，我很好。（我希望她会后悔。）

当系统为你匹配到好友的时候，会"叮"的一声提醒你（像是震动），鼓励你向"你未来的好朋友"发消息。

最重要的是，在你们配对完之后，在潜在的友谊结束之前，你们只有24小时的时间给对方发信息。如果他们在24小时内没有回复你，他们就永远消失了。这个软件给"拒绝"这件事留了很多余地。

这时，一个名叫伊丽莎白（Elizabeth）的女人出现了。她的简介上写着："我喜欢烹饪，喜欢尝试各色美食，喜欢电视剧、戏剧、阅读、旅行和探险。我喜欢和姐妹们晚上一起玩，宅在家里或者出去都行。我之前在纽约住过几年，想找朋友一起探索伦敦这座城市，或是加入女权主义读书会。"

就是你了！伊丽莎白，找到你了！我给她发了一条信息，告诉她我想和她一起参加女权读书会，一起去下馆子品味美食。虽然这不是什么开创性的想法，但情真意切，我希望她能感受到我的心意。

但伊丽莎白没有回复我。

"伊丽莎白，别这样对我！"我冲着她的照片大喊，眼睁睁地看着时间一点点流逝。

然后，时间到了。她的头像渐渐变成了灰色，对我来说，她就像死了一样。

我没有时间"悼念"她。海里有那么多的鱼，有太多抚摸着大象的女人等着见面。

我又匹配上了另一个女人。她叫埃伦（Ellen），看起来不错，眼睛很温柔。她问我是否打算留在伦敦，我很欣赏这种直爽的态度。如果我只是暂居这里，她为什么还要"投资"我呢？开门见山是我们在这个软件上的生存之道。我

第五章　通过社交软件寻找好友令人羞耻吗？

们为交朋友倾注了大量的时间，分享彼此所有的所见所闻——这一切是为了什么？难不成是为了送她去雅典？

接着她问起我的星座。

"白羊座。"我回答。

我正在准备晚饭，切着洋葱和辣椒，倚在柜子上看埃伦发来的新消息。

"哦，不行！我最讨厌的星座就是白羊座！现在我们之间最大的分歧出现了！白羊座的女人总说'我怎么样，我怎么样'，而且非常容易情绪化，特别固执，还总是想要一个男人陪在自己身边。"

看到这个信息，我眨了眨眼睛。好的，埃伦，请冷静一下。我可能是白羊座，也就是最差劲的，但你这么中伤我，我难道不会心痛吗？（然后像我和我的星座同胞习惯做的那样，快速予以回击。）但是埃伦，我不也需要朋友吗？白羊座的人都活该孤独终老吗？

我忍不住问："你是什么星座的？"

她回答说："我的简介里有。"

我查看了她的介绍，她是双子座。我决定跳过这个话题。她简介里说她来自卡莱尔（Carlisle），她喜欢足球。"你支持哪个足球队？卡莱尔吗？"我问她，试图找到一个更中立的话题。

"以前是，但我现在支持阿森纳（Arsenal），因为我搬来伦敦了。"

"甩掉她，"萨姆的声音在我脑海里回荡，"快甩掉她！马上！"

你看，萨姆在挑选他自己的朋友上不是很有眼力（我想说他还可以更有眼力一些）。但他对那些为了更闪耀、更时尚的选择，而放弃家乡球队的人很是苛刻［他一如既往地支持桑德兰（Sunderland）队，尽管该球队近年来正处于前所未有的下行状态］。对你家乡的球队忠诚是一种基本的礼貌。你很难与那些不忠诚的人患难与共，他们不值得信任，这是不言而喻的事实。

可能因为他们是蛇，两面派的双子座蛇。

"我想我们的交情到头了，埃伦。"我一边切着手里切剩下的洋葱，一边大声说。我继续做我的晚饭，我们之间再也没有多说一句话。

事件的发展走向比我想象的更复杂。因为我的出生月份，我在交朋友的途中惨遭淘汰；而我，也因为这个女人喜欢的足球队而将她拒之门外。说真的，这个软件会不会把每个人都变成混蛋？

好吧，至少我们的接触没有一开始就踏上这样不友好的道路。每一次匹配成功，我们都会发送一条友好的消息，加上一个笑脸的表情。准确地说，是红扑扑的笑脸。每个人都会用这个表情。它仿佛在说："嘿，我是个好人，我想了解你，我没有动机不纯，我也不是什么杀人犯。"这个表情效果惊人，总能让人消除戒备，就好像法律规定了杀人犯有义务使用谋杀表情（我猜是"骷髅头"表情）作为开场白，事先给我们一个警告一样。

大多数女性提及她们的爱好时，都会说到早午餐、瑜伽、葡萄酒、音乐会、跳舞、看电影之类的，还有参观艺术画廊和展览。我们只想活成特内里费岛（Tenerife）旅游广告里模特的样子，享受着全包度假的完美生活。

我发了一些信息，比如"我也喜欢喜剧！"以及"你最喜欢哪种冰激凌？"。

没过几个小时，我就开始体会到了什么叫作"软件使用疲劳"。我想起以前我的一位同事跟我说，她在 Bumble 上拒绝了 15,000 个男人，并且卸载了这个软件。那时我鼓励她："也许下一次就能匹配到你的真命天子了！"想到这句话，我又重新振作起来，我睁大了眼睛，心里满怀期待：你能遇到任何人！这么多不同的、有趣的、激动人心的人，就这么坐在你的手心里，等着与你相遇！去开启你的冒险之旅吧！

1 小时后，我就对那些标榜"活出真我"、喜欢泡吧、喜欢参加火人节[1]的女人，全都左滑了。

---

[1] 火人节，一共为期 8 天，每年 8 月底至 9 月底在美国内华达州黑石沙漠举行。该节日始于 1986 年，其基本宗旨是提倡社区观念、包容、创造性、时尚以及反消费主义。——译者注

第五章　通过社交软件寻找好友令人羞耻吗？

当我和某些人配对时，我们会先开一些可能有些尴尬的玩笑，然后其中一人必须先迈出那一步——把这段友谊发展到线下。而尝试邀请见面的对话大多数都很没有新意，往往让人很难张口。"我们要不要在吃晚饭的时候继续这个无关痛痒的话题呢？"此外，有些女人根本不回你，就好像她们对你的开场白一点都不满意。比如：嘿，珍（Jen），照片里的是你的狗狗吗？

我邀请别人约会的最大障碍是，我实在太容易尴尬了，这导致我压根儿不敢约她们出来。我们的关系明明已经前进了一大步：我们都在软件里，向对方表示了"喜欢"，还在 messenger（一种实时通信网络）上聊过天。但我们都缩手缩脚，不愿主动提出在现实世界里见面。

这很像我和萨姆刚在一起时的感觉。我们聊得热火朝天，经常互相取笑，但因为我们都很害羞，所以我们第一次的约会准备了好几个月。

不过，在我们见面之前，萨姆订了一张去澳大利亚生活的单程票，且不能退换。爱，或者是对失去潜在的爱的恐惧，让我们变得异常勇敢——于是我采取了行动，邀请他参加我朋友的生日聚会，好让见面的理由听起来随意一些。聚会进行到凌晨两点时，他突然醉醺醺地出现在我面前，说我是他在中国最喜欢的人。第二天我约了他出去吃饭，他吻了我，从那以后我们就一直在一起了。

我不确定我是否可以将这些经验应用到网络交友这件事情上来。

我现在没有那种恋爱时期的紧迫感，根本不知道该如何"约"女人出来见面。与我聊天的这些女人，估计也在这种决定成败的时刻苦苦挣扎，她们肯定也不想表现得太急于求成，也不愿意被人拒绝。但这个软件存在的根本意义，就在于让更多的人能面对面地交流，扩大他们的朋友圈子，而不是在5到6个回合的毫无意义的聊天之后，再也老死不相往来。如果谁都不采取行动，那就真的完全没有意义了。

在这之后的某一天，我在 Instagram 上收到了一则消息，对发件人我一点印象都没有。她叫维纳斯（Venus），来自中国澳门，在美国念过书，还读过我写的一篇文章。她最近搬到了伦敦，想知道我愿不愿意和她共进晚餐。她极其大方自然、毫无顾忌地提出了这个问题。

我有些受宠若惊。快来看啊，埃伦，还是有些人会喜欢那些整天念叨着"我怎么样，我怎么样"的白羊座女人呢！人家还要和我一起吃饭呢！

我和维纳斯选在一家马来西亚饭店见面，聊起了她在伦敦交朋友的经历。

"刚搬到这里的时候，我真的很孤单。但随后我就在 Bumble BFF 上找到了像《欲望都市》(*Sex and the City*) 里的那样的伙伴，建造了属于我们的《欲望都市》小船。"维纳斯说。

"什么？真的吗？"我勇敢地忽略了《欲望都市》。

维纳斯跟我说，她和一个叫克拉丽莎（Clarissa）的爱尔兰女孩，在网上就时装学校的问题进行了一次长谈。然后她们约了见面，喝了咖啡，还吃了早午餐。从那以后她们便成了形影不离的好朋友。

"克拉丽莎给我介绍了她在 Bumble BFF 上认识的另外两个女孩，现在我们都成了好闺蜜。有空的时候，我们会经常约着出去玩。"

我差点把筷子折成两段。这不就是我梦寐以求的生活吗？

但我很好奇她约会有失败过吗？

维纳斯说，她曾和一个住在很远的地方的人有过一次"朋友间的约会"。但那次之后，她们就再也没有见过面了（看到没？距离是友情最大的绊脚石）。幸运的是，克拉丽莎住的地方离维纳斯很近，坐地铁只有两站路。

"我们刚从日内瓦旅行回来。"维纳斯补充道。

我默默地放下筷子。

此刻，我真的忍不住要说："你们的《欲望都市》之舟上需要第五个伙伴啊，那就是我啊！"

但维纳斯才 25 岁，我深刻怀疑在她看来我已经垂垂老矣，离坟墓不远了，就像所有 20 多岁的女人（包括之前的我自己）打量 30 多岁的女人一样。我会像一个干瘪的老太婆，带着我的一群老闺蜜——卡丽（Carrie）、萨曼莎（Samantha）、米兰达（Miranda），还有夏洛特（Charlotte）疯狂自拍，并且絮

第五章　通过社交软件寻找好友令人羞耻吗？

絮叨叨地提醒她们别太张扬。当维纳斯问起我作为自由职业者如何报税时，我开始意识到这顿饭对她来说更像是一个建立人脉的机会。这对我来说还不赖，因为她确实给了我一些无法用金钱衡量的东西。

但愿如此吧。

我带着新的热情回到了交友软件，但我做出了一个重要的改变，那就是我在账号设置里扩大了适配的年龄范围。维纳斯让我意识到，与年龄不相仿的女性交流真的很有趣。尽管有年龄差距，但我和维纳斯还是对彼此都有好感。而且我最亲密的前同事也比我大了整整 10 岁。

我修改了设置，这样我就可以接触到比我小 15 岁或大 15 岁的女性。很快，软件里出现了一位很优雅的女士。她叫阿比盖尔（Abigail），有一头乌黑的长发，很是优雅，44 岁。她就住在附近，我马上点了"喜欢"。叮！我们匹配成功。

她给我发了条信息："我从来没玩过这个，你想喝杯咖啡吗？如果你觉得不太方便，那这就要成为一个搞笑的故事了。"

开场白不错，阿比盖尔。

我回她消息："乐意至极！走，一起喝咖啡去！"

几天后，我准备就绪，即将去赴这场基于软件的第一次"朋友间的约会"。我有些手足无措，担心自己会出丑。

在爱情中，潜在的追求者可以找借口说和你没有产生"化学反应"，或者说你不是他们的菜而离开你。但因为朋友的数量不受限制，所以连交朋友都被拒绝了的话，无异于对方清晰且嘹亮地喊出："我真的不喜欢和你在一起。"在友情里被拒绝真是太残忍了。

我洗了个头，争取不迟到。

我进了咖啡馆，看见阿比盖尔坐在角落的沙发上。凭借着对她主页照片的印象，我一眼就认出了她（和别人告诉我的不一样，她在交友软件上的照片和本人基本一致）。她起身给了我一个简单的拥抱，问我想喝点什么。我点了一杯馥芮白，坐在沙发上，偷偷地打量着她。

阿比盖尔端着咖啡过来后，我们开始讨论写作的话题——她最近在写她的第二部小说，目前已经完成了初稿。她坦言写第一稿真的很难，这让我觉得她真诚而热情。她在做一次深刻的自我对话——我觉得我也能做到。

接着，她毫不避讳地提到她最近刚刚离婚，前夫有了新女友。于是我也鼓起勇气，问她是否也开始准备寻找新对象了。

问一个刚认识的人这种问题感觉有些冒犯，但阿比盖尔点了点头。

"但在这种情况下，你真的会收到很多不请自来的下流照片。"她说。

"对不起啊，提到这个。"我有些抱歉。

"但也有好的地方，那就是在这些下流照片中，我发现了不少特别好看的浴室瓷砖。"她笑着补充道。

我们谈论到和朋友约会时的轻松，不用像和异性约会时那样小心翼翼，费尽心思去揣摩对方是否愿意和自己上床。

"我们不用先做爱，也能鬼混在一起，是不是很棒？"她说。

说得没错。

阿比盖尔活泼热情，落落大方，我一下子就喜欢上了她。我感觉很神奇，因为单从软件主页上看个人信息的话，我根本看不出我们会有这么多契合点。她是一位44岁的单身母亲，有一个5岁大的孩子。她还是个女博士，拿到了考古学博士学位，她是那种把孩子一送到学校，就回来跑步健身，坐下来写史诗小说的新时代女性。我能像她一样独立而自信吗？我不敢保证，但认识她真的很开心。

我走出咖啡馆，有些意犹未尽。我刚刚和一位陌生人喝了咖啡，聊得很投缘。这么来看，我和阿比盖尔第一次"朋友间的约会"简直是一个空前的成功。

但我不知道接下来该怎么做了。我要先联系阿比盖尔吗？还是等她主动约我？这时，我的友谊导师雷切尔·柏丝契来了。

他说："我唯一建议就是，先主动出击，再主动出击。"

于是我拿出手机，给阿比盖尔发信息："我向你保证，绝不会给你发什么

第五章 通过社交软件寻找好友令人羞耻吗?

龌龊照片。"

阿比盖尔回复我说,她也不会给我发这种照片。她说她很想和我再次见面,但因为接下来的几个月她都要忙着写书,于是我们约好一个月左右联系一次。

和阿比盖尔的约会进行得顺风顺水,这让我自信心爆棚。我相信等到整个实验结束时,我就会有大约10个新朋友了,我们可以一起去特内里费岛,品尝着贝里尼酒,享受着阳光沙滩,美哉。

我的第二个朋友叫杰德(Jade),她在一家艺术慈善机构工作。在一个异常闷热的日子里,我们约好了去国王十字车站附近看一场喜剧表演。她一头红发,穿着一件花衬衫,颇有艺术家风范。她买了两瓶苦橙味的鸡尾酒,我们一边喝着,一边在剧场里汗流浃背。演出进行到一半时,我突然注意到坐在我正前方的那个女人穿着和我一模一样的H&M T恤,而且我们恰好都因为太热而汗湿得透透的。我很想和杰德分享这个巧合,但又觉得实在是太难为情了。

演出结束后,我和杰德一起走回国王十字车站。我开始左右为难,现在我该做什么呢?我要告诉她我玩得很开心吗?还是我想再和她见面?或者来一个吻别?因为我们刚才在看喜剧表演,所以留给我们的交谈时间少之又少,除了幕间休息的时候,我们喝了鸡尾酒让自己凉快一点,有过一次简短的聊天之外再无其他。在这转瞬即逝的15分钟里,我很喜欢她,我们聊了工作,也吐槽了台上的喜剧演员。但此时此刻如果我们直接告别的话,真的会尴尬到窒息。我还在犹豫不决,杰德轻轻抱了一下我,说我们应该再约一次。因此,我得到了一个教训:千万不要在和朋友第一次约会时,彼此沉默地坐上两个小时。

第三次约会是和扎拉(Zara)。我们约在大英博物馆外见面,在地下一层点了饮料。她很神奇——从小在法国长大,讲话带着苏格兰口音,父母却来自巴林(Bahrain)。和她聊天,感觉不像一次普通的对话,更像是在看一部关于女权主义、多元文化主义和她男朋友的种族主义家庭的独角戏。我听得十分入迷,但仅限于此,我并没有感到和她有任何的共鸣。我会听她的播客吗?会的。我会浏览她的个人资料吗？估计也会。那我会变成她最好的朋友吗？我不确定。

接下来是露西（Lucy），一个会计师。她人是不错，但我们之间毫无共同点，聊起天来乏善可陈。后来我找借口提前走了。再之后，我和一位活动策划人共进过晚餐，她滔滔不绝地讲了 40 分钟她的工作；我狼吞虎咽地吃完比萨，落荒而逃。

我发现，我和她们之间，没有擦出火花。

友情需要火花吗？我一直秉承这样的观点：你得和那些来帮你处理尸体的人存在某种化学反应才行，否则对你们来说，处理尸体这晚无疑是一段无比糟糕的时光。

同时在一段友情长跑中，彼此忠诚和相互扶持非常重要，我很想和新朋友一起举杯畅饮，开怀大笑。

基于以上观点，我十分谨慎地经营着新的人际关系。我取得了胜利，我约女人共进晚餐的频率和那个刚剪了一个新发型的单身汉约翰·梅尔（John Mayer）进行 32 城公路旅行的频率差不多。

我回顾了我发的那些铺天盖地的、收件人是不同的女人的信息后，幡然醒悟——我真是 Bumble BFF 上的"渣女"，一个彻头彻尾的花心大萝卜！"渣女"实锤！

但我也算不上真正的"渣女"吧，我所做的一切，只不过是想寻找那种朋友之间不可名状的火花而已。

我并不是脚踏多只船，我不是，我没有。

你看，阿比盖尔之外的其他人性格都很好，只是我跟她们没有来电的感觉。并且我想说，幸运是相互的，冷淡也是。或许是我们的友谊之花，没有熬过"尴尬期"就已经枯萎了。

随后我的脑海突然萌生出一个阴暗的想法。我的那些约会对象，不也都没有主动提出要再见面吗？哼，半斤八两。说起来，谁是真正的"渣女"还不一

第五章 通过社交软件寻找好友令人羞耻吗？

定呢。

好吧，我觉得"渣女"还是我。

我不禁拷问自己：我提的问题都在点子上吗？我是否足够坦诚，用真心换真心？还是说我做得有些过犹不及？我原以为，只要我肯尝试，交朋友什么的都能得心应手——现在我才意识到，我对交朋友一无所知。该交什么样的朋友？什么人才值得信任？讨人厌的人是不是根本不知道他们讨人厌？

我别无选择，只能硬着头皮继续下去。

伦敦这座城市，每个人每天都在忙忙碌碌，忙着工作，忙着照顾家庭，忙着约会，也忙着收发一些龌龊的图片。我不禁开始怀念起得克萨斯州的小镇了。在那里，如果没有特殊情况，你可以在停车场一口气聚集20个人，大家一起去虚度时光。

交友软件上的那些人是如何做到同时和那么多人约会的？你要怎么保持满格的精神状态？你的出发点又是什么？经营这些繁复的人际关系，对我来说简直是个噩梦。你要没话找话，重复那些烂熟于心的人生故事，十遍、百遍甚至千遍。交友软件里有太多张三、李四、王五，我根本记不住谁是谁。我已疲惫不堪。一定还有别的办法。

几天后，我看到一则新闻报道，说纽约有位叫娜塔莎（Natasha）的女士在 Tinder 上随机给数百名男士发送了同样的信息："在联合广场的舞台附近和我约会。"当数十名男子开始在舞台周围寻觅他们的"约会对象"时，她拿着麦克风出现了，并宣布她同时邀请了在场所有人，以便节省时间，她要直接淘汰不匹配的人。

简而言之，为了她，这些男人要展开激烈的竞争。

在一场角斗式的演讲中，她要求那些正在恋爱的男人离开，让那些身高超过1.8米的男人留下，然后她说："我不太喜欢吉米（Jimmy）这个名字——所以叫吉米的男士能不能麻烦离开？"

大多数男人反应过来发生了什么事后就逃离了现场，但仍有少数人留下来

115

参加了短跑和仰卧起坐比赛，以赢得她的时间和芳心。

娜塔莎真是个天才！我们没时间和每个人单独见面；最好的做法是把他们全都聚集起来，先剔除掉令人讨厌的"吉米"。我要效法娜塔莎，把我的比赛安排在同一个地方，这样我们就能在同一时间、同一地点见面，一个晚上就能找到潜在的知己。然后彼此回归忙碌的生活，一起约吃早午餐，做做瑜伽，岂不美哉！

其实我一直都做错了，只有内向的人才会安排一对一的约会，外向的人能把他们聚在一起，好不快活！——对吧？我不清楚。我只是随意地猜测。

我编辑了一条信息，同时发送给了多个人。这种自我贬低的行为，换作以前，我至少要花几周的时间才能回过神来。但我已经变了，我变成了一台外向的交友机器。

"你好呀，下周三晚上 6 点 30 分，我要和这个软件上的一些朋友在克勒肯韦尔（Clerkenwell）的西蒙斯酒吧喝一杯，诚邀你的加入。"

我顿时觉得自己变成了一个毫无顾忌、粗枝大叶的外向者，就好像我是她们的老板一样，把这条消息群发给了 30 个女人。消息一发出，之前在想要不要约别人出去的纠结和犹豫，瞬间荡然无存。我屏住呼吸，静静等待着她们给我的回复。

接下来的一周时间里，愿意赴约的人数不断减少：3 个人要加班到很晚，1 个人要打篮网球[①]，2 个人有其他要事缠身，3 个人出城了，还有 2 个人食物中毒了。2 例食物中毒？成年人还打篮网球？她们确定不是在逗我玩吗？真是搞笑。

我躺在沙发上，感觉自己正在慢慢死去。朋友约会竟是如此的艰难。英国的食品卫生状况真的令人担忧啊。

约会那天，我起了个大早。还是有几位说她们会尽力赶到的，所以我不能

[①] 篮网球（netball），即英式篮球，一种发源于篮球的团队球类运动，又称投球或无板篮球，参与者以女性为主。——译者注

第五章　通过社交软件寻找好友令人羞耻吗？

在自己精心安排的"大型交友会"中迟到。

我穿了牛仔裤，搭了一件格子衬衫。它们仿佛会说："你好啊，我是你的新朋友。"我又默默练了一遍我的故事。

我做了一下表情管理，努力让自己看起来和善一些。我拍了拍脸，让脸部的肌肉放松，心里默念：快看我，快看我，我很风趣，也很好相处哦。而且，我现在真的"非常"冷静。

于是我等啊等，等啊等。

我呷了一口苹果汁，又继续等啊等。

表现得随和外向让我有点坐立不安。那个无所事事的酒保每瞥我一眼，我都会变得更加焦虑和内向。

只有一个人来了，阿梅莉亚（Amelia）。

我突然觉得自己看起来像一个追求者导演了一场大戏，其实只是为了"钓"她一个人。

我该和她说实话吗？其实我邀请了30个女人，但其他29个要么没有回应，要么弃我而去，而她是唯一一个赴约的。

"本来还有两个人要来的，但她们在最后一刻说来不了了！"我说。

阿梅莉亚优雅地点点头，表示理解，然后点了一大杯红酒。她在咨询公司上班，穿着一身商务套装。我突然觉得身上这条破旧的牛仔裤很滑稽。与身穿笔挺的西装和别致的芭蕾平底鞋的她相比，我看上去就像一个乳臭未干的黄毛丫头，正在接受"如何找到第一份工作"的指导。

我问阿梅莉亚用 Bumble BFF 这个软件的初衷是什么。"我还单身，就想找一些也单身的女性一起参加联谊会。"她说，"这也是我来参加这个聚会的原因。"

"嗯……对不起啊……"我说。

"你结婚了，对吧？如果你遇到其他你觉得不错的单身女性，能不能帮我也联系一下？"阿梅莉亚问道。

什么？那岂不是我的好朋友都要被你抢走了？

真心不赖呢。

"当然可以。"我强颜欢笑。

两杯红酒下肚，阿梅莉亚开始变得柔软起来。她开始谈论她的爱情生活，她和好多"失败者"约会过，但她想结婚生子，这些男人明显不是好的结婚对象。她自己事业有成，买了一套埃塞克斯（Essex）的公寓，在伦敦也有很多朋友。她告诉我，她很欣赏我主动出击去尝试结交更多新朋友的行为。

"我有一群死党，我们十几岁的时候就认识了。"阿梅莉亚说，"我对他们非常非常忠诚，对这一点我也很得意。但随着我们慢慢长大，好像哪里不一样了，我们很难再聊到一块去，和他们一起出门就像身上穿了一件不合身的衣服。"

事实上，无论男性还是女性，我很早就听过30多岁的他们表达阿梅莉亚的这种观点。在而立之年，或是因为孩子出生，或是因为背井离乡，或是因为工作换了又换，大家都有了各自的生活和事业，你20年前结交的朋友早已走上了和你不同的人生轨道，你们很难再找到多少共同之处。

谁不曾和旧人重逢，却发现谈话中最熠熠闪光的部分，是那些你们追忆的往昔、难忘的过去。最后，你们带着失落和悲伤散场，知道彼此都有同样的感受。

而这些分歧，在很大程度上取决于我们分开的这些年各自周遭环境的变化。老家的一个朋友总是催我赶紧生孩子——我知道她这么做是想让同样为人父母的我们再次有话可聊，让我们截然不同的生活轨迹再次交会。最近我在纽约遇到了一个大学同学——特迪（Teddy）。他不相信我结婚了，打死也不信。

"为什么不信？"我问他。

"因为你在大学里从来没有约会过，一次都没有！"他答道。

看到特迪困惑的表情，我意识到他只能想到我过去的样子，所以对他而言，我被定格在了那段时光里。银装素裹的大学校园，一个19岁的少女，画着浓密的眼线，抱着一本书，无人叨扰。他不觉得我能改变，或者说是他不愿意接受我的变化。

另一个令人难以置信的变化来自特迪本身。他大学期间立志成为全校的"万人迷"（没准那时候他追求过我，而我却对他爱搭不理）。而现在我发现他已经遁入空门，成了一个彻彻底底的和尚。（不过，他不在要求禁欲的佛教分支里。没错，我特意去确认了一下。我们同班的其他同学都不约而同地确认过这件事。）

人一直处在变化之中。那天在纽约，特迪没有见到我现在的样子，至少，没有见到我以为的我已经蜕变后的样子。我们渴望在一段友谊中获得这样的感觉——"朋友比我自己更懂我"。但当这种超能力在老朋友那里都已经消失了，那世界上关于我的这份神奇魔法也就不复存在了。

在回家的公交车上，我精疲力竭地瘫在座位上。我能找到真正懂我、理解我的新朋友，寻回我的这份超能力吗？我给不了答案。此刻，我正陷在深深的困惑之中，为何我发出了30个邀请，最后却只来了1个。

娜塔莎是怎么召集上百个男人同时约会的呢？我上网搜索后才发现，她是Instagram的模特，有着柔软性感的双唇，身材火辣，是个天生穿比基尼的料子。

怪不得。

我给30个女人发信息，却只有1个人回应。按这个比例，我如果要约30个人出来的话，我就必须给900个女人发信息。这意味着我要同时与900个女人聊天，进行900次相同的对话："这周过得怎么样？嗯，不错呢，好开心今天是周末哦。"

我的天！我可没这么多闲工夫。要有那个时间，我完全可以成为一个Instagram诗人，每天写几行小诗，涨涨粉丝；或者帮别人处理处理积压的税款（虽说我不肯这么干）；或者开家小饭馆，做点喜欢的菜；甚至我可以参加马拉松训练，然后在比赛时半路退赛。

我知道真正的男女约会其实远比我现在进行的朋友约会来得残酷。但我结婚了，所以这项挑战也就不存在了。要在朋友约会中和一个陌生人建立起情感联系，已经是我迄今为止遇到的最大挑战了，然而我做得一塌糊涂。

在公交车上，我漫不经心地刷着 Instagram，目光突然被一张照片吸引住了，照片里是一个站在湖边的女人。她看起来很面善，最喜欢的艺术家居然也是圣·文森特（St. Vincent）[①]，要知道去年整个冬天我基本上都在循环文森特的歌。这兴许是个好兆头。

不不，我想我理解错了。重点不是要和 100 个女人进行 100 次约会，而是要找到几个趣味相投的人，然后成为知己。

回到家，我告诉萨姆，我和阿梅莉亚喝完酒之后，就回来了。事实证明，我在交友方面的运气真的很差。

"你去了多少次朋友约会了？"萨姆问道。

"6 次。"（这包含了一次不走运的酒吧问答聚会。我和一个女孩组队，过程中我一直在大声回答问题，结果我输了，然后她就知道了我对欧洲历史狗屁不通。）

"再约一个呗。"萨姆说。

"好的，我约她好了。"我一边说着，一边盯着屏幕上"吃饺子的女孩"的个人简介。

"她叫什么名字？"萨姆问道。我又瞥了一眼手机。

"幸运（Lucky）。她叫'幸运'。"

"幸运数字 7！"他说，"就她了！"

我对她点了"喜欢"。"叮。"我们配对上了。

"幸运"和我约好去乒乓球馆吃饺子，然后去 Soho 剧院看一场喜剧表演。如果朋友约会以失败告终的话，我至少能吃到一顿饺子，不亏。

很不巧，"幸运"得了流感，我们的约会也随之取消了。

[①] 圣·文森特，又名安妮·克拉克（Annie Clark），美国艺人，第 57 届格莱美奖最佳另类音乐专辑获得者。——译者注

第五章 通过社交软件寻找好友令人羞耻吗？

这提醒了我应该去打流感预防针，以防被流感传染。这对我来说还挺"幸运"——对我们的友谊而言就不够"幸运"了。

这时，我第一个约会的朋友阿比盖尔，突然联系我，想约我出去玩。

我们决定去汉普特斯西斯公园游泳，这就是我在本章开头写到的做蜜蜡脱毛的原因，阿比盖尔值得我为她做这个。

一周后，我俩都穿着黑色的连体式泳衣，站在了码头上，而我的比基尼线还残留着做蜜蜡脱毛时留下的痕迹。阿比盖尔没来过这儿，我以前和杰茜卡来过一次。那时她告诉我下水时，不要一下子就扎到冷水里。所以我把同样的建议也给了阿比盖尔：别一头扎进水里，否则你会喘不上气来，而且一不小心就会呛到水。慢慢来，呼吸也要慢一点，稳一点，然后一直保持向前游。

阿比盖尔下到水里，一下子就游过了整个泳池。我在她后面慢悠悠地划水，然后仰面漂浮在水面上。

游完泳，我们穿过公园，她带我去她贝尔赛公园边上的房子，还送了我一本书。几个月前，眼前这个女人还是个陌生人；而现在，我在她家里，读她的书，和她讨论写作。

我知道我和阿比盖尔还会再见面的。我仿佛找回了年轻时那种轻松而亲密的朋友关系，只是现在升级成了"成人版"。彻夜谈天、互换衣服或是每个周末都腻在一起，对我们来说都不太现实，因为在人生的这个阶段，我们实在都太忙了。但你想，在这个偌大的城市孤岛上，你知道还有一个人，哪怕只有一个，在你郁郁寡欢的时候，你只要发消息说："想去吃点东西吗？"他们就会马不停蹄地赶来，听你倾倒苦水，让你重新振作起来。他们啊，简直就是一份上天赐予的珍贵礼物。

还有，阿比盖尔能从容地处理她自己的麻烦事，她应该知道"如何搬动尸体"。

一项研究表明，两个人在见过 6 到 8 次面后，才会把对方定义为自己的朋友。请回忆一下，最近一个在一年内你见了 6 到 8 次的人是谁呢？要么你和他或她正在暧昧期，经常约会；要么你们隶属同一支运动队伍；要么你们是室友，同居一室。否则，你很难达到这个标准。

要是按照这个定义，我最好的朋友应该是 19 路公交车司机。

还有研究表明，一个人平均要花上 50 个小时的时间和另一个人相处，你才会把他当成"普通朋友"；直到你和他待了 90 个小时，还觉得合得来，你才会把他升级为"好朋友"。

50 个小时？我觉得不靠谱。只要你们遇到了共同的困难，同仇敌忾，友谊的小火车就能以 10 倍的速度向前飞驰。我想起了以前在新闻学院和一个同学一起做电视报道的经历。作业太难，我们在剪辑室里抱头痛哭了几个小时，那几个小时让我们的关系突飞猛进。同样的道理也适用于那些共同遭遇了颠簸的飞机，施虐成性的老师，以及冗长无味的爵士乐演奏会的人。如果他们都幸存下来，那就真是一辈子患难与共的挚友了。

所以对我来说，和一个投缘的人见过两次面，待上几个小时，再时不时发发走心的短信，我就觉得差不多是朋友了。我和阿比盖尔算是步入了正轨。

有时候，新朋友会让人时刻惦念着。因为你永远不知道他的生活正在经历什么——他的家人可能病了，他可能遇上了一件需要全身心投入的人生大事，他可能刚从一段失败的感情中走出来……我们无从得知。

正如我的导师雷切尔·柏丝契所言："在你们真正成为朋友之前，你不能指望别人会像你朋友一样行事。我不是说人们应该刻薄无情，而是说他们其实不亏欠你任何东西。所以如果他们没有及时地联系或回复你，也不用感到太受伤。"

尽管"朋友间的约会"让人神经紧绷，但我也再次收获了一些惊喜，比如陌生人并不是什么洪水猛兽，他们比我想象中的要友好得多，也正常得多。当我"约她们出来"时，没有人会直接拒绝我。我也没遇到过奇葩，也没收到过污言秽语或是受到下流照片的骚扰。

第五章　通过社交软件寻找好友令人羞耻吗?

迈出第一步的确令人尴尬,但如果不迈出那关键性的一步,什么改变都不会发生。请人喝杯咖啡或是饮料,你又不会损失什么。交友软件里发信息也很轻松随意,如果她们拒绝你,也完全没关系。

个中滋味,我最清楚不过了。你想啊,我可是一夜之间被 29 个女人拒绝过呢。

但我还不是活得好好的。

一天晚上,我给儿时最好的朋友乔瑞发消息,她和两个孩子住在休斯敦。伦敦此刻是凌晨 3 点。

"为什么交个朋友这么难啊?"我对她倾诉。

"那是因为你想要的是一段共同的经历,而不仅仅是一个朋友。"

她说得很对。我总拿新交的朋友与老朋友做比较,看新朋友给我的化学反应和温暖感受是否和我最久远、最亲密的朋友一样。所谓老朋友,他们见证了我的成长轨迹,和我一起步入中年,也欣然接受我眼角慢慢浮现的皱纹。而我所期待的,绝不是一朝一夕就能建立的友谊,而是需要经年的陪伴才有像酒一样越陈越香的亲密感。

然而,有时友情就像爱情一样无法计划。当你苦苦寻觅时,却可能求而不得;而当你心灰意冷时,它又有可能在你完全预料不到的时候找上门来。

有次我夜跑归来,累得弯下了腰,站在我的公寓前直喘粗气。这时门开了,一个女人拎着垃圾走了出来。她看着我,眼神里充满了疑惑,就好像在看一个怪人。

"我不是在闲逛。"我忙解释。

"哦,我没觉得你在闲逛,"她说,"我还以为你住在这儿呢。"

"哦,我是住这儿,就在 3 楼。"

紧接着,我们互相做了自我介绍。她叫汉娜(Hannah),来自荷兰。当她转身回去时,我忙喊住她:"等下!要不要留个电话?万一……万一着火了,还是怎么着的？"

　　看来这一年我的确发生了翻天覆地的变化，和陌生人聊天时不再像以前那般羞涩。我在交友软件上的经验也让我可以主动出击，迈出第一步，尽管有时候还是会觉得怪怪的。

　　几周后，汉娜和她老公出去度假，她拜托我们帮他们签收并保管一个包裹，回来后还邀请我和萨姆到他们家吃饭。那次我在她家看到了好几百本书，从她家出来时我抱了一大摞书，都是向她借的。

　　几个月后，汉娜给我发消息说："一起去喝杯咖啡吗？"然后我就去了。

　　这简直是一场不期而遇的完美约会：一切自然而然地发生，不必费尽心思考虑是否有哪些不妥帖的地方。咖啡浓郁而充满香气，我们相谈甚欢，在咖啡馆里度过了美妙的时光。而且还因为她就住在楼下，我们省去了在路上的时间。我们年纪相仿，读过几本相同的书，被同样的事情所困扰，所以一下子就擦出了友谊的火花。

　　她其实一直住在我楼下，但如果我没有之前积攒下的努力尝试和朋友约会的经验，即使是楼下的邻居，我也根本不敢在刚见面的时候就要她的联系方式。参照以前我在伦敦和邻居的相处模式，我肯定会假装在她周围四处晃荡，不敢靠近她一步，更别提搭讪了。

　　汉娜和阿比盖尔为我营造自己的小社交圈开了一个好头。我的朋友数量完全不需要有女子啦啦队那么夸张的规模。只要像德弗斯想的那样，拥有两三好友，偶尔参与一些社交活动来点缀我贫乏的生活，我就心满意足了。这样，我也不用成为什么奇怪的书商。伦敦是个大城市，对我来说尤显空旷和孤独，像我这样内向害羞的人在这样的城市里逐渐有了两三知己，有了几分归属感，心里委实快乐得十分真切。

第六章 主动出击,别临时爽约

第六章　主动出击，别临时爽约

酒吧之夜

（一个女人手里端着一杯饮料，站在吧台前。她发现身旁的一个男人正打量着她，她转过去友好地回以微笑。）

男：嗨！

女：嗨！

男：那个……你认识这里的人吗？

女：嗯，认识一个，他是组织者之一，叫罗伯特（Robert）。怎么了？

男：……

（听不清。）

女：不好意思啊，你说什么我没听清？

男：哦，你是同……？我刚就看出来了！

女：嗯？

男：你刚说你是同性恋。

女：没啊，我刚没那么说。我不……我不是同性恋。

（沉默。）

男：嗯……是什么风把你吹到伦敦来的？

女：说来话长，我嫁给了一个英国人（British）。

男：真的啊？

女：嗯……真的。

男：哇，哇哦。

（低声吹口哨。）

男：所以你也是那类人喽？

女：什么？哪类人？

（这个男人的朋友走了过来。）

男人（对朋友）：这个女孩告诉我她来伦敦是因为嫁了一个有钱人！

女：什么？有钱人？不是！是英国人（British）！不是有钱人（rich），他是英国人！英国人！

（谢幕，画面淡出。）

以上场景里的尴尬对白，可以衍生出无数的变种，它们就是我在人际交往中的绝大部分经历。而在这样一段尴尬的聊天过后，我只想说一句："哎呀，家里的烤箱忘关了——再见！"然后拔腿就跑。

参加这次酒会，我是希望多认识一些人，建立一些职业上的联系。我已经尽力了。但有的时候，即使我们尽了百分百的努力，结局还是会不尽如人意，那又何必如此费心呢？

因为即便我们天资聪慧，又勤勉上进，事业的成功最大程度上还是取决于你的人际关系。研究表明，我们外部的社交圈，也被称为"弱关系"，才能给我们的生活带来最大的改变。"强关系"指的是与亲密的朋友和家人的关系，我们有着相似的知识储备和人脉。所以事实上，对我们生活产生深远影响的，恰恰是那些联系不紧密的人。他们带来了新的信息、建议和视角，包括新的创业灵感和就业前景分析，他们还接触到了更多的行业精英和合作伙伴。所有这些，在原来的社交圈里都很难触及。

第六章 主动出击，别临时爽约

害羞内向的人的社交圈很窄，所以他们更需要所谓的"人际关系网"，并且要经营得更好才行。我是愿意和陌生人聊天的，但设想一下，当你走进一个房间，而里面满是和你一样迫切渴望社交和建立有利人脉的人，你觉得在这种环境下所形成的关系网会让你原来的生活更广阔、更充实吗？

所谓建立人际网络，就是要结识那些能够和你交流新的想法，互相提供就业机会的人，并与他们建立联系。当然，以上是官方的定义。但现实更像是在一个拥挤的会议室里玩"饥饿游戏"（Hunger Games）时所遇到的情况：冷漠的普罗赛克（Prosecco）、姓名牌、与陌生人之间的尴尬对话，以及灯红酒绿之下的暗流涌动。每个人都在心里盘算："我怎样才能好好利用你呢？"这种自私的利己性是这个游戏的原始驱动力。

比起这个，我宁可参加真人版的"饥饿游戏"：不用交换名片，可以交换有毒的浆果；不用闲聊，可以用黄蜂杀手给敌人致命一击。光凭这两点，它就比任何自由职业者的聚会更令人血脉偾张。

话虽如此，但我还是对参加社交活动乐此不疲，因为我总是抱着"搞不准今晚就会改变我的生活"这样的幻想。我将遇到一个人，他会透过我的双眼将我深藏的灵魂看个干净；他会看到我所有未被开发的潜能；他会让我待在他丰满的羽翼之下，保护我，教导我；他会告诉我，我是奈飞的新掌门人。

我保证当机会降临时，我会变成另外一个人：优雅而自信，不再离群索居；我会有更高挑挺拔的身材，苗条到不用再穿用来塑形的让人喘不过气来的紧身衣。

但当那一天真正到来的时候，我却临阵脱逃了。"逃避"是我的五大爱好之一，排在它之前的是看小狗在树叶堆里乱串的视频。

读到这里，无论你是谁，都有可能和我一样不擅长将计划贯彻到底吧。英国有个谑称叫"取消国"——一项针对 2000 名英国人的调查发现，一个英国人平均每年计划要参加 104 项社会活动，但其中一半的活动都会被他们中途取消。（只有一半吗？我表示怀疑。）

在我以往艰苦卓绝的朋友约会中，太多人临时取消了约会（好多人打篮球去了，好多人食物中毒了，还有好多人得了偏头痛），我发誓我不会再逃避了，要更积极地去面对。去年冬天，我朋友取消了筹备已久的晚餐计划，理由竟然是"害怕感冒"。这借口太让我震惊了，她都还没得感冒呢！哪怕她鼓起勇气，骗我她真得了感冒也行啊。难道简单发送一个打喷嚏的表情有那么难吗？她这种没有想着要为聚会的举办而付出努力的行为，比在最后一刻放我鸽子更令我不快。

我在外面度假呢；我要加班到很晚；我哥来城里看我了；我所在的网球队要备战奥运会；地铁系统有人罢工了；这周是"烘焙周"，我要参加美食烘烤大赛；我的脚不小心崴了；我水逆了；我朋友买到了碧昂丝的票却没有邀请我，我嫉妒疯了，没心情出去。以上全是我用过的借口，甚至还不止这些。我只是单纯地希望继续窝在我温暖舒服的沙发里，悠闲地吃着外卖；如果可以再也不见任何人，我就一直干我现在这个恶心的工作也行。只要从这一秒开始，不用再穿紧身的黑色连裤袜，蹬着高跟鞋去挤地铁，在紧张地组织语言时正襟危坐就行。

我用尽了一切我能想到的借口。

但正如圣雄甘地所说：欲变世界，先变其身。

我要去社交。

问题在于，我自己报名参加的社交活动里，10%的状况基本如出一辙。我走到举办活动的房间门口，就会听见里面传出嘈杂的谈话声，然后我就站在原地不敢推门，胃里翻江倒海，一阵恶心。再之后，门开了，映入眼帘的就是满屋子的人正三五成群地聚在一起聊得火热。我愣住了，站在原地不知所措。我不知道怎么走进房间，然后找一小群人加入他们的话题。而且很奇怪，如果有人跟我搭话的话，我不是不着边际地说得太多，就是缄口不语，沉默得像个哑巴。不出15分钟，我就会觉得又慌又闷，最后逃回家了。也许现在我能在街上和没有利害关系的陌生人侃侃而谈，但一旦进入高压、紧张的社交氛围里，聊天这件事承担的重要性就太大了。例如在一个行业聚会上，

第六章　主动出击，别临时爽约

一次误解或是失礼都有可能葬送你的职业生涯，最后落得一个"只会瞎逛的奇怪女人"的名声。

我对社交的恐惧大多数源于害怕尴尬，尤其在一些应当给人留下好印象的场合。有没有什么方法可以让人快速掌握社交技巧，通达人情世故？我在谷歌里搜索了许多这样的问题——"如何变得有趣""如何在公众面前表现得不像个失败者"——但随即又迅速地清空了这些耻辱的搜索记录。但也没有白搜，我发现了自己都不知道自己在寻找的东西——魅力教练。他们掌握着如何在社交场所如鱼得水的秘诀，即使在相当专业的社交场合，也能随时随地散发魅力。只要你愿意支付一定的报酬，他们就会和你分享这些秘诀。那么，究竟是谁掌握着这项神奇的超能力呢？

我的魅力教练叫理查德·里德（Richard Reid），他是一位为企业领袖提供培训服务的心理治疗师。他正在从事一项研究，该研究认为个体吸引力的50%来自先天，50%为后天习得。根据理查德的说法，魅力是任何人都可以将其融入他们的个性的一系列行为。

我们会验证这个结论的。

我坐在绿色的治疗沙发上，理查德坐在我对面，双腿交叉着。他告诉我为什么与陌生人握手时保持眼神交流是给人留下积极印象的首要方法之一。我很意外，因为30秒前我们刚握过手，而我不记得我是否做到了眼神交流。

他说我做到了。我心里一阵窃喜，同时又有些不安，因为我怀疑他是不是撒了谎，以彰显他的魅力。因为这的确能增加不少好感。

理查德始终和我保持着目光接触，微微笑着，声音沉稳而充满磁性，肢体语言也非常自然、儒雅——魅力值简直满分。

理查德说魅力课程中的很多内容，其实和他的治疗实践有相当多重叠的部分，包括自信、自尊、行为、肢体语言、负担症候群。他的课程很受男性欢迎——因为更多的男性觉得"治疗"这个词听起来就和疾病有关，所以绝不会

走出内向：给孤独者的治愈之书

愿意接受"治疗"。但把"治疗"换成"课程"就不一样了，他们很愿意从一门课上学到如何提升自己的魅力，来助力事业的成功或者成功吸引异性。

我告诉理查德，我一旦面对一群陌生人，就会变得异常焦虑。我能应付一对一的谈话，但面对一群人真的会让我坐立难安。他们在我身边来来回回，聊天走动，但没有一人靠近我。我就好像太阳一般，有众多行星围绕，却永远隔着轨道的距离，无法靠近，永远孤独。更何况，我并非光芒万丈的太阳，而只是一个社会的弃儿。理查德理解地点点头。他的一个小小的表示鼓励的微笑和额头上微微舒展开的皱纹告诉我，他有很强的共情能力。虽然摆在我面前的任务异常艰巨，但仍有一条道路可以穿透黑暗，抵达光明。

天啊，他真是一个太温柔、太善良的人了。

"大脑对周围环境做出判断是一种非常非常原始的机制。"他说，"我们把负责这一部分的大脑区域称为'爬行动物脑'。人类的大脑会优先考虑安全问题——尽管我们其实并不会把社交场合划入危险范畴，但大脑自己会做出本能反应，把它们视为和物理威胁一样的存在。"

突然我脑海中闪过一幅画面：我曾参加过一个网友组织的线下聚会，推开房门之后，一屋子踩着高跟鞋的精致女人和西装革履的男人映入我的眼帘。进门时我不小心把门重重地关上了，于是所有人都齐刷刷地扭头盯着我。起初我还自顾自地陷在自己的疑惑中，心想空气中弥漫着浓郁的古龙香水味，眼前的女人都踩着高跟鞋，光鲜靓丽，难道自己误入了一场大型联谊会？当我后知后觉，感受到那一束束钉在我身上的灼热目光时，我瞬间从脸红到了脖子根，恨不得找个地缝钻进去。我默默地退了出去，轻轻关上身后的门，就像一个徒步旅行者无意间闯进了熊的领地，只能蹑手蹑脚地离开。

我急忙把这个画面从脑海里赶了出去，将注意力重新集中到理查德身上。

"这么说，根本原因就是大脑一次性接受了太多刺激？"我问。

"完全正确。"

通常，内向的人在做决定时会比外向的人更加审慎。因此比较起来，他们

第六章 主动出击，别临时爽约

更擅长处理一对一的人际关系，因为只需要应对一个人，这更容易判断别人对他们的态度，也更容易推测别人的下一步行动。理查德说，当我们开始与10个及以上的人打交道时，神经就会高度紧张了，因为大脑同时要监控的东西实在太多了。

我告诉理查德，我觉得当进入一个满是陌生人的房间时，大家都三五成群地聊开了，而我不得不寻找一个小群体加进去，这对我来说实在太难了，我做不到。

我看到理查德注意到了我警觉的眼神以及我已经坐到了沙发的边缘。

"慢慢来，"他说，"不要在别人还没看到你之前就把手伸到人堆中开始挥：'嗨！我是杰丝。'你不要惊动他们的'爬行动物脑'。"我曾看过一部纪录片，片中一只走投无路的蜥蜴的眼睛里喷出了血。不不，我可不想那样，这太吓人了。

他告诉我，我应当站在人群的外围，保持着和大家的眼神交流，面带微笑，在适当的时候点头，然后等一个空当来做个简短的自我介绍。虽然理查德讲的东西感觉就像一本《人类行为入门手册》里的内容，但对我来说这简直是雪中送炭。

在这些社交场合中，我惯常的做法是拿起一杯饮料，坐在我能找到的最遥远、最昏暗的角落，暗暗欣赏着远处那些无拘无束的狂欢者，然后变回一只蝙蝠，慢慢融入黑暗，消失在夜色中，无人发觉。我试着努力措辞向理查德描述这件事，好让我听起来不那么像一个神经病。

"你没有意识到其实你在一次又一次地重复被排除在对话之外这个场景。"他告诉我。为了安全起见，我一直坚守在人群边缘，再一次被"爬行动物脑"所指引，执行由它发出的让我逃跑的指令。

他说得没错。当我焦虑的时候，我的大脑会变成一张白纸。于是慢慢地，我变得越来越像爬行动物：变化无常，无法控制自己的体温。我在聚光灯下面对人群的感受就是这样，总是变化无常。

理查德让我重新想象一下，假装整个聚会都由我做东，所有人都是我的客人。他说有个转移注意力,让我不再感到难为情的方法,那就是请别人喝一杯。问问他们是怎么来的,有没有其他认识的人,再把他们介绍给其他人。我忍不住在心里嘀咕:介绍完之后,再让他们把鞋脱了打桥牌吗?

我点点头。我不会说:"理查德,我这辈子从来没办过聚会。"我喜欢这个假设,我要是能举办这样的聚会并且还能到处乱串,那该多美好。

当提到"魅力"这个概念以及那些追求魅力的人时,我想到的是那些为了显得迷人而喋喋不休地开些俗气玩笑的男人。那些男人想出风头,会放声大笑,拍自己的大腿。故作忧郁的眼神、浓密的胸毛、锃亮的发胶、不收敛的笑容也必不可少,他们还会叼着烟斗,戴着大金链子。好吧,也许我在描述海盗。

理查德认为不断重复在人群边缘试探的行为是一种懦弱的表现,而且魅力是我们在特定情境下所释放出的能量。我们进入一个房间,问正确的问题,做正确的回应,让自己所释放的能量匹配上对方,那么你的魅力就已经开始在散发了。

我低头看着我的腿,它陷在绿色的沙发里,我有些犹豫要不要继续。但最后还是心一横,抬起头看向理查德。去他的吧——这是我最接近免费治疗的一次了。

"那……你认为我的能量是什么?"我问。

理查德想了一下,说道:"你能给人带来温暖,这很可贵。你给人的印象是非常热情、善良,这也是你的最大优势。"

我还没来得及做出回应,他接着说:"你要更自信一点,这是你的短板。还有就是你说了太多'对不起'。"

好吧,理查德,这只是我其中的一个毛病。

"眼前的问题让你犹豫不决的时候,你的语速会加快。"

哇哦,他全都说对了!

我清了清嗓子,问他怎样才能变得更有魅力。

根据理查德的说法,散发个人魅力其实很简单,只需几个简单的步骤:第

第六章　主动出击，别临时爽约

一步，问一个开放式的问题（不是回答"是"或"不是"的判断题），并认真倾听他们的回答；第二步，紧接着他们的回答，再问一个与之相关的问题来表明你很在乎他们的答案，比如，对此你有什么感受呢？那是一种什么样的感觉？是什么吸引了你？

这其中最重要的一环是，你要回应他们的感受：

"我的工作是遛狗，整天和狗狗们待在一起。"
"哇，那是一种什么样的感觉？"
"棒极了，我乐在其中。狗狗真的太可爱了！"
"是啊，听起来真的好棒啊。我也好喜欢狗狗啊！真心羡慕你的工作！"

就这些？这就是所谓的魅力？我目瞪口呆。

我回忆了一下我认识的最有魅力的人，他长得像裘德·洛（Jude Low），是一位电影制片人。每次碰到他，你都会想："天哪，奥利（Ollie）又善良又体贴，关键还很帅，魅力值爆棚！"他确实也经常把"那你觉得呢"挂在嘴边，会在恰当的时机告诉你他的看法，并毫不吝啬地赞美你，最后以一个迷人的微笑收尾。啊，他真是一个漂亮的芳心纵火犯，聪明、狡猾的迷人精。

当我还沉浸在对奥利的美好幻想中，正被迷得神魂颠倒时，理查德继续说道："'真诚'也很重要。"他提醒我："你必须发自内心地对他们感兴趣，真切地希望与他们建立联系，否则他们会觉得你虚伪。"

还有一个很基础但必要的点：社交场合中的大多数交流都只停留在探索表层自我阶段。很多人都会被问到这样的问题：你在哪里高就？你的专业是什么？这种场合鲜有能触及深层自我的对话，像你会不会偶尔在办公室偷偷哭，大概多久一次呢？你有遭遇过职场霸凌吗？你有没有想过那些有时间在街上遛狗的人，才是把生活处理得井井有条的人呢？

理查德说，绝大部分人都被困在工作日程中难以挣脱，很少花时间去思考他们对事物的真实感受，或者觉得和其他人谈论这种私人的感受是不礼貌的。在社交场合中，人们会表现出两种极端：要么过于谨慎，谨言慎行；要么过分热络，极尽所能地取悦他人。但如果换一种思路，你表现出共情与理解，让别人表露自己的真实感受，就更有利于建立起真正的联系。但因为有些机遇和话题转瞬即逝，你必须快速反应才能把握住机会，本质上是以最大的限度和最快的速度来运用我们所学到的与陌生人交谈的知识。

在收拾东西准备回去的时候，我问理查德他的性格是内向还是外向。

"我是个非常内向的人。"他说。

"嗯？不，你不是吧？你看起来一点都不内向啊。"我说。

理查德听了一愣。

"你看啊，你组织过那么多场大型会议，接受媒体采访的时候也谈笑自如，而且每天和那么多人打交道。你怎么能说你内向呢？"我又继续补充道。

"那是因为我已经学会了对外展现外向的一面，毕竟在这个社会里外向者有巨大的优势，这是事实，所以我自学了怎么让自己变得外向。"他说道。

啊，真是我的导师啊。

"你能自己一个人去格拉斯顿伯里，然后在那边交到新朋友吗？"我边穿外套边问理查德。我总喜欢问别人如何对付我们内心的"第九层地狱"。

"我能啊。"

"内心意愿呢？你想去吗？"我想确定他是否和我想法一致。

"我找不出比它更让我不想去的地方了。"

"我也是！"我说，"你一直都这么想吗？"

"即使我年轻的时候，也没想过要去那个鬼地方。"

"强烈赞同！光想想我不用待在那里，就开心得要死。"我激动地说。

然后在整个过程中他第一次露出了爽朗的笑容，说道："哈哈，我也是。"

离开后，我在电梯里回忆刚才最后的对话，我问了理查德一个真切的问题，让他说出了自己的真实感受。

第六章　主动出击，别临时爽约

那么现在，谁是导师？

显然不是我。我把难以捉摸的魅力秘籍握在湿漉漉的手心里，但正如理查德所说，我缺乏自信，所以它们无法发挥作用。

为了参加更多的活动，我对各式各样的邀约都来者不拒。一个叫萨拉（Sarah）的朋友（我们是经一个已经搬走的共同好友介绍认识的，那个朋友知道我在扩大社交圈）邀请我参加一个新书发布会。

刚到发布会现场不久，萨拉就把我介绍给了她的朋友黛西·布坎南（Daisy Buchanan）。她是《红秀》（*Grazia*）杂志的专栏作家，刚写了一本叫作《如何成为大人》（*How to be a Grown-Up*）的书，书里写的是她为了工作所参加过的各种应酬活动。她俨然已经成了一位知心姐姐，那些哭着来找她寻求帮助的女人络绎不绝。如果有谁能帮我克服缺点，驰骋伦敦的各大社交场合，想必就是她了。

我很好奇，她会认为什么东西能帮助人们获得自信或更好地建立人际关系。

黛西的谋生方式是向他人提供建议，这说明她知觉敏锐，善于倾听，对人的关怀细致入微。我问她："对于内向者来说社交需要花费大量心力，承担不少的恐惧和痛苦，这是否真的值得？"她回答说："你无从知晓眼前的人在未来能否再见，这可能就是你们人生中唯一的一次缘分，要珍惜。你不会有任何损失，却能得到不少收获。你也许能交到几个朋友或者得到更好的工作机会，或者一个美妙的夜晚。"

当聊到我有时会临时取消活动的古怪行为时，黛西解释说，她也曾和我一样会在活动开始之前紧张焦虑，经常在活动临近时编造一个理由说去不了了。"现在我知道了自己那时心态上的变化是因为焦虑，这种焦虑甚至会让我生病。"她说。不过生病的确是一个取消约会的好借口。"但如果我仅仅是有点心累，想要躲在'自我保护'的舒适区里，那么我会推自己一把，履行我的承诺。"

好吧，但是如果我真的，真的只想宅在家里，在舒适的沙发上躺着呢？

"有时候，最让我们身心放松的就是电视剧和外卖了。但有的时候，走出家门，到外面呼吸新鲜空气，看看人来人往，体验一些新鲜事，对身心健康更有裨益。"知心姐姐语重心长地说。

接着她狡黠地说："任何害羞、内向的人在参加聚会的时候，都应该提前准备好自己的退路——撤离策略。"

我点了点头，把她的最后一课牢记在心。我随即活学活用，给自己找了一个离开发布会的理由："啊，突然想起来，隔壁的有机星球超市马上就要关门了，我得赶紧去买些豆奶，就先撤了哈。"

今年我出入过各种大大小小的社交场合，每次都会遇到三类人。可能在读这本书的你同样也会遇到，我在此一一罗列。

第一类人看起来人畜无害，但你们仿佛是两个物种，毫无共同点可言。你礼节性地留了她的联系方式，其实完全没有再联系的欲望。这时她跟你说："要不我们出去逛逛？"但见你不是很情愿，就悻悻走开了。你心里在想："她兴许说的是《BJ单身日记》（*Bridget Jones'*）里的一句台词，并不是真的想叫我和她出去走走吧。"这么一想，你会觉得如释重负。活动一结束，他们于你就像是过眼的烟云，你们江湖不见，后会无期。

第二类人有些幽默细胞，你们都因为在活动里略显尴尬而缩在角落，于是你们借机开始攀谈。这个人妆容往往精致得无可挑剔，你对她既敬重又害怕。你礼貌地问她从事什么职业，她也礼貌地回应你并询问你的工作。你们相谈甚欢，不料她说："我要出国3个月，回来后我们再联系呀。"估计有一半的概率她会真的联系你。你们在推特上互相关注。（或者她会给你发邮件，但因为你接下来几个月都安排得满满当当，无暇回复她的信息。不管怎样，3个月后你们才能再次见面。）你们最终可能会约上一次咖啡，然后成为彼此最要好的朋友，也可能只是推特上的泛泛之交，不再见面往来。但未来的某一天，她兴许会联系上你，给你塞一个绝好的工作机会。

第六章 主动出击,别临时爽约

遇到第三类人的时候,你已经在活动现场待了几个小时了。几杯酒下肚,不觉有些醉意,于是松懈下来(可能是酒精使然——也可能是对自己现在的社交表现感到兴奋:我的天,我做得太好了!)。这时候你遇到一个人,你坦白了一些你并不是真的想坦白的事情(类似于"我曾爱过我的前领导")。第二天清晨酒醒后,你肯定后悔莫及。但来不及了,在你酒醒之前,他们就会挖苦你——类似于"我就喜欢你土里土气的思维方式"。你觉得自己被鄙视了,于是愤愤地穿上外套,踏上回家的路途。在公交车上,你气急败坏地给远居国外的朋友发信息问:"我思考问题的方式很土吗?!"

在社交场合,中途插入别人的对话是最艰难、最尴尬的事情。你可以把它想象成一头扎进冰冷的水中(黛西的比喻)。第一跳后,你会慢慢热身,接下来也就相对容易了。

在与理查德和黛西见面后,我在推特上看到一个由电影爱好者举办的"欢乐时光"的活动。我对电影行业很有兴趣,想要深入了解,所以参加这个活动可谓一举两得。

我一进门,就认出了一个我以前见过的人——一个金发男演员,当时他正和另一个黑发男人相谈甚欢。我决定上前打个招呼,脑海里浮现出理查德的建议:欲速则不达。我小心翼翼地移动着,手脚放松,慢慢地穿过房间,确保他们都在我的视线之内。

这感觉很像打猎:屏息凝神,保持安静,然后伺机而动。我心里想:可千万不能吓着我的猎物啊。

最后,我走到他们附近,在他们的盲区晃荡。"我家在北方。"那个黑发男人话音刚落,便发现我站在他们旁边,于是他们都不再说话了。

"嗨!"我微笑着打了个招呼,努力表现得像个正常人。

"嗨!"金发男演员说。

然后他离开去倒了杯酒,只留下我和黑发男人两个人大眼瞪小眼。

"我叫杰丝。"我对他说。

"我叫保罗（Paul）。"他说。我们面面相觑，没人再说下一句话。这一刻的沉默也太久了吧。我在什么地方读到过，说 4 秒钟就能制造出尴尬的沉默。我们坚持到了 8 秒。

快问他一个问题——我的"爬行动物脑"发出指令。

"对了，你来自北方什么地方？"我脱口而出。

"就兰开夏郡（Lancashire）的一个小镇。"他用一种漫不经心的语气说道，仿佛暗示着"说了你也不知道"。

我去过北方，我还嫁到北方去了（嫁给谁了？就是那个"有钱人"），我可以驾驭"北方"这个话题。"哦？具体是哪里呀？"我继续追问。

"克利瑟罗（Clitheroe）。"他说。

"啊！我去过克利瑟罗。我在那儿找过女巫。"我惊喜地说道。

"什么？"

"你知道在 1612 年女巫审判期间，你们本地人是怎么杀死她们的吗？万圣节那天我特地去彭德尔山（Pendle Hill）找她们的鬼魂，还写了一篇专题报道。"

望着保罗略显震惊的脸，我突然意识到，在万圣节寻找女巫鬼魂似乎不太适合在社交场合作为趣事分享。尽管我只是很兴奋地分享一些在克利瑟罗的见闻，但我是不是聊得过头把人家吓着了？那怎么办……

"彭德尔山吗？它……它就在我们小镇边上！"保罗说。

"我知道！我还住过克利瑟罗一家闹鬼的旅馆。"我说。

"真的？"他问道。

"嗯嗯。我住过。那……你听了我的经历，感觉如何？"我问。理查德给过我一本"规则手册"，我要严格遵守。

"我觉得……你去那里挺奇怪的，但是很不可思议，感觉很精彩！"保罗说。

"确实奇怪，也确实不可思议。"我认同他的感受。"你相信有鬼吗？"我问。

保罗停顿了一下，然后兴致勃勃地讲述了他看到过一个 12 岁女孩的鬼魂

第六章 主动出击，别临时爽约

站在他家门外墙上的故事。我提了一些相关的问题，整晚的聊天都很轻松畅快。

过了几个月，我和保罗顺利成了好朋友。

在我结识新朋友的过程中，和保罗的相识算是第一个真正意义上的成功案例，他完美地跳出了我之前列举的三类人的范畴。他是一名旅行作家，和我一样都属于自由职业者，我们有很多共同的话题，而不仅仅局限于彭德尔山的女巫和幽灵。我们的关系突飞猛进，开始阅读彼此的作品，在WhatsApp[①]上聊天，也时不时分享一些旅行和写作上的建议。

所以说，要想建立切实有效的人际关系，唯一的办法是主动出击，将理查德的魅力秘籍（提出问题，给出有意义的回应，强化感情）牢记于心。魅力攻势能帮你度过尴尬的开场环节，让你找到你们之间的联系，然后你就能提出一些更深层次的问题，类似于"你有认识什么鬼吗""他们多大了呀""他们和你关系好吗"。

与保罗的见面是众多社交活动中的一抹亮色。但无论怎么努力，社交对我来说都不是一种享受。每次和陌生人说话，我都觉得自己像是被一大群人挤到了一个狭窄的空间里被严刑逼供，直到我精疲力竭。

尽管与以前相比，我有所进步，但我还是一直在思考会不会有更好的社交方式。难道我真的要一直讨厌职业生涯中这重要的一环吗？

艾玛·加侬（Emma Gannon）是一名作家兼播客，她经常出现在"30位30岁以下精英榜"之类的榜单上。她写的《个体突围》（*The Multi-Hyphen Method*）广受好评，出版方为她举办了大型的签售会，她还在白金汉宫得到了女王的接见。她的书强调了建立个人化的、有意义的联系的重要性，这种人际关系有助于推动你的职业发展。那么她社交成功的秘诀是什么？难道她就在专业场合和狂欢派对间来回切换吗？如果是这样的话，面对如此复杂的社交，她

[①] 一款可供手机用户使用的通信软件。——译者注

为什么不会躲在角落里哭呢？

我给艾玛发了邮件，问她在社交环境中一般会做什么计划。她的回答改变了我的生活："其实我很抗拒所谓的社交活动，我从没在一个人人佩戴名牌、迂腐陈旧的社交晚会中有过任何有意义的互动。你只会觉得与一小撮新认识的人共进晚餐或是喝上几杯小酒，才是真正的'社交'，才是真的妙不可言。而社交的关键是营造一个让自己都察觉不到自己其实在社交的环境。"

我不需要对半个伦敦都展现魅力。艾玛刚给了我一张赦免卡，让我克服了原先的心理障碍。

我决定拒绝无效社交，只参加那些看起来很有趣的专业性的活动。我很清楚我想得到什么：生活的灵感，新鲜的知识，纯粹的友情，三五好友以及专业方面的建议。

我在 Instagram 上看到一个名为"好女孩共进晚餐"的活动，据说是"你参加过的最有趣的晚宴，没有之一"。晚宴现场，每个座位前是一般的西式简餐都会提供的三道菜，同时有来自不同文化创意行业的女性做简短的分享。最后，我坐在了一位前杂志出版商的旁边，她现在是一名生活教练。因为我们都性格内向，所以巴不得早点回家。她把名片递给我，然后把我介绍给了她认识的一位编辑。我很明白，社交的实质是给予而不是索取。我们会想帮助那些与我们有联系的人，分享自己所知道的一切。这顿饭很成功，最棒的是这比那些略显滑稽的普通社交活动好多了：主要原因是我们一整晚都安安静静地坐在位子上吃东西。

那周晚些时候，我又参加了在 Facebook（脸书）上看到的一个聚会：在咖啡馆里和几位作家一起喝下午茶。最后只剩下我和另外两位女士。内向的人最享受这样的时光：一边悠闲地喝着咖啡，吃着烤饼；一边谈天说地，相互认识以及交流对各自行业的看法。

一个月来，我一直在参加各种活动，步履不停。我品尝过各色美食，也见到了许多优秀的演讲嘉宾，我的计划似乎开始奏效了。在那一场场小型的聚会

第六章　主动出击，别临时爽约

里，到处都是有趣的陌生人，我好像有点乐在其中了。

这中间有个小插曲，在一个慈善晚会上，一个女人挺着个大肚子还受邀参加了这次活动，她看起来有些闷闷不乐。我走到她身边悄悄对她说："你应该威胁主办方说，明年你要带着刚出生的宝宝一起过来，这样他们就不敢邀请你了。"

"对哦！宝宝那么吵，我明年就说要把宝宝带过来！他们肯定不会再逼我来了。"她情绪有点激动，双手环抱着肚子，好像我刚才说的是要把她的大肚子扔进海里。

"哇，好机智！"说完我松了口气，感觉在接下来的一周里，眼前这一幕会在我脑海里循环播放。

每次参加活动之前我都会给自己制定几条规则：牢记理查德的建议；带着明确的目标；与至少三个人交谈，并努力与其中一个人建立联系。心理学家说，内向的人更加慢热，如果你总是在活动开始10分钟后就匆匆离开，你就会错失很多交际成功的机会，所以我给自己设置的标准是至少待1个小时。

还有一点，千万不能迟到。尽管这对于参加活动本就兴趣欠缺，一路拖拉的内向者来说实属不易，但一想到当活动进行到一半时你再推门而入，大家已经三五成群有了自己的小圈子，只剩你像迷失的候鸟一般形单影只，你就更显得格格不入了。但不用提早太多，5分钟足矣，你可以放松神经，给自己紧张的心脏做个按摩，兴许还能和早到的人先聊上几句。

但不要妄想经过几个这样热闹的夜晚，你的生活就会发生立竿见影的改变。理查德、黛西以及艾玛，他们所传达的理念本质上是一致的：这是一条漫漫长路，你需要撒下尽可能多的种子，然后耐心等待它们生根发芽，最后才能收获丰硕的果实。

近年来很多人的友情都始于网络，而艾玛恰好是这方面强烈的倡导者，她主张至少要和线上的朋友见一次面，以加强朋友之间的感情。这就是为什么几个月后，我会和在推特上认识的凯特（Kate）坐在壁炉前，悠闲地吃着自制的香蕉面包。我约她是因为看到她更新了一条状态：最近刚搬到这座新城市，感觉很难交到朋友，其他人也会有同感吗？

我在下方友好地评论了她的状态，于是她就邀请我去她家做客了。我坐在她宽敞明亮的客厅中，嘴里溢满了香蕉面包的香甜气息，几个问题突然从我脑海中划过：这就是交朋友吗？我是在和另一个作家聊天吗？还是说，这其实只是我人生中最舒适惬意的一个下午而已呢？但当我看到凯特的两只小猫在我们脚边跑来跑去时，我才惊觉我是真的在她家和她共享着一份下午茶，瞬间觉得这些问题都无关紧要了。在事实面前，虚无的质疑和迷茫失去了存在的意义。

接下来的几个月里，我和越来越多的人聊了天。对于展示自己这件事，我已经变得轻车熟路起来。然后某一天，我注意到似乎有越来越多的人开始主动接近我。我仿佛在分子层面上发生了变化：人们走进房间，径直朝我走来，当他们寻找聊天对象时，找的是我，而不是别人。

我觉得自己可能有点飘了，或许我原本就是个魅力不凡的迷人精！

这种改变渗透到了我生活的方方面面。当我在一家杂志社做自由撰稿人时，坐在我隔壁的编辑居然主动找我聊了一下我手头上的工作。我突然想起她曾写过一篇关于精子捐献者的文章，而我正好有好奇的地方，就随口问了她，然后我们就进行了一番深入的探讨。（你听说过英国曾因精子短缺而不得不从斯堪的纳维亚进口大量的精子吗？我听了后大跌眼镜。）

我们花了整整 20 分钟的时间讨论精子（这真是一个精彩的话题呢），随后话题转到干洗洗发水，最后她给我推荐了好多书。我们聊得忘乎所以，差点忘了手头还有没做完的工作。我参加过太多次体验感平平的朋友约会，也参加过太多次死气沉沉的社交活动，所以我现在只要稍加留神，就能马上分辨出我和他们是否会产生化学反应。显然，我和这位编辑匹配度完美，于是我不惜冒着被拒绝的风险，主动向她要了联系方式。

她邀请了我参加她的读书俱乐部。这次，我不用独自走进一个陌生的房子，面对满屋子的陌生人。与之相反，我和她并肩走进房间，她把我介绍给了在场

第六章　主动出击，别临时爽约

的每一个人。

　　这是一个微型的读书俱乐部，地点也很随意，安排在某个人的家里，我们还能吃着自制的派——这正是我梦寐以求的事情。我觉得这是我做过的最外向的事情之一，但又那么稀松平常。我们的工作相似，却不聊工作，而是喝着酒，聊着一本共同读过的书。氛围是那么轻松融洽，感觉是和多年的老朋友待在一起。这可能就是艾玛所说的理想状态。有趣的是，这一切都发端于那个奇怪的话题：21 世纪头 10 年，这些来自丹麦的精子是怎么回事？

　　在我打这些字的时候，我其实应该好好准备下晚上的活动。我太想打退堂鼓了。很多事情从长远来看很有好处，比如参加那些所谓的社交活动，但当我下定决心放弃的时候，我会长舒一口气，并开始享受这种如释重负的快感。如同上瘾一般，我戒不掉这种感觉。

　　有些夜晚，尤其是在寒冷的冬日里，下午 3 点 45 分太阳就早早地落山了。工作一结束我就迫不及待地回到家里，泡一个热水澡，穿上柔软舒适的宽松睡衣，吃一碗满满当当的意大利面，打开电视看重播的《办公室》（*The Office*）[1]。或者我会在厨房里一边听安妮·迪弗兰科（Ani DiFranco）[2]，一边烤一整块胡萝卜蛋糕，裹上奶油芝士，撒上糖霜。一切就绪后，我再煮上一杯热茶，窝在沙发里读一本没有谋杀情节的小说，蛋糕想吃多少就吃多少。（内向的人喜欢在家里烘焙食物似乎成了一种刻板印象。一个熟人告诉我说："你看，有些内向的人还喜欢一边吃沙拉，一边看暴力电影。"）有些夜晚，我宁愿为这样的生活付费也不想出门。这些悠闲惬意的夜晚和我独处时的美好心情永远不会改变。

　　但这一年里，我挣扎着走出舒适区，与各色各样的人打交道，努力变得开朗外向，我开始强烈讨厌"爽约"这一行为。一旦爽约，那些缓缓起步的关系

---

[1] 根据大受欢迎的英国同名喜剧《办公室》而改编的电视剧。——译者注
[2] 安妮·迪弗兰科，1970 年 9 月 23 日出生于纽约，美国歌手、词曲创作者。——译者注

就会被扼杀在摇篮里，许多刚开始的新变化也会不了了之。因此，如果在约会的前一晚我没有焦虑到快要崩溃，我是不会爽约的。在想到"唉，我好像有个冷藏的比萨还没吃完，要不就不去了"之前，我已经穿好鞋子，拿上外套和包准备出门。

艾玛认为"拒绝"约会完全合情合理。但是一旦我们答应，我们就得履行承诺，准时赴约。她告诉我："我极度厌恶 Facebook 上的'也许'（Maybe）这个选项。跟人家说'也许可以吧'来寻求一个更好的结果，这是不对的。我觉得给出一个明确的'是'或'否'才是真正的礼貌。说'不'很难，但最终会让你成为一个更好的人。例如，我被邀请参加过很多聚会，尽管我也想去，但我还是对很多人说'不'，因为我根本没有时间。这并非无礼，而是诚实。"

保罗（就是在克利瑟罗见过鬼的那位）告诉我，当他害怕走进满是陌生人的屋子时，他会找一个朋友或同事一同前去，双方约定好，如果感觉不对的话，1 小时之内就偷偷离场。（这主意很不错，我之前怎么没有想到。）但其实你不必费尽心力去交际、去应酬。你可以参加一些问答活动或者听一些讲座，然后在最后 15 分钟的时候和坐在你旁边的人聊天。问别人几个问题，倾听他们的答案，如果还想和他们保持联系就了解一下他们的详细信息，包括联系方式。跟那些能真正擦出火花的人保持联系才是重中之重——要不然，我还不如待在家里独自一人享受比萨呢。

第七章 可怕至极的婚礼演讲

第七章　可怕至极的婚礼演讲

两天前，我和萨姆飞来德国参加一个朋友的夏季婚礼。萨姆应邀担任伴郎。昨天，这对新人在德国乡村的一座城堡里举行了正式的婚礼仪式。今天，他们在早已预订好的一个啤酒屋举办主仪式次日的婚宴派对。

新郎穿着皮短裤，新娘则穿着一件少女连衣裙（像一个优雅的德国啤酒女仆）。她站在桌子上对着客人们讲话，自信端庄，声音洪亮，时常妙语连珠。

在我参加过的大多数婚礼上，包括这次在内，我都是以萨姆伴侣的名义参加的，这导致我并不怎么认识其他的宾客——很显然，婚礼现场萨姆的朋友比我的要多得多。我站在人群中间，被一张张陌生的面孔包围着，时常会接到我并不情愿参加的舞蹈邀约。于是，我总是绞尽脑汁找借口跑到外面：要么猛灌自己几大杯水，这样我就可以快速逃窜到洗手间；要么在空无一人的走廊里，把手机放在耳边假装在接紧急电话。这与婚礼本身或是谁的婚礼都没关系，问题出在我自己身上。几个小时后（通常是在婚礼仪式和正式晚宴中间那个冗长而又令人遭罪的休息之后），我就实在找不到话题可以聊了。至此，我像一块电量耗尽的电池，精疲力竭。

悲伤的是，我又很喜欢参加婚礼。在婚礼上，看到人们沉浸在那种日常生活中极少见到的热烈的欢愉和喜悦中，我会由衷地感到快乐。

在参加完第 20 次婚礼后，我开始思忖婚礼的流程是不是有点……太长了。冗长的婚礼过程就像一场交际马拉松，无论我怎么刻苦训练都无法适应比赛的强度。

如果婚礼时长控制在 2 个小时以内，不是恰到好处吗？我们能一睹新娘芳容，见证新人许下神圣庄严的誓言。紧接着的是香槟祝酒，跳第一支舞，再是切蛋糕，吃蛋糕。先来两首碧昂丝的快歌炒热气氛，再来一首阿黛尔婉转悠扬的慢歌，最后用一首惠特妮的老歌收尾。整个过程张弛有度，高潮迭起，简直完美。

我已经受过不少的人际交往训练了，所以面对这场德国的婚礼，我觉得自己仿佛已经准备好参加这场交际马拉松了。我好奇的是，我是否真的能脱胎换骨，不再重复以往的经历，比如像上次参加婚礼时那样，独自一人溜出来眺望大海。

婚礼庆典的第一天，我有些喜出望外，因为我刚与一个荷兰人进行了一次非常愉快的交谈，他向我分享了他在军队里的工作经历。临近尾声，我又问了另一位客人在新城市交朋友的最佳方式（他告诉我说是参加极限飞盘队）。我跳了一小段舞，接着和我的同桌们一起讨论参加奶酪培训课的诸多好处，我们一直聊到深夜仍觉得意犹未尽。

许多人在参加大型聚会前都会感到不安。我在大学里认识的一个女孩曾对我说："不安也没关系，只要像大家在大型社交活动之前都会做的那样——抖擞精神，在头发上喷上啫喱，一到现场马上喝两杯葡萄酒暖暖身子就好啦。"

不幸的是，我的基因阻碍了我的社交之路。我有一半的中国血统，因此喝酒后会出现"亚洲红"（Asian glow）的症状，该症状还可能会伴随着呕吐。我的身体不能很好地消解酒精——在喝酒后的一小时内，酒精会让我的皮肤变红变热，我的眼睛也会充血。

喝酒上脸意味着我的酒精耐受性非常低。当我喝醉的时候，我要么躲在窗帘后面小声抽泣，要么在舞池里和别人玩捉迷藏，要么扯下紧身衣，旁若无人地睡在甜点桌下面。无论哪种样子都惨不忍睹，我决不能让它们发生。

使人们散发个人魅力和保持社交的完美状态的能量并不是取之不尽、用之不竭。直到凌晨 3 点我们才上床睡觉，早上 9 点又聚在一起吃早餐，开始迎接新一天的庆祝活动。我压根就没有机会给自己充电，所以也无法恢复到刚来

第七章　可怕至极的婚礼演讲

时的状态。

婚礼的第二天，我坐在啤酒屋里，把仅剩的一丝精力用来假装我很喜欢喝啤酒。我待在这里，仅仅是为了我的新婚朋友，为了萨姆……但我也真的好想好想找一个柔软的阿尔卑斯草场躺着，打上几个小时的盹。

说实话，唯一能让我硬着头皮在婚礼现场待下去的理由是，我发现成年男性穿皮短裤简直是当代迷惑行为之一，欣赏他们的打扮简直是最能够点缀生活、最让人身心愉悦的事情了，而这种事情在这次婚礼上随处可见。我已经精疲力竭，却因为自己的恶趣味而被眼前的景象所深深吸引。

新娘安雅（Anja）爬到桌子上一拍手，我周围的客人们就都停止了交谈，他们手中巨大的啤酒杯齐整地落回到桌子上——让他们把酒杯悬在嘴边太久是不太现实的。

婚礼中我最喜欢的部分就是致辞环节。尽管这中间可能会出一些岔子，但我还是会被感动得稀里哗啦。我喜欢看人们在谈论他们的伴侣、朋友和家人对他们有多重要时落下真挚的眼泪，我也喜欢听新郎新娘插科打诨互相诉说彼此的趣事。但今天，面对眼前的这对新人，我更多的是怀揣着一种敬佩之情。

因为安雅在她自己的婚礼上致了辞，这种事情我想都不敢想。

我和萨姆在英格兰湖区（Lake District）的一个谷仓里举行了婚礼。我们将邀请名单上的人减了又减，最后只有不到 20 位客人来吃饭。我本来就不想要一个特别盛大的婚礼，同时也考虑到我的大多数家人和朋友都住在别的大洲，我不希望他们在英国连绵不绝的阴雨天气里千里迢迢赶来吃顿午饭，又匆匆地回去。（而且，坦白说，我会担心有些人我即便邀请了，他们也不一定会赴约。他们不来的话，我心里肯定会永远留个疙瘩，所以我举办了这么一场迷你婚礼。我以为自己绝顶聪明，却没料到我把那些没有收到请帖的人都给得罪了。）

我婚礼那天是个大好的日子，天时地利人和，现在回想起来依旧很美好。但即使是这样一个轻松愉悦的婚礼，第二天清晨醒来，我的第一反应仍是——如释重负。此时，喝得烂醉如泥的朋友和家人们横七竖八地躺在房间里。我不得不开始收拾屋子，但是随后不想收拾屋子的情绪空前高涨，几乎达到了顶峰，我对婚礼的热忱在一点一点地消散。这真的是我生命中最美好的一天吗？也许吧。

就我个人来说，我宁愿穿着运动服和丈夫吃上一天的剩饭剩菜，也不愿和他再经历一次如此冗长的婚礼。

在传统的英式婚礼上，只有男性才能祝酒：先是新娘的父亲，接着是新郎，最后是伴郎。尽管我很不情愿说自己墨守成规，况且我还是个女权主义者，但我真的太乐意遵守不用祝酒这条"成规"了！

安雅发表了她的致辞，她感谢了她最好的朋友，分享了母亲的故事——尽管我还不能像她那样游刃有余地调动起听众的情绪，但有一瞬间我仿佛找回了在联合教堂时的那种感觉，它真实、生动而鲜活，这时我体内似乎有某种力量正在慢慢苏醒。

按照美国的传统，伴娘通常会在婚礼彩排晚宴上致辞。25岁那年，我曾在得克萨斯州担任乔瑞婚礼上的伴娘。我们一共有12位伴娘，要面对数以百计的客人。彩排晚宴安排在她家的牧场举行，因为着装要求是"牧场式的正式着装"，我必须穿上牛仔靴和绒面革背心。我倒觉得这对我很有帮助，因为这种怪异的着装要求反而让我觉得自己更像一个谷仓里的表演者，而不是一个神经脆弱、会在公共场合哭鼻子、担心失去儿时密友的胆小鬼。但现实依旧残酷，我站起身，准备致辞，结果支支吾吾吐出了几句谁也没听到的话，一着急眼泪哗啦啦地掉了下来，最后只能羞愧地回到座位。这噩梦般的时刻，让我永生难忘。

几年前，我在中国成都也当过伴娘。原先定的伴娘在北京过不来，并且她随时都有可能生孩子——我只好作为替补顶上，而且凑巧的是，那位真正的伴娘也是一位华裔美国人，名字也叫杰茜卡，所以这次"调包"简直天衣无缝。

婚礼在一家搭建有临时舞台的中餐馆举行。这次做伴娘的经历和我在电视台的某些经历很相似（那时候我还是个记者）：化妆师追着我满屋子跑，对我

第七章　可怕至极的婚礼演讲

的眼妆和我的出汗速度都感到失望至极。

而那位来自爱尔兰的伴郎谢默丝（Seamus）同样也有怯场的毛病。我们不停地"鞭策"和"鼓励"彼此，这反而让对方陷入了一种高度紧张的状态：我们对于自己将会如何出丑，如何尴尬至死的担心始终停不下来。谢默丝喝得酩酊大醉，我坐在他旁边，狼吞虎咽地把当地的红辣椒一颗颗地往嘴里送。一位热心的客人告诉我，这种辣度的辣椒会给我的肠道造成严重的破坏，她劝我还是少吃为妙。都到这个节骨眼了，我难道还会担心我的肠胃吗？我的妈呀，1小时后我就要对着那百来号人致辞，说一些漂亮的、喜庆的话。去他的肠胃，快把那盘辣牛肉递给我！

就在我致辞之前，婚礼策划人突然抓住我，告诉我茶礼也将由我负责。作为伴娘，我要当着所有人的面，先给新娘的父母倒茶，然后再给新郎的父母倒茶。我必须屈膝做完这一套流程以表示尊重；如果我把茶杯摆错了顺序，婚礼策划者暗示我那一半血缘的中国老祖宗会在半夜瞅准机会揍我一顿。然后我必须用字正腔圆的标准普通话对每位长辈说："请喝茶。"我太害怕把事情搞砸了，所以轮到我致辞时，我大约说了27秒就草草结束了。

我会为这两场婚礼上的致辞倍感压力吗？答案不言自明。但这种压力又不一样，因为这是为了我的朋友，我决不会逃避朋友们向我提出的请求，更何况还是在这么重要的日子。我心甘情愿为他们这么做。你要问内心深处的我是否真的乐意，我只能说实话——我是真的不想去啊。

在我自己的婚礼上，我安心地躲在了人群后面。我已经有太多事情要操心了：担心我的英国公公婆婆第一次见我的父母会不愉快，担心自己穿着修身的长裙走上红地毯时会绊倒，担心穿高跟鞋会崴到脚，担心涂睫毛膏会出洋相，担心说誓言时结结巴巴，担心大家相处不融洽，担心摄影师会迟到。我太焦虑了，所以如果再给我安排一个演讲的话，我真的没法应付。

我多希望自己能像安雅一样勇敢啊。她也穿着一身紧身连衣裙，但她面带甜甜的微笑，心情舒畅，手里的酒杯轻轻晃动，表现得非常自信和优雅。而我却十分困扰：怎样才能大声表达自己此刻的心情，用一种更真切的方式向众人诉说呢？很多机会一生仅有一次，而且转瞬即逝。不管发生什么，我都不想后悔一辈子，一旦机会降临，我就要牢牢抓住它。

安雅的婚礼结束后，我回到了酒店，连续睡了11个小时。但这并不是宿醉的后遗症，我只是需要时间让我的大脑从所有纷繁复杂的情绪、各种感官的刺激和高朋满座的热闹中恢复过来。这不是婚礼的错——这场婚礼很成功，也是我和萨姆参加过的最完美的婚礼之一。这是我的错。当活动进行到第3个小时时，我讨厌社交的人格就会出现，它让我变成角落里的一颗微尘，眼前的热闹和喧嚣似乎都与我无关。

而且我还是一颗性情乖戾的微尘。我最终接受了这样一个事实：无论我参加多少场社交活动，我都无法避免感觉自己微小如尘埃。

我永远不会赢得"最受欢迎的婚礼嘉宾"的光荣称号，倒是很有可能会因为在洗手间附近玩手机而被人记住。

当我和萨姆回到伦敦时，我们和他的朋友米克（Mikko）和凯茜（Cassie）一起吃了晚饭。几年前，我们也参加了他们的婚礼。（那一次我孤身一人盯着的是草坪上的家具，而不是大海。）我问他们的性格是内向还是外向，这是我最近最喜欢问的问题，问一对夫妻尤其有趣。在他们回答之前，我猜测米克是一个内向的芬兰人。

"这是对我和我的同胞的刻板印象。"他说。

"嗯，可能是吧，那你内向吗？"我问他。

"我可以一个人在岛上待上一个星期。"他点点头，"那简直不要太爽。"

"我要一个人待上一个星期，我会自杀的。"英国人凯茜插话道，"我一天也坚持不了。"

"你连5分钟都坚持不了。"米克说。

看着他们，我突然发现除了最近这场德国婚礼，我只参加过一次新娘发言的婚礼，也就是他们的婚礼。那天晚上，凯茜起身发表了一场精彩、有趣而又

第七章　可怕至极的婚礼演讲

暖心的演讲——也许是当晚最佳的演讲。我想凯茜一定是个天才，她是我认识的最外向的人之一，她喜欢热闹的节日，我猜她搭一趟地铁就能交到很多朋友。

但那天晚上，她坦白说，她从来没有在工作中做过演讲，以前在学校时她和别人说话都会结巴得非常厉害，在婚礼之前她甚至从来没有在公开场合说过话。

这真令人震惊。

"婚礼上你紧张吗？"我问她。

"我只是告诉人们我爱他们。我没说什么感天动地的故事，也没分享什么奇闻趣事，只是胡扯了些我爱的这些人身上发生的小事罢了，仅此而已。"

"一想到要向一群人表达情感，我的手心就开始冒汗。"我说，"你没有这种感觉吗？"她顿了顿，考虑了一下，然后摇了摇头。

"如果你足够幸运，拥有爱你和你爱的人，那么你能告诉他们是多美好的一件事啊！"她说，"我只是想告诉他们，他们对我有多重要。"

她这么轻描淡写地说的时候，我觉得自己像个自私的混蛋。

研究员兼演说家布伦妮·布朗（Brené Brown）曾表示，与他人建立联系是人之为人的根本意义。在神经生物学上，人类就是为此而生的，而我们建立联系的唯一方式是让自己被看见，真正地被看见。

如此说来，造物主创造人类，并不是想让我们沉迷电视，或是整天坐在办公桌前，或是玩手机成瘾。我们生来就渴望与他人建立联系，而与他人建立联系的最快捷的方式就是展露出自己脆弱的一面。但当我想到在公共场合这么做时，嗯……

我会口干舌燥，呼吸急促，还会伴随着干呕的症状。在观众面前展现脆弱是一件极其恐怖的事情，我相信不是我一个人这么觉得。

维夫·格罗斯科普（Viv Groskop）在她的书《如何拥有房间》（*How to Own the Room*）中写道："一些女性在公开演讲的能力技巧方面并不需要太多的帮助，但她们的自我怀疑和自我厌恶阻碍了她们参与公开演讲。"

如果我在自己的婚礼上发表演讲，那真的会是一个大型"行刑"现场。我的脑子会一片空白，我会不知所措地看向母亲，转而开始抽泣。我哭泣时丑陋的样子会被摄像机永远地记录下来。我会结巴，讲的笑话也只是笑声寥寥；我会无意中冒犯到我的祖母，只因为我手臂上扬的角度不够理想；我还可能尴尬地狂笑不止……以上种种念头始终在我心头萦绕，挥之不去。

那真是可怕至极。

那简直会要了我的老命。

如果在婚礼上，我能鼓起勇气公开地发表演讲，我会告诉我的父母，我感动于他们为我所做的一切，并感谢他们毫无嫌隙地接纳了萨姆。我非常感激当时85岁的祖父母，他们从洛杉矶飞到伦敦，然后冒着瓢泼大雨，坐了10个小时的面包车才到达湖区。感谢我的兄长们说服我的祖父母坐上那辆拥挤的面包车。感谢我的公公婆婆视我如己出。感谢伴娘乔瑞的"无私"，因为她不小心把脸撞到了橱柜，眼睛都出现了瘀青，这让她站在我旁边的时候看起来气色差了好多（照理说婚礼当天新娘应当最美，乔瑞简直太"无私"了）。当然，我需要感谢的人还有很多。

每每想到这些事情，我的心里就会泛起一阵悲伤。因为我知道这些机会已经一去不复返了。我有一个一个地告诉过他们，我是爱他们的，对吧？也许我没有，他们并没有接收到我的爱。

如果再给我一次机会，我应该仍旧会感到慌张、晕眩甚至恶心，但我会走进小旅馆的洗手间，像艾丽斯教我的那样做几次深呼吸，直到我能够站稳脚跟。然后走到大厅，用勺子敲敲杯子，走到舞台中央，勇敢地发表一次演讲。

可惜那时我还不认识艾丽斯，不知道如何公开发表演讲。现在我知道如何在某一时刻大声说出自己的心里话，并且让那个瞬间显得有分量，以此说明我真的在认真对待我的表达和故事。也许我会犹豫，也会害怕，但无论如何我都会做到。

坦白说，看到安雅在自己的婚礼上发表演讲真是太棒了——绝不仅仅是因为她夸赞男人们穿着皮短裤多么性感。

第八章

即兴表演

第八章　即兴表演

"想象你们现在正身处《夺宝奇兵2：魔宫传奇》(Indiana Jones and the Temple of Doom)中，"我面前的人说道，"不要拥挤，一个个来。接下来想象你们依次走进了魔宫的中心，然后死去。想象自己死去的情形，你可以在脑海中模拟出成千上万种死状，直到你想象的舞台上不同死法的尸体到处都是。最终在魔宫中心你究竟为何丧命取决于你自己。同时千万记住，你已经死了，但你仍在角色里，是魔宫中一具冰冷的尸体，千万不能脱离故事。"

我边听老师的指挥边环顾四周，身边的人都在手舞足蹈，为即将到来的第一次练习摩拳擦掌，跃跃欲试。唉，我要恨死这些沉浸在快乐里的"恶人"了。

老师开始哼唱电影的主题曲，并示意全班同学跟着一起附和。

"噔噔噔，噔噔噔……"

如果真的存在世界末日的话，我觉得恐怕就是今天了。我对眼前所有的一切——发自肺腑的热情，悉心准备的表演和在陌生人面前的自发行为——都严重过敏。

我趁大家不注意，悄悄往后靠了靠，我才不想第一个冲上去呢，而且还是去"送死"。终于，第一个人进入魔宫了！只见他向前走着，突然煞有介事地低下了头，假装在躲空中摆动的摆锤，然后跟跟跄跄继续朝前，直到被绊倒在一把直接刺穿他身体的剑上，他倒下了。一个女孩紧跟其后，她不断起伏的身体说明她应该是中了敌人在暗处埋下的无数冷箭，最后歪歪扭扭地倒在了第一个人的身边。

接着第三个人进去了，很快就"死"了；第四个人也进去了，马上就轮到我了。

"噔噔噔嗒，噔嗒噔噔嗒⋯⋯"

我沉浸在自己的魔宫里，脑子里不断地完善着我的"死法"。轮到我的时候，我的脚步挪得飞快。为了躲避横亘在我脚下的尸体，我还手忙脚乱地绊了一跤，手掌和地面来了个有力的亲密接触。我的右手在地毯上滑了一下，留下了轻微的擦伤。幸运的是，我的身体稳稳地落在了一个50岁的加拿大男人身上，我和他四目相对，剧情在那个瞬间仿佛从冒险片跳到了爱情片，好像上帝正向我们投来慈爱的目光，祝贺我们永浴爱河，连背景音乐都变成了婚礼进行曲。

我以为这就是我的归宿了，在一个软乎乎的肚子上安然"死去"，不料他并没有"死透"，还一脚把我踹开了，剧情的走向为什么是这样的？一秒前我们四目相对的柔情荡然无存，那些情和爱终究是错付了，生气！

我又在空中划过一个小小的弧度，最后重重地摔在地上。我无力地趴着，动弹不得，陌生人的脚肆意地踩过我的头发，而我的鼻子则埋在地上，几乎被压塌了。我的手感到一阵阵刺痛，并且有鲜血从伤口渗出。

我很想立刻爬起来，结束我的"假死"游戏，但主题曲的嗡嗡声仍在继续，这个故事还没有结束，所以我不能前功尽弃。我只能继续趴在冰冷的地板上，感受从我身上不断经过的人群以及手上传来的阵阵刺痛。

"哪种方式是认识更多人的最佳途径？"我把这个问题贴在了Facebook上，心里盘算着别人建议什么，我照做就好了。你们知道都有什么古灵精怪的回答吗？蜂巢思维，部落组织，群体意志。Facebook上这些脑洞大开的点子或许会改变我的生活。

其中还有个混蛋回复道："即兴喜剧。"

还有什么字眼比"即兴喜剧"更恐怖的呢？一旦你在某个聚会上提到它，大家肯定会吓得屁滚尿流，惊声尖叫。其恐怖程度，恐怕只有"格温妮斯的玉

第八章　即兴表演

蛋"[1]或"只收现金"可以与之一较高下。

我问了一些性格外向的人如何看待即兴表演。其中一位说："我做过的最可怕的噩梦都没那个可怕。"另一位是单口喜剧演员，她说："要我参加那个东西，除非我死了，不，死了我也不会参加的！"然后像一个南方姑娘般用手捂着胸口，仿佛我刚刚冒犯到她了。嗯，这个结果我很满意，所以即兴表演本身就是一件连外向的人都无法直面的事情，更别提我这样一个挣扎着变外向的内向者了，我长达一年的特训才刚刚过半呢，害怕也是正常的。而且他们不仅不想参与即兴表演，而且作为观众也是不愿意的。

可能是因为即兴表演过于信马由缰、不受约束了。即兴表演和福音派、马麦酱、普里马克以及珍珠奶茶里那些嚼不烂的木薯球有共通之处，它们将这个国家的人一分为二：爱之深的和恨之切的。它们是两种天差地别的情感偏好，绝没有模糊的中间地带。

那么"即兴表演"究竟是何方神圣，让人们对它的看法如此迥异呢？所谓"即兴表演"，就是一种现场戏剧表演，其中的情节、人物关系和对话都是由舞台上的演员临时自发组织的。

你把一个小孩放在一边，他自顾自地玩耍就是一种"即兴表演"。而在人生这个维度里，"即兴表演"可能是这个样子的：5岁，你在后花园里摔了个狗啃泥，大家夸赞你乖巧可爱；15岁，你参加学校的夏令营，大家对你的每一步成长都满怀期待；18岁，你上了大学，学业和爱情遭遇坎坷，状况百出，大家看你有点不顺眼了；25岁，你毕业了，找的工作没有那么顺心如意，周围的人对你议论纷纷。

对我来说，即兴表演就是自由形态的死亡。它就像你从悬崖上仰面跌落，你知道你必死无疑，却不知道何时死亡，又为何而死。因为你无法预知接下来

---

[1] 格温妮斯·帕特洛（Gwyneth Paltrow），美国演员，代表作有《莎翁情史》《钢铁侠》。她建议女性在阴道中放入一枚"玉制的蛋"来增强生殖健康，提升女性能量，实现荷尔蒙的平衡。——译者注

的情节发展，就像仰面跌落悬崖时，不知道下坠的过程要持续多久，不知道崖底等待你的是坚硬的磐石还是湍急的水流。在即兴表演中，你所在的情境随时都会发生变化，这种变化让我的大脑一片空白。

这不仅关乎表演本身，还关乎你不自觉的临场反应。设想一下，你的周围全是人，你唯一可以掌控的只有你自己。你无法控制谁上前和你互动，也没法预测他们会抛出什么奇怪的话题，更无法预测接下来的剧情走向。

其实现实生活亦是如此，无论我们怎么计划，它都会像毫无规律的弹球一样向我们砸来。在此过程中，它们一颗接一颗地画出毫无规律的轨迹。这种无法掌控生活的不安全感让我十分害怕面对现实生活。我总是怀抱着和生活和平相处的愿望，但总是事与愿违。

为什么其他人听到即兴表演后也会闻虎色变？我觉得这个现象颇有趣。就连我最外向的朋友都用"最可怕的噩梦"来形容它。现场、舞台、虚构的剧情，真的是这些东西在重重敲打着人们的恐怖神经，让人夜不能寐吗？

人们对参加即兴表演是该深恶痛绝，因为表演者既要进行眼前的表演又要弥补之前的表演留下的漏洞，这真不是一件什么容易的差事。没有剧本，不能提前准备，脑袋跟不上事态的发展，继而手足无措，丑态百出，但表演失败的原因从来不会是这些苛刻的客观条件，而是表演者本身，演员们只能独自吞下失败的苦果。

这不是用来吓唬人的夸大其词，这些情况在即兴表演里都会不可避免地发生。

再者，从观看者的角度看，由于表演本身的即兴性质，观看的过程也因此让人心生焦虑。表演一旦出现状况，观众既不想让表演者感到难堪，又不想看一整个小时的烂喜剧，所以他们经常坐立难安，陷入走也不是、不走也不是的两难境地。

但我认为即兴表演不被大众接受的真正原因并非上述提到的两个，而是当人们在观看一个地方喜剧剧团表演"裸体主义者的纳尼亚优步之旅"时，观众透过演员们愉悦、认真的表情，看到了演员们在奇思妙想的临场反应下散发出

第八章　即兴表演

了真正的快乐，感受到了演员们内心深处的安全感。

那些观众的想法可能和我一样：你们旺盛的生命力吓到我了。

人一旦成年，做的每个决定都带有很强的目的性：缩减睡眠时间，提高工作效率，是为了挣更多的钱；跑得更快，骑得更远，是为了拥有更强壮的体魄。吃饭控制在15分钟以内，每天锻炼至少7分钟，就连冥想也不再是"通往顿悟的道路"，而是想"通过冥想熬过糟糕的工作日"。

现实生活是残酷的，没有哪怕一秒可以让你真正地享受快乐。纯粹的乐趣无处寻觅，我们只是在人生的道路上按部就班地完成自己的使命。然后偶尔从网络上有趣的表情包、碧昂丝的舞蹈课以及万圣节宠物的奇装异服（内向者的乐趣）里获得一些微小的乐趣，这样就足够了。

这也解释了我讨厌的音乐节广受大家喜爱的原因。因为只有在音乐节上，成年男女才可以身着燕尾服，肩披浮夸的斗篷，全身染上亮色，脸上抹着油彩，整个现场就像小朋友的生日聚会一样，大家可以肆无忌惮地疯狂玩闹（外向者的乐趣）。

在经历了马拉松式的社交活动后，我的乐趣离我更远了。为什么我们做每件事都要带着目的？为什么我和苏珊说话，非要给她留下好印象？为什么她总是想让我帮她的创业项目集资筹款？为什么我们就不能别无他求，纯粹玩得开心就好？

几年前，我刚搬到伦敦时报了一个周末即兴表演班。我初来乍到，内心充满了对新生活的向往，我的人生正处于新旧两个世界之间甜蜜的过渡地带。我试图摆脱我过往的生活，开启新的篇章，沉浸在未来会更好的美梦中。表演班的课免费对外开放，加上我在伦敦人生地不熟，根本没有认识的人，丢脸也没有关系——这样的机会真是千载难逢。我牢牢地抓住了它，下决心一定要脱胎换骨。就在那一天，我遭遇了开头提到的"魔宫传奇"。那天最终以我的中途离场画上了句号。我实在过于害羞，过于愤世嫉俗，过于自我封闭，根本无法完成表演。

我的手伤虽然最终愈合了，但尴尬在我心里留下的伤口却永远无法愈合。

但它再一次出现了，"即兴表演"这四个字又闯进了我的生活。

Facebook 上的建议像一颗未引爆的数字炸弹出现在我的屏幕上，我随手搜索了一下，惊讶地发现伦敦这个月大多数的"即兴表演"课程都已售罄。不过这也很好理解，毕竟即兴表演是能让都市里的成年人挣脱社会属性的枷锁放飞自我，且不用冒着被逮捕或被判刑的风险的唯一机会。

我心一横，报名参加了一个为期 8 周的课程，要和完全陌生的人进行 8 次有组织但自发的游戏。

以防万一，我还写了一份遗嘱。

第一节课我就迟到了，因为我站在教室门口和一个同学对南多烤鸡（Nando's）[①] 好不好吃争执不下。当我走进这间没有窗户的黑色教室时，老师已经开始授课了。

我们的老师叫利亚姆（Liam）。他举止温和，看上去像受过专业的训练，正好来安抚我们这群"受惊的小马"[②]，而我和其他 14 位初学者则面对着他坐成一长排。

"即兴表演不是为了变得幽默，也不是为了变得聪明，更不是为了变得敏捷。"他冲我们解释道。

我一脸问号，他说的这些不正是即兴表演的目的吗？

"即兴表演的真正意义在于，让我们解放天性且活在当下，你要顺着你搭档的表演给出相应的反馈。"

他没有浪费口舌在多余的解释上，随即就让我们站成一个圆圈，领着我们做第一项热身游戏——传"球"，根据"球"的性质做出相应的表演。我们先是

[①] 英国特色烤鸡连锁店。——译者注
[②] "受惊的小马"用来形容房间里瑟瑟发抖的我们，真是十分贴切。——作者注

第八章　即兴表演

假装传一个红色的球，然后是一个火球，再是一个保龄球，最后是一个弹力球。

当然，根本没有球，所有的球都是假想出来的。

读到这里，你可能会暴跳如雷，觉得即兴表演真恶心，但希望你不要这样想，因为即兴表演实际上还不赖。

班上的每个人都沉浸在眼前的扔假球游戏中，但不是那种"表演系学生在幕间休息时狼吞虎咽一大袋麦特萨糖"式的热情，更像是"正常的成年人因为在弱智游戏上花了钱而主动投入游戏中"。而且因为是虚拟球，所以这是一款不需要担心球技的游戏，每个人都可以假装自己完美地接住了球。

因为我一直在努力做这些想象中的剧烈运动，5分钟后，我开始出汗，我的刘海粘在了额头上。为什么我穿的不是运动鞋呢？唉，怪我没想到即兴表演的运动量会如此之大。

利亚姆似乎看穿了我的心思，示意让我们坐下。接着他开始介绍"是的，并且……"的概念，这是所有即兴表演的基石。无论你的搭档在此刻的场景中说了什么，你都必须顺着他的话往下说（是的），同时在故事中添加一些你的东西（并且……）。下面是一个例子：

角色1：朱莉，我好喜欢你做的香肠卷啊，就是今天你带来的那个！

角色2：啊，毕竟今天是你在公司的最后一天了，我想做点你爱吃的东西。

角色1：唉，你也知道我离开只是时间问题，我办公室里的蜜蜂都快泛滥成灾了……

角色2：其实我们都觉你可以把蜜蜂的问题处理得很好。

我们被分成了4组。在小组中，我们每人每次都要以前一位所说的内容为基础，贡献几个短语，由此组成一个故事。这个游戏叫作"还记得那时候吗？"。起初我一如既往地很害羞，但在得知每个人都是初学者，他们彼此也不熟悉之后，我的胆子大了一些。此外，我们小组也没有看上去像是会随意对别人评头论足或抬杠的人，我悬着的心便安稳了。

我们组一个名叫克洛弗（Clover）的男人毛遂自荐想当我们的组长，他蓄着胡子，留着一头金发。我对谁当组长都没什么意见。除我俩之外，组里还有两个人，一个高个子男人，一个蓝发女人。

"你还记得我们买牛奶的时候吗？"克洛弗转向我。

"啊？噢，我想起来了！我打开喝了一口……然后就过敏了，因为……"我转向左边。

"因为你直接从牛身上喝的。"蓝发女孩回头看着我说。

"是是是，我直接喝了……"我说着，转向那个高个子。

"然后医生说你活不了了……"他说。

"如果你再喝一次……"蓝发女孩说。

"所以你又喝了一次……"高个男人说。

"然后你死了。"克洛弗看着我说。

"对。"我说。

课才上了 10 分钟，他们就把我给"杀"了。

"即兴表演没有对错。"利亚姆在教室后面大声说道。这感觉就像在强迫我们相信一个明显很离谱的谎话，它和"哪怕你一直涂比基尼蜜蜡，它也不会伤害你"或"这是最后一轮俯卧撑了"的性质一样。

我们小组又试了一次：

"你还记得我们换鞋的事吗？"克洛弗问道。

"我们都穿高跟鞋的那次？"高个子说。

"嗯。然后我得了坏疽[①]？"我说。

[①] 坏疽，指组织坏死后因继发腐败菌的感染和其他因素的影响而呈现黑色、暗绿色等特殊的形态。——译者注

第八章 即兴表演

在整个游戏过程中，我一直在生病，出现过过敏、低温症、坏疽等五花八门的症状。在美国版的《办公室》（*The Office*）中，迈克尔·斯科特（Michael Scott）[史蒂夫·卡雷尔（Steve Carrell）饰]在上即兴表演课时，他靠大喊"我有枪"度过了每一幕。"我有枪"转换成我的版本就是"我有病"。

我们又试了一次。

"你还记得有一次我们买的那罐泡菜吗？"克洛弗开始。

"嗯，这是镇上最后一罐了。"高个子说。

他们转向我。

"嗯……我们把它给埋了，并且发誓绝不告诉任何人！"我脱口而出。

"但后来我们想要做一顿烤肉大餐……"蓝发女孩说。

"嗯，我们想吃那些泡菜……"高个男人说。

"不，不，不。我们发过誓要埋20年的，还记得吗？"我说。

他们为什么非要把故事弄得像一团糨糊？我很快发现了我即兴表演的最大障碍——除了威胁生命的疾病——还有就是，我总会构思一个完整的故事，并且偏执地想把它连起来，拒绝任何偏离故事主线的情节。比如最后这个泡菜的故事应该与不为人知的秘密、破碎的忠诚、末日灾难有关——而那罐泡菜将会成为拯救我们的最后一根稻草。我想要克洛弗和高个子在故事里发展出超然的友情，我想拥有一场浪漫的雨夜吻戏。我不想故事到最后只用一顿烤肉大餐草草收场，况且泡菜不是肉！我怎么能和这些人合作呢？

我并不经常把"是的，并且……"挂在嘴边，反倒会说更多的"好吧，但是……"。我知道即兴表演是可怕的，但没想到会如此可怕，这次表演里几乎到处都是违背了我的本能的行为。我被远远地抛在了舒适区外，情况比我原先预想的严峻百倍。

我生活里的安全感很大程度上来自于提前做计划。通常内向的人喜欢凡事都做好准备，我也不例外。我会预判所有可能出现的负面结果，然后准备一整套潜在的解决方案，无论这个方法有多古怪。哪怕是最简单的事情我也想知道下一步的走向。比如：看电视节目前先看评论；去一家新店吃招牌菜前先做好攻略；打车前确定好所需时长，精确到每一分钟；在健身课上，不厌其烦地问教练："骑车要骑多久呢？"

我喜欢掌控着事物发展方向的感觉，但即兴表演总是一而再，再而三地让我失望。

利亚姆把我叫了出来："你不能提前计划，就像造房子，你必须在你同伴建好的基础上添砖加瓦。如果你坐在那里满脑子想着'男巫，男巫，男巫，下一幕里男巫要登场了'，我敢保证当轮到你的时候，你会觉得你同伴的故事一点吸引力都没有。"

我试着跳出我脑海中已构思好的故事情节，认真倾听同伴们的故事，但总是忍不住在脑袋里编故事大纲。这时克洛弗和我掉进了同一个偏执陷阱，我试图把故事的走向往我这里带，他则努力把情节往他那里拉，这样一来，故事就在我们两股势力间摇摆着前进。在一个情节中，克洛弗希望我们都变成丧尸，而我希望我们成为先驱者。于是我们最后成了死去的先驱，我们俩谁都没有得逞，弄得两败俱伤。

那天的最后一次练习，利亚姆把我们分成两人一组。我们需要根据利亚姆临时公布的地点来创作和表演一些片段。值得庆幸的是，我们的游戏全都同时进行，所以只有表演者没有观众，没有人会盯着我了。

第一场是我和一个男人在"城市办公室"里谈论订书机的优点，我们的表现都乏善可陈，无聊至极。我内心很感激其他人都在忙着自己的表演，无暇听我们的对话。

第二场，我和一个叫玛丽亚的女人搭档。

"园艺中心！"利亚姆在房间后面喊道。

园艺中心？园艺中心能发生什么？

我不知道说什么，玛丽亚也不知道，我们相顾茫然。

"看这些灌木！"她指着我们面前的一张豆袋椅喊道。

第八章 即兴表演

我望向那想象中的灌木丛。

"好绿啊！"我终于大声喊出了几个字。在内容上欠缺的东西，我尽量在音量上弥补。

其实我根本不知道灌木是什么，是小树丛吗，还是一棵小树？

我这辈子都没去过园艺中心。

"你认为这棵灌木在干什么？"女人问我。

我僵住了。

"我觉得这棵灌木有点不对劲。"女人补充道。她目光炯炯，仿佛在恳求我也加入这场尴尬的对话。我在心里默念："自然而然地联想，像水一样自由流动，用上'是的，并且……'的句式。"

"太太，这棵灌木怀孕了！"我大声喊道。

现在看来，我的表演已经上升了两个层次——致命的疾病和从一个假想的灌木子宫里生出一棵小灌木。

在那一刻，我意识到有比电影院里那些不加管束的熊孩子更可怕的东西——我自己。

我的脑子里究竟藏匿着什么？是不是有什么令人尴尬的奇怪念头潜伏着，它们终于挣脱了正常生活的控制，正准备倾巢出动？

在安全地接生了小灌木（重7磅[①]6盎司[②]，灌木妈妈的身体状况良好，谢谢你的关心）之后，终于下课了，我跌跌撞撞地走出教室，已经筋疲力尽。

第二堂课开始了，利亚姆大声喊道："你们是科学家！走，从房间的一头走到另一头！"我又和克洛弗搭档了。

他假装戴上他的实验护目镜，手里拿着一个小东西，惊慌失措。

"啊啊啊！"他说。

[①] 磅，英美重量单位，1磅大约为0.4536千克。——译者注
[②] 盎司，既是重量单位又是容量单位。此处为重量单位，1盎司=28.3495克。——译者注

"啊啊啊！"我马上回应。克洛弗一直用他的手做着手势。

"这是什么？我们发现了什么？"我问道，想让他引导故事的走向。

"嗯……我不知道，我看不见啊！"他疯狂地指着手里看不见的东西说。克洛弗简直是班上进步最快的学生，他学到了即兴表演的"精髓"。

"哦……"我说。

"但是你看得见！快给我描述一下！"

我盯着他的手，一脸迷茫。

"嗯……白色的，个头很小，黏糊糊的，它是……它是……它还活着！"

克洛弗开始对这一发现感到恐慌，他的手立马缩了回去。他开始跳来跳去，而我也开始惊慌失措。在我们周围，其他组的同学也在自己的疯狂科学家场景中大喊大叫。

"它变小了！你在伤害它！你需要抚慰它！"我朝克洛弗大喊。

"好，好！我该怎么做？"他急忙问道。

"你唱点音乐剧安慰安慰它！"我冲他再次喊道。

克洛弗看着我，愣住思考了一小会儿。

"音乐剧能有用吗？"他一脸怀疑地问道。

"试试你就知道了！"

克洛弗唱着"纽约，纽约"，跳起了狂热的爵士舞。随后我也加入了，我俩在他的指挥下一边齐声歌唱，一边齐步踢腿。画面不要太美！

我已经完全不认识我自己了，现在在唱歌跳舞的是谁？

在生活中，我已经习惯了拘谨，习惯了紧张，也习惯了犹豫不决，以至于我对别人的提问只能条件反射似的回应些只言片语，尤其是在工作环境中。有的时候，工作就是同事无止境地询问"今天怎么样？"，而我只能被迫回答"好着呢，就是忙死啦"。这种情景总是在无限循环。

但即兴表演的舞台不一样，它没有既定的台词，也没有确定的方向，更没有经过彩排，我说话的开关被强制开启，全身伴随着一种前所未有过的释放感。

第八章 即兴表演

即兴表演让我开怀大笑，让我真切地感受到大脑正在高速转动，我对此兴奋不已。假若我们日常在办公室里，也能这样打破陈规，冲破枯燥无味的自我，那该是一件多么令人雀跃的事情啊！

当然，即兴表演还是有限制的。

第三节课的时候，利亚姆让我和他一起在同学们面前做示范，表演一个新游戏。这次他的角色怂恿我跳一支芭蕾舞，然而我怎么可能愿意在全班面前跳芭蕾舞呢？于是扯了一些有的没的之后，我绝情地让我的角色被一辆拖拉机轧断了腿，所以最后我只能贴着地板表演。尽管有些狼狈，但好歹顺利逃过一劫，无论如何这都比在同学面前跳舞要好得多。

这次以后，利亚姆再也没找我陪他示范过。

我算是擅长即兴表演的吗？那可真是想太多了，我的水平充其量也就是勉强过得去。我一站上舞台整个身体就僵住了，只等着我的大脑给我发号施令之后，做出一些机械的动作。我在舞台上"僵住"和"大脑一片空白"其实是一回事。这里的人们会觉得表演时突然僵住很有趣，因为如果故事进展出现岔子，你还有一个可以控制情况的搭档。有时犯错反而是故事里最精彩的部分，它往往因为出人意料而妙趣横生。

尽管僵住能制造出一些笑点，但我还是在努力摆脱我的个性给自己加上的枷锁，好让自己在舞台上更灵活机敏。

"都表现得不错，现在你们在亚马孙热带雨林了！"利亚姆喊道。新的场景开始了。

"我们去丛林里散步吧。"克洛弗提议。我环顾四周，看了看虚构出来的原始丛林。

"你能帮我打死那只蜘蛛吗？"我问，"个头很大的那只，你走在我前面好不好，这样你能先穿过蜘蛛网。还有，你觉得这个地方会有携带莱姆病毒的虱子吗？"

下课后，我和克洛弗同时离开了教室，就顺便一起走到了车站。

"还剩一半的课啊,你要扮演什么角色?"他问我。

"什么意思?"

"你知道吗,你总是扮演那个很古怪的角色,真的很搞笑。"

我一下子不知道该如何回答,因为我意识到:我在扮演我自己,角色即真我。

我绝不可能承认所有那些奇怪的念头实际上都来自真实的我。相反,就像所有人被看穿,但又找不到任何托词时那样,我做出了最简单但又最有用的回应。

"啊,你说的对。"

因为组内成员不断变换,我总要接触不太熟络的搭档,所以每节课都令人精神紧绷,但乐趣还是在紧张的氛围中一点一点被发掘了。每上一节课,我身上紧闭的保护壳都会张开一点点,我的恐惧在减少,我变得越来越活泼。然而令人头疼的是,这并不意味着我的即兴表演水平上了新台阶,也不意味着我有能力开展有意思且有意义的社交活动。因为即兴表演和现实生活是两码事,假想在农贸市场,我用上即兴表演那一套,指着现实世界中根本不存在的卖西芹的女主妇大喊"她是谁?",而当时我本应该跟卖家讨价还价,这个画面想想就令人窒息。

我真的很喜欢这门课程的快节奏。我们总是从这一幕跳到下一幕,或者干脆从这个想象的世界跳到另一个完全不同的世界,我能从无穷无尽、痛苦不堪的自我循环中解脱出来,不用变成那个内向、焦虑、忸怩不安的我。

在这短暂的几个小时里,我逃离了现实,无须担心昂贵的房租、无能又刻薄的老板,也不必担心私人生活会受人非议。我们不谈论工作、健康、烦恼、父母和收入。这个世界里不必通勤,不用减肥,也没有紧张兮兮的截稿日。我正忙着扮演一个醉醺醺的科学家,坐在巴布亚新几内亚海岸的独木舟里。

最后一节课时,我们需要从帽子中随机抽取一些线索,并将其融入关键剧情中。这次我是一名律师,正在起诉一个叫作艾妮可(Eniko)的妇女,因为她使用 Tinder 过于频繁。我面对着全班同学,在虚拟的"法庭"里踱来踱去。

"是不是每次 Tinder 上的约会对象见到你,他就会喊——"我开始了我的

第八章　即兴表演

表演。

我把手伸进口袋里。

"出租车！"我大声念出了纸条上的内容。

艾妮可和我同时爆笑，其他同学也跟着放声大笑。

突然有种感觉猛然地涌上我的心头。

天呐。

我被我旺盛的生命力和对生活的热情吓到了。

我相信这无论对于正在读此书的你，还是我来说，都是一个莫大的惊喜。我太喜欢即兴表演了，不是一点两点，而是非常非常喜欢。我从一个虔诚的"内向教"教徒，完全皈依"即兴表演派"了。

但是千万别误会，我不会蹦蹦跳跳地出门，敲锣打鼓，屁颠屁颠地冲进教室大声宣布："小潘潘来参加即兴表演晚会啦！"

但我心向往之。

话是这么说，但每次鼓起勇气去上课还是万分艰难。因为在我还没到教室之前，只要一想到我要和其他 14 个人一起上 3 个小时的课，我就已经疲惫不堪了。但每每和那群人度过一个夜晚之后，我离开的步伐总是轻飘飘的，愉悦的晕眩感笼罩着我。我极度渴望在屋顶上大喊，或是在地铁上轻拍那些愁容满面的陌生人，轻声告诉他们："你应该试试即兴表演！"

心理学家说，即兴表演有助于缓解焦虑和压力——这些练习可以训练你的反应能力，让你敢于在别人面前发言，并减少对于完美主义的迷恋。芝加哥著名的"第二城市喜剧俱乐部"甚至开设了"焦虑即兴表演"班。

每周有几个小时可以待在一个安全的地方，能让整个世界都变得更温柔、更可控，这对我来说意义非凡。在这里，犯错很容易得到谅解——当我僵住的时候，没有人会生气或觉得被冒犯。只要我不再用那些清奇的脑回路来推动剧情，其他人就不会对我有意见。

即兴表演是一件参与者乐在其中、旁观者饱受煎熬的事。类似的事情还包括在公交车上秀恩爱，讨论占星术等。

每周三1次，每次3个小时，我们漫无目的地瞎忙活，这就是我们即兴表演班做的事情，整个团队做的事情。

在上这门课之前，我从来不觉得生活缺少乐趣是什么大不了的事情，但现在我已经离不开所谓的"生活中的乐趣"了。

回想起那座"尸体"堆积如山的魔宫，我现在很清楚地知道那是一个错误的训练。它过多地运用肢体语言，有太多浮夸的表演，缺乏合作和娱乐的空间。那节课上每个人与现实世界中的自己相比都太过浮夸，他们跳着、喊着，每一个场景都像是在摔跤或斗舞。即使在即兴表演中，当屋子里有几个聒噪不堪、相互攀比、喜欢竞争的人出现时，我也会瑟缩到角落里回避他们。

就我个人而言，和另一个人被锁在里斯·威瑟斯庞（Reese Witherspoon）的贵宾浴室，为拼字游戏争得面红耳赤，这才是我喜欢的啊。

某个晚上，我在回家的地铁上碰到了一个蓝头发的女人。

"我叫劳拉（Laura），即兴表演班的。"我们认出了彼此，然后一丝恐惧爬上了心头。

我们已经不在安全空间了。

"嗨！"她平静地说。

"嗨！"我和她的音量相当。就像《搏击俱乐部》（*Fight Club*）里的那些黑眼睛、破了下巴的人一样，在安全空间之外看到表演班上的同学真是令人尴尬。我们彼此并不熟识，却共享着一个"肮脏"的秘密。

接下来是良久的沉默。她环顾车厢四周。

"这是我的男朋友。"她还是开口了，指着身旁的一个高个子金发男人说。

不要问，不要问，什么都不要问。

"你们俩是怎么认识的？"他还是问了。

这时，挤在我们中间的一个大胡子男人也抬起头来，颇有兴趣地打量着我们。

"我们……我们是在即兴表演课上认识的。"劳拉说。

第八章 即兴表演

我紧咬嘴唇，感受到其他乘客正在默默地消化这些信息。

"哦，那你们就是在一起表演一段即兴的幽默剧，对吧？"他说。

"即兴表演不是你想的那么回事……"劳拉无奈地解释道。

我认为人们之所以如此抗拒即兴表演，是因为人一旦成年，就很少有无拘无束的快乐。普世的价值观要求成年人必须控制好自己的情绪，直抒胸臆或是快言快语很可能会对他人造成伤害。因此保持低调，暗自承担和消解痛苦对人们来说是最保险的处世方式。

在伦敦的这几年，我变得愈发悲观，同时也疲惫不堪，但这门课重新唤醒了藏匿在我内心深处，某种早已被成年世界所摒弃的东西——我热衷玩耍，即使我并不擅长。

最后一堂课，我笑得眼泪都掉出来了。也许是别组同学的表演过于有趣，也可能是被同组里那些天赋异禀、脑洞大开的搭档给惊艳到了。我笑到身体止不住地颤抖，泪水顺着脸颊流下。这种精神宣泄就像高潮一样，将你的压力和痛苦一扫而空。几个星期前，我们都是陌生人，而现在我却躺在地板上，挨着他们抽泣——并乐在其中。

作为一个内向者，即兴表演中所体验到的乐趣让我困惑不已。我忘记了"玩乐"是一件很享受的事情，也忘记了其实我在"玩"这件事上的表现还可以。在其他一些变得外向的尝试中，我也曾获得过极度的兴奋体验，但现在我明确地知道，有些东西即将成为我生命的某个部分。

在此之前，站在聚光灯下，或是成为人群的焦点，总会让我肾上腺素飙升，全身发麻——在《飞蛾》的舞台上，我紧张得身体僵直。但当我和那些我喜欢的人在一个安全又友善的氛围中进行即兴表演时，肾上腺的反应却大相径庭：恐惧变成了兴奋，我变得活力四射、轻松自在、无比快乐。

这时我曾经有过的最诡谲的想法再次浮现在我脑海：我也许是一个秘密剧院的孩子，也可能只是个快乐的傻瓜。

第九章

内向者的『珠穆朗玛峰』：单口喜剧

第九章　内向者的"珠穆朗玛峰"：单口喜剧

功成名就的喜剧演员在接受杂志采访时总会说："人们说我这辈子都太搞笑了，朋友也会不厌其烦地告诉我：'你呀，天生就是一块做喜剧演员的料！'"

我哥哥亚当（Adam）是我们家最有趣的人。我家有一个传统，在我十多岁的时候全家每年都要去加州拜访我的中国阿姨。每次一进门，她就会上下打量我和我的两个兄弟，接着宣布："亚当果然是最帅的啊！"然后挨个轻拍我们的脸颊再走开，留下我们兄妹几个在她身后扭打成一团。

所以，从小到大从没有人对我说："嘿，你别藏在角落里了，大胆地上台去呀，把麦克风紧紧握在手里。对，说的就是你！那个留着长刘海、吃着面条的！哎哟，我的小祖宗啊，您可别哭了！快上来，让我们看看你有什么本事，因为我们知道你就是当大明星的料！"

当我告诉别人我要尝试单口喜剧时，他们无一例外地总是轻拍我的胳膊，皱着眉头"夸奖"我："你真的好勇敢呐！"然后紧跟一句："那可是我最可怕的噩梦。"他们这么说是避免我怂恿他们也去讲单口喜剧。

其实这何尝不是我最可怕的噩梦呢？但这是我能想到的人类最伟大的壮举之一，攻克它会是最重要的成就。它是一只张牙舞爪的丑陋怪物，几乎糅合了我作为内向者身上所具备的全部特质：恐惧、不安、焦虑。但同时它也是一个绝佳的机会，看看我是否总是一个只会躲在阴影中瑟瑟发抖、在利弊权衡中犹豫不决的人。

许多喜剧演员都表示自己是内向的，这不无道理：他们非常善于观察，并且选择了一个需要长期独处的职业（即使他们的舞台全员满座，仍然只有他们

走出内向：给孤独者的治愈之书

一个人在台上）。

为了完成单口喜剧这项艰巨的任务，我不得不与我的害羞做斗争。害羞其实源于对他人评价的恐惧。近期的研究显示：40%~60%的人认为自己很害羞；在美国，公开演讲排在人们最害怕的事情的榜首。人类生性羞涩，却还能够繁衍生息，世代不绝，实在是不可思议；真得感谢酒精和寒冷的冬天来帮助我们保持生命的延续啊。

我找到了一位害羞的喜剧演员——罗德·吉尔伯特（Rhod Gilbert），这让我稍稍安了安心。他决定在英国广播公司（BBC）的一部纪录片中，讲述自己日渐衰弱的羞怯心理。他认为喜剧是治愈害羞的一剂良药，他称之为"喜剧行为疗法"。他招募了三个害羞的人来验证他的理论，结果简直不可思议：他们表演了单口喜剧，而且没有在思维火花迸发的表演现场出洋相。

今年我学到了很多新技能，比如如何接生一个虚构的灌木宝宝，如何在街上搭讪，如何与多个女人进行柏拉图式的约会，但让人们自发地捧腹大笑，对我而言仍然是一件充满魔力但又难以完成的壮举。

单口喜剧表演不同于联合教堂的《飞蛾》演出，它不是纯粹的公开演讲，与观众的互动在一场单口喜剧表演中不可或缺，有时表演者甚至会邀请他们加入对话。尽管今年和陌生人交谈不再像以往那么可怕，我甚至单枪匹马地参加了几次社交活动，但参演喜剧对我来说无疑还要跨越更大、更广的社交恐惧。喜剧演员必须反应迅速，能够随机应变。舞台上状况百出，我必须放松下来，不能那么死板，然后合理调动即兴表演中所发掘出的自发性，再将我在外向性格课程里所学到的内容融会贯通，灵活应用。

快，站在聚光灯下，和观众互动，把气氛炒热，来一段即兴的小幽默，让他们开怀大笑。你不是尘埃，也不必谨小慎微。在我直面恐惧的这一年里，单口喜剧是挡在我面前的珠穆朗玛峰，现在我要开始征服它了。

众所周知，傲慢地独自攀登珠峰者一般都有去无回。在征服世界第一高峰之前，有太多准备工作要做。你需要一身合适的衣服，一套专业的装备；告诉

第九章　内向者的"珠穆朗玛峰"：单口喜剧

家人你对他们的爱，以防万一你一去不回；还有一个专门带你登山的夏尔巴人（Sherpa）①。

所以我必须尽快找到我的"夏尔巴向导"。

我跟保罗（还记得他吗？就是我在社交冒险活动中遇到的来自克利瑟罗的那个人，现在他已经变成我现实生活中的好朋友了）说了这项挑战。他告诉我，自从他的女朋友报名参加了国王十字区为初学者开设的单口喜剧课，她的自信心就爆棚了，觉得自己战无不胜。

最重要的是，她从中找到了很多乐趣。

真的会有趣吗？如果换作以前，我敢保证世界上任何一件事拉出来都比表演什么单口喜剧有趣。但也正因为此，我知道自己必须去尝试。因为这似乎是离我舒适圈最远的危险地带了——我应当为自己而战，也为所有其他内向者而战（不过老实说，但凡脑子稍微清醒的人都会怕单口喜剧）。我应当吹响战歌，奋不顾身地冲向前线，向他们送去捷报。因为我宁愿表演单口喜剧，也不愿我的余生被"如果当初……会怎样？"的遗憾萦绕；我宁愿演单口喜剧，也不愿这辈子瑟缩在没有安全感的角落里；我宁愿演单口喜剧，也不愿在回首往事时悔恨当初为什么没有变得更勇敢。我没法乘坐时光机回到过去，在自己的婚礼上发表端庄自然的演讲，但我还有机会尝试眼前的单口喜剧。那一晚，我看了《稀薄的空气：珠穆朗玛峰上的死亡》（*Into Thin Air: Death on Everest*）之后，更加笃定了一个想法：比起真的去攀登珠峰，我还是更愿意去尝试单口喜剧。

一天凌晨3点，我趁着头脑发热，"坚定"地报名参加了一个为期7周的喜剧课程。接着我就像一个喝醉酒的顾客一样，在亚马逊上疯狂买东西，然后昏昏入睡。早上一觉醒来，那些鲁莽的行为我竟一点都想不起来了。

---

① 散居在喜马拉雅山两侧，主要居住在尼泊尔，少数散居于中国、印度和不丹。——译者注

早上刷牙的时候，买课这件事情才慢悠悠地飘回我的脑海。我发现事情有些不对劲儿。镜子里的这个女人手里拿着牙刷，紧紧盯着我，昨晚就是她背叛了我！但现在为时已晚，钱早已进了人家的口袋，我那份"坚定"的信心也永远停留在了昨晚下单的那一刻。

第一天上课的日子很快就到了，下班之后开课之前我有一个小时的空闲时间，所以我回到家里，躲进一个黑暗的房间，在床上把自己蜷缩成胎儿的姿势。这是我自己的拉力战。面对这样的处境，有的人会冲着空气挥拳，或是对着镜子大喊大叫，又或是做个弓步放松。而我的做法是对着枕头大喊："我不想去啊！我不想！我不想！"这是我从小侄子那里学到的解压方式，我曾看他这么做过一次，今天试了一下，发现效果真的特别好。

我又揍了一下枕头。

上吧，你不能临阵脱逃，迎难而上才是强者。

大不了接受最坏的情况，最差能是什么呢？（答：在一阵火花和屈辱中自燃。）

我的夏尔巴喜剧向导是一位 42 岁的单口喜剧演员，长得又高又壮，名叫凯特·斯默思韦特（Kate Smurthwaite），她在国王十字区教授初学者喜剧课程。

"下楼去把你们自己的椅子搬上来！"当我们第一次走进教室时，她对我们每个人说，"我年纪大了，你们就自己动手吧。"

我们 14 个人最终排好队，围成一圈，笔挺地坐在塑料椅子上。空气中弥漫着一种亢奋的气息。我挨个打量了一番其他人，才意识到，除了那一两个安静的人之外，我正和一群外向的人坐在一起。我可总算找到他们了！他们都在这儿！（开个玩笑，外向的人一抓一大把，简直不要太好找，因为他们都太聒噪，太有辨识度了。）

我们围着圈子轮流做自我介绍。这个团体由 8 名女性和 6 名男性组成，年龄从 20 岁出头到 45 岁左右不等。

第九章 内向者的"珠穆朗玛峰":单口喜剧

凯特丝毫不浪费时间,让我们直接进入第一个写作练习:列出我们讨厌的10件事。其逻辑是,最好的素材来自于我们所热爱的事物。当我试着去想我讨厌的事情时,我的大脑一片空白。"电子音乐?"我写下一个。"在电影院说话的人?"在这种氛围和压力下,我根本无法思考。"集体活动。"我又补充一个。

我们每个人都要从清单上挑一件讨厌的事分享,而我们左边的人必须提出反驳,说出那件事情的优点。这样做的目的是让我们转变既定的思维模式,激发出创造力,并习惯在别人面前表演。

"在你说出你讨厌什么之前,先站起来自我介绍,然后说:'我是个讨厌鬼!'"凯特指导我们。

一个二十八九岁的女士站了起来,她的头发又长又黑。"我叫薇薇安(Vivian),我是个讨厌鬼!"

在凯特的带领下,全班同学发出此起彼伏的"哎呀"和加油声。

"我讨厌……玩滑板的成年人!"薇薇安说。我坚定地点头表示同意。她左边那个来自埃塞克斯的金发男人转向了她。

"不不不,成年人玩滑板很好啊。现在的人们都长得太快,这些人只是在重温他们的童年。"他认真地说。

一位穿着高跟鞋的时髦女士向我们袒露说,她讨厌紧身连裤袜,它们又贵又很难穿上,而且很容易抽丝。站在她左边的是一位名叫诺埃尔(Noel)的男子,年近40岁,长相颇为英俊,他告诉她:"但是你想啊,连裤袜既时尚又保暖!这两个功能都很实用,简直是一箭双雕!"诺埃尔可真是个又笨又帅的白痴呢。

每个人在表达他们的憎恶时,凯特都会带领我们一致地欢呼。是的!嘘那些玩滑板的中年人!去他的连裤袜!再见了该死的软件更新失败!那些车厢里的人还没下完就硬挤上地铁的人都去死吧!唱歌跑调却强行用机器调音的人都见鬼去吧!

183

每个人都很喜欢这个环节，没有人犹豫，也没有人扮酷故意和大家唱反调（左侧负责说反话的同学除外）。这群人似乎都还精神正常，大家同仇敌忾，为共同的憎恶鼓掌。

当我端详这批新同学时，我觉得自己可以兼做团体治疗师。这些人在生活中，无论是在工作、社交，还是在感情上都或多或少有些缺憾，似乎没有人真正是抱着成为专业喜剧演员的初心来到这里——他们不过是想点亮性格中不同的区域，认识一些新朋友，逃离原本安全却了无趣味、庸庸碌碌的平凡生活。我们每个人都审视了自己的现状，并下定决心：改变当下。

凯特解释说，这门课程一共包含5次授课，1次排练，最后在莱斯特广场的一家喜剧酒吧里，每个人会有1次实操——在真正的观众面前表演5分钟。

接着她说："我们先来谈谈神经吧。"

我的手马上就热了。能在课堂上光明正大地说出讨厌贾斯汀·比伯（Justin Bieber）实在是太开心了，以至于我都忘了来这里上课的真正目的——学习如何在一群人面前表演单口喜剧。

6周后我就要登台演出了。想到这里，我的心跳不禁加快了。

"要克服紧张情绪，最好的办法就是和这个房间里的人成为朋友。"我们互相打量着彼此，半信半疑。

"在这6个星期里，我们都要互相帮助，共渡难关。如果你感到紧张了，就大方地告诉别人。你们可以一起去酒吧，上课前一起喝杯咖啡，下课后再来杯饮料。你们还可以一起去看喜剧表演，互相分享观后感。"凯特说道。

还没等我反应过来，课就结束了，每个人都拾掇好自己的物品，朝门口走去。我满脸困惑，她只是告诉我们要交朋友，然而……下课后，每个人都分道扬镳，连句"再见"都没有。所以我这些新认识的好朋友都要去哪儿呢？

"有没有人……想留个邮箱或是电话号码在我笔记本上呀？"有人在教室里大声喊道，是谁呢？哦，是我，等我反应过来才发现我挥着笔记本，在冲着大家大喊。

第九章 内向者的"珠穆朗玛峰"：单口喜剧

克服脆弱是我今年最难的事情。我再一次遵循着心理学家尼克的至理名言行事——没有人会主动挥手，但每个人都会回应你的挥手。

同学们纷纷转向我："我我我！"他们激动地齐声说道，并朝我冲过来。

要到邮箱只是一小步，却是内向者变得外向的一大步。

到第二次上课时，有 2 个同学不来了，从此再也没有他们的消息。

不过好在其他 12 位都如期赴约（并一起坚持到了最后一堂课）。即便在即兴表演结束之后，我都有些无法相信：在伦敦，12 个陌生人在周二晚上 7 点连续 7 次出现在同一个地方，这得有多稀奇？

在课上，我们玩了很多游戏。凯特给我们发了张工作表，让我们填上最后一次课 5 分钟表演的大纲。但我迟迟不肯往上写，好像只要不写，公开表演就轮不到我。我还在假装我不需要表演，拿着"表演与我无关"的谎言来麻痹自己，就像当时抗拒排练《飞蛾》的故事一样。

喜剧表演对我来说最大的障碍是，无论如何我都觉得表演的过程让人异常尴尬。因为我对喜剧表演的基本认知是一个人站在舞台上不断对观众说："我很有趣，是不是呀？哈哈哈！"但班上其他人似乎没有这种感觉。

我曾经读到过，尴尬是一种健康的情绪，因为它向他人发出了积极的信号，表明我们其实非常关心社会准则。当我们在公共场合绊倒，或意识到我们向本意不是朝我们挥手的人挥手时，脸红其实是我们在为违反了这种社会准则而道歉，而悲伤则是我们在内心深处非常强烈地希望遵守社会规范。

显然，我觉得我在舞台上讲笑话是对社会准则的直接背叛，可能会导致无政府状态般的混乱。

"你觉不觉得世界上 50% 的喜剧都是这样子的，搞怪的声音加上愚蠢的面部表情？"一天晚上下课回家，我和萨姆在看杰克·怀特霍尔（Jack Whitehall）的喜剧特辑时，我这样问道。

"是啊，你会发出搞怪的声音吗？"他问。我想了想，即使在我逗狗的时候，也不会像小婴儿一样发出"咿咿呀呀"的声音去逗它，因为这会让我很尴尬。即使现场除了我和狗再无第三者，我也会觉得尴尬得要命。所以，我不会发出任何搞怪的声音。

我还是更愿意站在舞台上用正常的语调，将我的故事娓娓道来，既没有戏剧性的停顿，也没有滑稽的表情。

我对萨姆说："如果我表演失败了，现场没有一个人笑，那也没关系，因为只要我不站上那个舞台，只要我不去表演，我就不觉得羞耻。"

"什么逻辑？如果你不去表演，你就完完全全失败了，等于你直接向眼前这个难题缴械投降了！"萨姆说。

是啊，但对我来说，如果去试了并且失败了，那得多尴尬啊！

"好了，各位，才艺表演时间到！"凯特边喊边拍手。什么？当全班同学开始把椅子搬到教室后面时，我困惑地环顾四周。我错过了前面一节课，因此也错过了课后作业：准备才艺大赛。

凯特才不在乎我什么都没准备。

"我不管你的才华是否出众，也不在乎你是否只是在瞎闹。但我希望你把这份才艺大方地展示出来，像卖东西一样卖给我，哪怕只是'王婆卖瓜，自卖自夸'。都听明白了吗？"她说。

她站起来，用舞台上主持人的口吻大声喊道："女士们，先生们！你们一定会想告诉你们的孙辈今天将要见证的事情！请记住这一天，这样你们就可以说就在这一天你们看到了世界上最伟大的东西！"

我被安排在了第三位，不禁猛吸了一口气。

"女士们，先生们，欢迎参加我们的顶级才艺大赛！请热烈欢迎今晚的第一位选手——薇薇安！"凯特喊道。我了解到薇薇安也错过了前一节课，估计她也没准备好表演。她会找借口吗？她看起来跟我一样有点害羞，但是凯特一提到她的名字，她就像火箭一样冲到教室前面去了。

第九章 内向者的"珠穆朗玛峰":单口喜剧

"谢谢凯特,大家晚上好!今天我要展示的才艺呀,我打包票绝对超出任何人的想象!是什么呢?我要背字母表,但……我是通过手语的方式来背诵。没错,我说的是英国手语!并且啊,是以电闪雷鸣般的速度来背诵,以后你们肯定再也见不到这么快的英国手语了!"

薇薇安停顿良久,闭上眼睛,煞有介事地深吸了一口气,然后她的双手突然开始连续快速地移动,5秒后戛然而止。

"完成!"她叫道,并深情地鞠了一躬。

我佩服得五体投地,她竟然临场编造了一个表演出来!

再过一人就轮到我了。第二位上场的是安东尼(Anthony),他写过一篇关于伦敦"臭名昭著"的同性恋场所的博客,可以说是我们组中最有趣的人。他要表演一种叫作雷鬼舞(Dutty Wine)的舞蹈(我不知道这是什么,但看起来很硬核)。他的脖子和腿朝着两个方向旋转,而我坐在自己的位子上惊慌失措,瑟瑟发抖。我的妈呀,我的天赋是什么?我不能唱,不能跳,不会杂技,不会劈叉,所以我究竟会点什么呢?

安东尼的臀部逐渐放松,身体放低,此刻他正在地板上旋转。我盯着他的屁股,希望它能给我一些灵感。我又不能说"我待会再上吧!"或者"过!",这都不是什么好主意。安东尼表演完毕,坐回到自己的位子上。我苦思冥想,坐立难安!

"让我们有请3号选手杰丝·潘!"凯特喊道。我暗自想:"我什么都没准备,只要我一开口,我就会有灵感的。"我走上前,站在全班同学面前,看着他们充满期待的脸。"卖掉它,即使你还不知道'它'是什么,但总得把它卖掉吧。"

"你在做即兴表演,你总会有办法的。"

"我的天赋呢……非常非常重要,并且非常……有用。今天,对,就在今天这个特殊的日子里……我将给大家带来……"

我去，我去，我去。

"看着你们……"我盯着他们，"我就能从精神层面告诉你们……"

我的大脑快显显灵吧，你究竟感知到了什么？

"马特·达蒙（Matt Damon）电影中你最喜欢的是哪一部！我们开始吧！"

我跑向离我最近的人——一个叫索何妮（Sohini）的印度女人，并和她对视，很快便封锁住了她的视线。

"《谍影重重》（The Bourne Identity）！"我冲着她的脸大喊，她不由自主地往后缩了缩。我迅速转向下一个人。

诺埃尔，那个英俊的白痴，阿斯顿维拉（Aston Villa）的球迷。"《十一罗汉》（Ocean's Eleven）！"我快步走过去，凝视着亚历山德罗斯（Alexandros）的黑色眼睛。他来自希腊，旅行广泛，衣着考究，脚踝纤细得令人嫉妒。"《天才瑞普利》（The Talented Mr. Ripley）！"

我继续前进，节奏越来越快。我直勾勾地盯着老师的眼睛。

"《心灵捕手》（God Will Hunting）！"我冲着她的脸大喊。

"对了！"凯特一脸震惊地说。

"《赌王之王》（Rounders）！"我想起这部电影还颇为得意，对一个叫阿林森（Allison）的女孩说。"可我从来没看过。"阿林森说。

只能硬上了。

"你会喜欢它的！"我说。

我飞快地跑过班上的其他同学，看着他们的眼睛。"《火星救援》（The Martian）！《谍影重重2：伯恩的霸权》（The Bourne Supremacy）！《无间道风云》（The Departed）！《谍影重重3：最后通牒》（The Bourne Ultimatum）！《拯救大兵瑞恩》（Saving Private Ryan）！"我跑向最后一位同学。马特·达蒙的每部电影我都提过一遍了，还有漏掉的吗？

"《我家买了动物园》（We Bought a Zoo）！"我举起双手，得意扬扬地喊道。我的同学们对最后的这个电影名表示怀疑。但这真的是一部电影。没人看

第九章　内向者的"珠穆朗玛峰"：单口喜剧

过？快查一下！

我深鞠一躬，坐了下来，筋疲力尽。这群人目瞪口呆，不是因为我奇特的心灵感应能力，而是因为我冲他们大喊大叫。我自己也大吃一惊，搞不懂自己在做什么，我既没有发抖，也不觉得哪里奇怪。

才艺秀仍在继续。一个叫汤姆的人表演了杂技。另一个人头上顶着一杯水，做了一个俯卧撑。紧接着，全班数一数二安静的阿林森站了起来，只见她深吸了一口气，停顿几秒，然后张开嘴。她用天籁般的嗓音演唱了大人小孩双拍档演唱团（Boyz II Men）的《与你缠绵》（I'll Make Love To You），她的歌声直击我们的灵魂。过了半晌，其他人都在座位上摇晃着，慢慢地随着节奏打拍子。

我感到非常震惊，不仅仅是因为她表现得十分优秀，还因为她为这次表演默默付出的努力。纵观班上所有人，阿林森可以说是最害羞的。她总是回避和别人的眼神交流，努力让自己的肢体语言幅度小一点，再小一点，仿佛马上就可以把自己蜷成一个球，然后消失在众人的视野里。但在今晚这短暂的时光里，她俨然变成了一位知性深沉、含情脉脉的 20 世纪 90 年代的节奏布鲁斯歌手。

临近下课时，凯特说："我希望大家在做完这个练习后，能够发现其实每个人都喜欢你说'这太棒了，我的妈呀，你们准备得都太好了！'之类的话。只要尽全力了，结果不是最重要的。我唯一不能忍受的是，有的人只付出了 10% 的努力，那么我就会想：'既然你这么不走心，我为什么要关注你，把时间浪费在你身上？'"

当你丈夫总掌握着真理，你吵架永远吵不过他时，你不觉得他很讨厌吗？

"看《英国达人秀》（Britain's Got Talent）的时候，"凯特继续说道，"我们最喜欢的其实是那些把表演搞砸了的人，对吧？当表演者表现非凡，这确实也不赖。我所说的那些失败者的可贵之处不在于他们表演的好坏，而是他们为自己的表演尽了最大的努力。"凯特特意强调："这就是他们的伟大之处。一个人是个失败者，若安于自己的现状，那他就是个彻头彻尾的失败者。但是如果他付出了艰苦卓绝的努力，即使最后还是搞砸了，他仍称得上伟大。"

我在笔记本上写下："一个失败者，若安于自己的现状，那就是彻头彻尾的失败者。"

我当然不想变成失败者，更不希望自己安于做失败者的现状。

离喜剧表演只剩两周，我还没有写下任何东西。每次我想尝试写点什么的时候，恐惧感就会扑面而来，吓得我立刻放弃。

但也不是毫无进展，在过去的一个月里我在手机里列了一个清单，上面记录了我一些灵光乍现的有趣想法。只要是能让我窃笑的段落，我都会添加进清单里，但事后有些段子我自己都觉得不堪入耳，那它们的命运只能是被我无情地抛弃。有时我会在留下来的段子之间加上一些过渡，让它们更加自然，我暗暗想着这些句子会熠熠生辉，会慢慢变成金色。在我睡着的时候，有些崭新的奇思妙想就会蹦跶到我的脑袋里，我连滚带爬地拿起手机，叫醒萨姆，把这些来之不易而又转瞬即逝的灵感记录到手机的备忘录里，方能安然入睡。睡梦中，我祈祷着喜剧之神能够自己勤勉地把它们加工成成熟的喜剧作品。

我最后看了遍清单，深刻怀疑是不是有一个精神错乱的精灵在夜里偷偷潜进来，把这些东西拼凑在了一起。这些东西狗屁不通呀！"甘蓝香烟。"我写道。难不成我就是这样发现我有多重人格的？下一行是"达西（Darcy）的表情"。哦……达西先生有他自己的……表情包吗？那个产品可能非常小众，但我对它饶有兴趣。

我还写道："我是我所认识的人里面唯一午睡的成年人。这算是养生吗？"下一行："在你的表演中，当你拿着英国护照并通过快速移民通道时，唱一首电影《阿拉丁》(Aladdin) 的主题曲《崭新的世界》(A Whole New World)。对了，可以加个编舞吗？"

我还描述了一段冗长的、杂乱无章的梦，我从女王那里偷了两只黑色拉布拉多和一个樱桃派，这段梦的落款是"有史以来最好的梦"。

列表结束。

第九章　内向者的"珠穆朗玛峰"：单口喜剧

太差了，实在是太差了，即使有个搞怪的声音也无法挽救。

我告诉莉莉、薇薇安以及托妮，我缺乏像样的喜剧素材。她们是我在单口喜剧班上认识的3个女孩子，现在每周我都会和她们一起喝酒（第一次见面后，我喊上了她们去一起喝酒，从此就变成了惯例）。我们都对这次公开表演诚惶诚恐，于是我就和班上其他几个同学商量好周日在一家酒吧见面，一起开个写作研讨会。（在周末耶，就像真正的朋友一样在一起玩！）

我和22岁的女演员托妮几乎同一时间到达了酒吧。她点了杯啤酒，我拿了杯苹果酒。我们面对面坐在一个小隔间里，托妮问我的喜剧表演是什么方向的。

"我觉得我可能会聊聊我的故乡——得克萨斯州的阿马里洛（Amarillo）。你听说过《这是去阿马里洛的路吗？》（*Is This The Way to Amarillo?*）这首歌吗？"

"没有。"托妮说。

"没有？"我问。

"真的没听说过。"

"哦，好吧，没关系。"

算了。我又要从头开始了。

莉莉和薇薇安随后也来了，我们围着桌子准备分享各自的喜剧素材。我们几个面面相觑，把笔记本抱在胸前，谁都不想第一个分享。

"我不想分享……我没开玩笑……我的啥都算不上。"我低下头小声说。

"我也是，我也没有什么好东西。"莉莉说。大家都沉默了。

薇薇安终于打破了我们畏畏缩缩的道歉行为。平日里她总是举止温和，从不发脾气，但现在她正在冲我大喊大叫："你念就好了！照着稿子念！没关系的，你只管念！立刻，马上！"

我点了点头，比起害怕分享我的素材，我更害怕她。

"嗯，我想聊聊我的故乡得克萨斯。也许是关于枪支的主题……如果他们不喜欢我的表演，我兴许会……杀了他们？我去，不是的，不是的。不用紧张，这确实不太好……"我的声音越压越低。

姑娘们茫然地看着我，觉得我可怜、弱小又无助。我继续聊了下我最近参观过的兰开斯特，它位于巴黎的西北面。

"哦。你们这些家伙并没有笑。"我怏怏地说。

"但是我们在微笑呀，"莉莉说，"我们喜欢你说的，但……"

"但喜剧的目的是让人们笑出来……"我说。

"再进一步，"莉莉说，"你来自得克萨斯的什么地方？"

"阿马里洛。"我说。

"等等，等一下——你是从阿马里洛来的？"

"嗯。"

"那你怎么不说说那首歌？"

"我本来想说来着，但是托妮听都没听过啊。"

"托妮是澳大利亚人！"

我转向托妮，满脸问号："什么？"

托妮一边喝着啤酒，一边微笑着点头。我确实不太擅长分辨口音，但我怎么没观察到托妮的声音太大，微笑太多，不像是个英国人，而且显而易见的是，这首歌只在英国有名。

"作为一个来自阿马里洛的人，你应该细细品味这首歌，以及它真正的含义。"莉莉说。

我在纸上做了一些笔记，把剩下的素材又看了一遍。

"我还想谈谈英国的足球比赛，因为在我的家乡，人们往往会大喊一些'好听'的东西，就像'赶紧上啊，你们这群没用的人'。你们觉得把这个应用到现实生活中怎么样？比如说，你在伦敦马拉松赛上为你的老板加油，你写的不是'琳达（Linda），你能行！'而是'赶紧跑啊，你这个愚蠢的烂货！'。"

"就要这样！"她们一阵喝彩。

"或者是'琳达，你跑啊，你这个又慢又懒的混蛋！'"莉莉建议道。

第九章 内向者的"珠穆朗玛峰":单口喜剧

简直完美。

我带着几个可行的方向和段子回了家。和这些姑娘们待在一起我觉得很有安全感。我们都被即将到来的表演吓得魂不附体,而我们几个人的 WhatsApp 聊天群已经被互相鼓励的话或是搞笑段子给刷屏了。在这趟充满未知和危险的旅途中,我们已然是亲密的战友,因为我们必须相互扶持才能存活下去。

那个星期晚些时候,我熬到深夜想要写我表演时用的素材,但事后我总是会怀疑自己写的东西。我想是时候承认我可能需要寻求专业帮助了。又一次,我不经意间看到罗布·德莱尼(Rob Delaney)[①]在我家附近跑步,但我似乎不能据此推断我们会成为朋友。萨拉·帕斯科(Sara Pascoe)[②]拒绝给我提供帮助,但她祝了我好运。我还试着去参加罗德·吉尔伯特的演出,借机跟他搭讪,但我去买票时才发现他的票早已销售一空。在一次签售会上,我鼓起勇气问罗伯特·韦布(Robert Webb)[③]他内向还是外向,但他挥手示意我走开说:"哦,我不知道!"

我继续找呀找。我和莉莉分享了一些关于我是半个中国人的表演素材,她说我应该见见一个叫菲尔·王(Phil Wang)的人。

我回到家,看了一段他在阿波罗剧院的现场表演,立马就喜欢上了他。他呆萌有趣,谈论种族问题的角度和方式也很有新意。

"你能做我的导师吗?"

我在 Twitter 上联系了他,他说那周他可以简单地和我见个面,喝杯咖啡。他刚结束巡回演出,正准备去度假。

"你会和别的作家一起创作你的喜剧吗?"我开门见山,直入主题。此时

---

① 罗布·德莱尼,英国喜剧男演员。
② 萨拉·帕斯科,英国喜剧女演员。
③ 罗伯特·韦布,出生于美国肯塔基州,导演和制片人。

我们坐在帕丁顿车站附近运河上的一条小船上。

"不会。我以前确实也这么做过，但如果他们觉得某个段子不好笑，我就会对这个段子失去信心。"

"所以如果你的朋友不喜欢这个段子，你会觉得段子没那么有趣，还是会认为朋友没有听懂？"

"我觉得是朋友自己的原因，即使他们在喜剧俱乐部或别的场合听到这个段子，也仍旧会听不懂。我相信自己的品位，所以我不会跟我的朋友去讲要表演的段子。"

但我做不到呀！我总是不够自信，会怀疑自己的品位。但我也心知肚明，如果我想表演成功，我就必须开始相信自己。

"演出之前你一般都会做些什么准备工作呢？"我连珠炮式地提问，菲尔倒不觉得厌烦。

"我现在每天用一款软件冥想15分钟，之前是5分钟。我会想象自己威武雄壮的样子，这很有用。"

"类似于什么样的姿势呢？"

"比如说努力想象自己变得更大、更大只。"他伸出双臂，展示自己的肌肉，好像在恐吓一头狗熊。我无法想象真这么做会怎么样，这未免也太搞笑了吧。

我又问了他台上出丑的事情。

"某些环节是会出问题，但一旦搞砸了，那就算你的问题。真正专业的喜剧演员区别于普通人的地方在于，他们能在舞台突发状况时圆场或是救场。"

我和菲尔一起走回帕丁顿车站，一路上我简单陈述了我这一年的经历。

"我讨厌和一大帮人出去。"他说，"你怎么知道下一个该轮到谁接话呢？"这个问题说到我心坎上了。

在车站分别时，我们轻轻拥抱了一下，然后各自朝相反的方向离开。

和专业人士聊完，算是开了个小灶，是时候开始写我的表演剧本了。好戏即将上演，恐怖的气氛愈发浓烈。

第九章　内向者的"珠穆朗玛峰"：单口喜剧

当天晚上，我终于静下心来，开始筹备剧本。我零星写了一点托尼·克里斯蒂（Tony Christie）的歌，解释了他深爱的"小甜甜"玛丽亚如何在阿马里洛长大，又是如何和我念同一所高中，以及最后是如何变得不那么"小甜甜"，而是变得更像一位种族主义者的。我努力搜寻记忆，记录下得克萨斯州小镇上的中国人是什么样子，以及我12岁时学习"黄热病"这个词时的难忘经历。距离凌晨4点，仅剩下5分钟。

这些素材会有用吗？我不知道，但这已经是我的全部"家当"。

只要想到表演时的场景，我就会感到一阵恶心。我多希望公开演讲是一条开启了简单模式的恶龙，你只需杀死它一次就再无后顾之忧，但它开启的却是地狱模式，死而复生，生生不息。《飞蛾》的那次表演，我侥幸活了下来，但仍心有余悸。《飞蛾》让我拥有了"屠龙者"的徽章，证明我能举起利刃，冲向"恶龙"并战胜它。可为什么眼前的表演对我来说还是像漫山遍野的荆棘一样，无法越过呢？难道我的生命如此贫瘠，以至喜剧表演就足以成为横亘在我生命中的最大阻碍？

几个月前，我和父亲一起坐在洛杉矶的重症监护室里，度过了我人生中最紧张的几周。但此刻的我并没有感觉更轻松。多数遭遇感情挫折或是人生变故而幸存下来的人，最后都会说这样的话："我现在做什么都不再怕了！我现在魔挡杀魔，佛挡杀佛！"

但我不具备这个共性。明明不久之前刚目睹了父亲熬过危及生命的手术，此刻应该无所畏惧了，但我仍对小小的单口喜剧表演神经过敏、畏畏缩缩。

生活本就如此：假使我们刚得知自己身患绝症，知道死之将至，但从医院出来10分钟后收到一张超速罚单，我们还是会恼羞成怒地咒骂一下交警。

在最后一节课上，凯特就表演提了些建议。

"同学们，听好了，如果你们在演出时看到朋友，别哭，好吗？没人想看你们哭哭啼啼的。"她说。

我瞥了一眼地板。我现在是个冷酷无情的人，已经不会掉眼泪了，凯特。

"上场之前你们可以喝上一杯，但也仅此一杯。你们必须比观众更聪明。"凯特将观众视为与我们作战的敌人。我们必须制服他们，如果他们奋起反抗，我们就彻底征服他们。

凯特站在我们前面，开始拍手，她拍得很慢。"来来来，把你们的手拍在一起！"她说。

全班都开始鼓掌。

然后凯特停止鼓掌，但示意我们继续。

"一旦登上舞台，你就拥有了掌控观众的权力。你可以告诉观众去做某件事情，如果你很自信地说出来，任何事情他们都不会问为什么，只会照做。"我们的掌声渐渐停止，她尖锐地盯着我们。

最后一节课临近尾声，托妮看了我一眼，走过来把手放在我的肩上。

"记住，"她说，"表演会很好玩儿的！"她打量着我的脸。"或者它应该是很好玩儿的。"

说实话，我并不这么觉得。

我经常让萨姆当观众陪我练习。当你冲着伴侣大吼："我觉得你根本不知道什么是笑话！"而他们同样大声吼回来："我知道什么是笑话，我只是到现在一个都没听到而已！"完了之后还要努力待在一起，这真的是对一段牢固关系不小的考验啊！

他对我的表演有诸多反馈。

"你需要更自信、更果断。你说的一些笑话总让我感觉你害怕这些笑话一样。"

"我确实害怕讲这些笑话。"我说。

"所以你要自信！你要让观众相信你。"

"但我自己都不相信它们是笑话。"我说。

第九章　内向者的"珠穆朗玛峰"：单口喜剧

"那就别说那些你自己都不相信的笑话了，你如果勤加练习还是讲不好那些段子，那就不要讲它们了。"

我删掉了所有连我自己都无法被打动的段子。我不断练习，不断记录，确保自己能够撑满 5 分钟。

夜很深了，我却无法入睡。

表演这天终究还是到来了，去莱斯特广场的喜剧酒吧之前，我花了整整半个小时的时间趴在床上，把头埋在枕头下声嘶力竭地尖叫。

过后我冲进浴室，突然意识到除了萨姆我没有邀请任何人来看我的表演，因为我不想在我认识的人面前公然羞辱自己。我给莉莉和薇薇安发短信，得知她们会带很多的亲友去观看表演。于是我在最后时刻疯狂地给我所有新认识的朋友发信息，但没有人来得了。这完全赖我，因为我只提前了不到 24 个小时邀请他们，尽管如此，我还是有些失落，虽然我内心深处并不希望我的新朋友们来到现场，因为这会给我增加压力。我真是一个矛盾综合体。

我一边擦干头发和眼泪，一边给萨姆的朋友肖恩发短信。他以前表演过单口喜剧，无论我是死在舞台上还是大获成功，想必他都会乐在其中。几秒钟后他就回复我了，告诉我他在玩游戏。我开始喜欢率真的人了。

我去的时候迷了路，最后兜兜转转到达了目的地，此时离演出还剩一个小时。我顾不上披头散发连跨三级台阶，看见凯特正在台上和班上的同学讲话。

凯特看了一眼演出表。薇薇安自告奋勇先上，接下来是许久的沉默。凯特打量着我们剩下的人。

"我希望带了很多朋友来的同学能最后上场，这样他的朋友就可以一直留到最后看完所有人的表演。有没带朋友来的同学吗？我想让你们上半场先上。"

我举起了手。

"嗯好，那杰丝第二个上场。"凯特说。

哇哦，太好了，"没有朋友的杰丝"拿到了"榜眼"签！

接下来的一小时过得飞快。我站在厕所里，快速复习艾丽斯教过的一系列呼吸法，还交叉使用了菲尔教我的方法，想象身体变得威武雄壮，在向一头熊发起挑战。画面虽然有点可笑，但确实感觉自己变得灵活、放松，并且强壮了。哈哈。

我把头发半撩起来，走进一个隔间，对着墙壁默念剧本，每字每句都像是镌刻在我脑海里一样。

有那么一刻，我看着自己，意识到接下来要发生的事情之后，无边的恐惧突然蔓延开来。我曾在什么地方读到过，人们可以通过想象自己的临终场景来获得上帝视角，通过想象临终遗言来帮助自己做决定。在我的想象中，临终前的杰丝看起来应该很像我的祖母。每当我凑近她时，她就向我微微挥手，凑到我耳边低声说："去吧……去考医学院。"

现在我开始想象自己的双手正变得枯瘦。我有 85 岁吗？嗯，活到 85 岁应该差不多了。我看到自己一头银灰色的鬈发。当我 80 多岁的时候，应该让人帮我染下头发，大概率是使唤我那还未出生的孩子。我曾经大富大贵过吗？我分辨不出来，倒是惊喜地看到我那"小巧玲珑"的臀部了，临终床上的我总算拥有了能驾驭潮人工装裤的完美身材！真是令人欣慰。85 岁的我正在酣睡，她一动不动。我在脑补自己躺在那里，死神即将降临。老杰丝一定理解不了，我明明还有两条可以活动的腿，却为什么还要在乎那些观众对我的看法。我向她俯下身去，她说："你上吧，讲一个关于亚洲恋物癖的粗俗笑话，聊一聊黄热病，就当是为了我表演吧。"

我觉得自己准备好了。

在回房间的路上，我从几个喜剧班的同学身边路过，他们在楼梯上起了小争执。几个人围着蒂姆（Tim）——那个来自埃塞克斯的金发男人。蒂姆刚刚宣布他决定不上了。

"我还没准备好，"他拿着啤酒对我们说，"改天吧。"

我们试着哄骗他上台，哪怕就讲一个笑话，比如他如何失去童贞的经历

第九章 内向者的"珠穆朗玛峰":单口喜剧

[那个和他发生性行为的女孩一直在大喊:"Pump,Pump!"他以为是想让他快点(Pump)、快点(Pump),而事实上她是想要她的呼吸器(Pump)],但蒂姆并不为所动。

在我过去的人生中,我扮演过很多很多回蒂姆。或者说在今年开始之前,我一直是蒂姆。我总是走了很远很远,却在最后临门一脚时放弃。

今晚,我不会给自己放弃的机会;今晚,杰丝没有退路可言。

突然,外面人潮涌动,大量的观众开始进入酒吧。尽管这场表演只来了表演者的朋友和家人,但酒吧很快就被挤满了。我数了一下,约莫有60个人。

我们全班同学被安排坐在后面的角落里。薇薇安在犹豫要不要涂上她带的红色口红。

"这是战妆,一定要涂。"我说。

她把手伸向我,它们正在止不住地颤抖。她又把她手写的笔记递给我,说:"如果我忘词了,就大声地念出来。"

灯光暗了下来,安东尼近乎疯狂地给每个人的手腕上涂抹"信心油"。轮到我时,我伸出手腕,那味道闻起来像是柠檬的味道。

房间里人声鼎沸,每个人都已落座,我看到凯特走向舞台。灯要灭了。我的天呐,这一切就要真的发生了。

凯特讲了几个段子暖场,让观众知道我们都是初学者。

"我希望大家把这次聚会看成表演者的'周岁生日会'。如果你们看到任何有趣的、有点闪光的东西,请不要吝惜你们的欢呼声和掌声!"她说道。

接着,凯特介绍薇薇安上台,我替薇薇安捏了一把冷汗。但当我看到她找到了自己的节奏时,我立马开始替自己紧张起来。我知道马上就轮到我了,我是不是要失声了?我喉咙是不是有点痒痒的?

薇薇安的表演结束了,我的心跳到了嗓子眼儿,但我知道我已经准备就绪。我练习了很久,也对这些段子有信心。我知道我要放慢语速,说出正确的台词,才能释放出这些段子的魅力。如果他们听不懂我说的话,就没法听懂里面的笑点，那我就彻底没有希望了。我必须自信满满地讲出来。背水一战，在此一搏。

"让我们欢迎想象力天马行空的杰丝·潘上台！"凯特喊道。

我立马起身。

我已记不起我走上台的这段路，但我知道我一定走过。我记得我摆弄着麦克风，试图把它从架子上拿下来，明明只有几秒钟，却感觉过去了好几年。我的大脑在惊声尖叫："把麦克风拿出来！把麦克风拿出来！"

"好的，麦克风拿出来了。现在要跟观众们说话。你站在舞台上！60个人正盯着你。快跟他们打个招呼。你要表现得他们好像是你在聚会上刚刚见到的好朋友。"

"你们好呀！"我说。

"你好呀！"他们齐刷刷地回答道。我尤其能听到我们班同学在后面的声音，很是捧场。

"你们最近过得好吗？"我问。

嘈杂的喧闹声是唯一的回应。我继续。

"那，我来自得克萨斯……来自一个叫……阿马里洛的地方。"

我们班的同学欢呼着回应我。

就在这一瞬间，我掌控了全场，我可以动员房间里的60个人，和我一起唱《这是去阿马里洛的路吗？》。我要这么做。没错，我要。我要在公共场合唱歌了！

我正准备一展歌喉，观众中有一个人冲我挥手。"嘿，我去过！"他大叫了一声，然后贱兮兮地指了指自己。

我的妈呀，这是我第一次接受到嘲讽，他是我长达30秒的舞台生涯中的第一个嘲讽者。

"好巧，我也是！"我回敬道，"我也去过那儿！因为我出生在那儿。"不赖吧！

第九章 内向者的"珠穆朗玛峰":单口喜剧

现在可以嘘了,你这个嘲讽者!我要镇定一下,这匹马有可能脱缰而逃。稳住,稳住。等等,我本来不是打算唱歌的吗?

"朋友们,我们来唱一小段,怎么样?"我努力让自己听起来既随意又自然。其实我这辈子都没有领唱过,甚至连合唱都没参加过。但观众并不知道呀!他们只知道自己眼前看到的:一个身材矮小的亚洲女人,打扮得像莎伦·霍根,想让他们和我一起唱这首托尼·克里斯蒂的歌。

"好啊!"他们和善地回应道,正如凯特说的那样。

我必须唱了,没有退路。我单独领唱,不管对我还是对观众,估计都是一场噩梦。

"这是去阿马里洛的路吗……"我开始试探性地低吟,我的大脑一半在炼狱,一半在昏迷。

不过幸运的是,观众接管了一切。

"每天晚上我都抱着枕头……"他们跟着我一起唱。

"好了,收!"我坚决地发出指令,并在喉咙下做了个"打住"的手势。他们服服帖帖地停止了歌唱。暖场结束,表演正式开始。这是我的主场。

舞台上,聚光灯下,我仿佛灵魂出窍。一切顺利无比,整个过程行云流水,好像另一个我在担当着表演重任,而我只是她的观众。

我对自己的身体确实有着非常强烈的自我意识,我能感觉到我的指尖正紧紧地抓着麦克风,但我好像不在那里。我望向观众,却什么也看不见,就好像置身于只有自己的宇宙。我的声音很响,但不太急促。焦虑依然存在,却也没有失控。

表演一结束,我摸索着麦克风,问我的双腿:"你们现在敢直接跳下舞台吗?"我抬起头,凯特已经走近,并把麦克风从我手里接过去,我一溜烟儿地跑回到座位,坐在其他同学旁边。我听到了掌声,也听到了欢呼声,我感觉自己的灵魂重新回到了我的身体。

我在黑暗中安全着陆,能感觉到有同学轻拍着我的背,轻声说"好样的"。

我的脸火辣辣的，两颊可能是鲜红色的。我做到了我所说的一切。我没有手忙脚乱，也没有假装生病。

我在联合教堂演出的时候，在黑暗之中我感觉到我的内心发生了某种变化。在刚刚的表演里，我用拙劣的笑话让观众开怀大笑——此刻我的身体仍然在亢奋当中，微微颤抖。我忍不住用手捂住嘴巴，不敢相信眼前发生的一切——我刚刚取得了一项新成就，登上了"珠穆朗玛峰"！我的脸颊似乎还在灼烧着，但不是以一种羞愧的方式，而是闪着"你能相信我们成功了吗？"这般骄傲的红光。

我坐在观众席上，看着同学们的舞台初秀，心里也像悬着一块大石头。我们互相帮助共渡今晚的难关，共享今夜的快乐。舞台上，安东尼正在跳舞，搞怪舞蹈本就是他日常生活的一部分，我被他逗得开怀大笑。最后灯光亮起，我环顾四周，感到一阵晕眩。

事实上，我并不知道我能否渡过这一关。但最后的结局还不错，我让观众们笑了。一位男士走过来，对我说："你真的好搞笑啊。"他又笑了笑，走开了。真是奇怪。

我已经不再是几个月前的我了。我有些不安，但真的很开心，因为现在我明白看似不可能的事情也会变成可能。今年的一个重要任务是，我渴望勇敢地去做一件与我原先认知的自己极度矛盾的事情。

萨姆紧紧地抱着我说："你太棒了。"

肖恩拍了拍我的背说："真的超级好笑的！"广告从业人员对我的高度褒扬令我震惊。

表演结束后，我和同学们在外头庆祝。

那天晚上诞生了一位明星——安东尼，他技惊四座，荣获全场最佳。

那晚我让萨姆用他的手机给我录了像。但我不想看，一点都不想。

我半闭着眼睛，一边玩一边把拉面塞进嘴里。伟大的耶稣啊，我今天在观

第九章　内向者的"珠穆朗玛峰"：单口喜剧

众面前唱歌了。我以一种我已不记得的方式比画着我的手，左右摇摆着身体，就像在船上一样，踏着海浪，却又在拼命地寻找自己浸在水中的双腿。我甚至意识不到自己在做这件事。

今晚我玩得很开心，也很自信，舞台上的我似乎来自另一个平行时空。连莉莉都来问我："你表现得太自然了，这种信心从哪来的呀？"

在今晚上台之前我曾一遍又一遍地想象，如果我做了足够充分的准备工作，反反复复地练习，上场时一定会充满信心，并且完美收场，但这不是真正的自信。自信从来不是天然形成的，我们必须强迫自己开启一些人生的"困难模式"。唯有经历这些艰难险阻，自信最终才会随之而来。此前的自信都是佯装出来的，闯过这些难关之后，我才真正拥有了自信，那种感觉就像是你完成了一件充满魔力的壮举。

第十章
当我们谈论孤独时我们在谈论什么

第十章 当我们谈论孤独时我们在谈论什么

我和萨姆参加过一次聚餐,来的人全是萨姆的老朋友以及他们的爱人。在场的人自觉地根据性别分成了两大阵营,我和萨姆正好坐在这两拨人的分界点上。我俩挨着坐,但我向右偏着头,和我右边的女性朋友们聊着天,萨姆则向左侧着身子和那些男人们谈天说地。

10分钟内,女性阵营已经迅速进入了深度交流阶段。两位今晚才第一次见面的女性惊讶地发现,她们的妈妈都患有帕金森综合征。

我用了"发现"这个词,但实际上真实的情况应该用"分享"更贴切,因为她们决定要对彼此敞开心扉,这是一种主动的分享。那时劳拉正在向我们讲述她照顾自己患有帕金森的母亲的艰难经历,然后坐在她邻座的女性也吐露了心声,告诉大家她也正在经历一模一样的事情。我几乎瞬间就从劳拉脸上看到了一丝宽慰,她仿佛在说:"有人懂我,一个完全陌生的人比我那些最亲密的朋友都要更懂得我在这件事上所遭受的苦楚。"

这件事改变了今晚的整个气氛,右手边女性阵营的成员们都变得愈发真诚大方,乐于主动分享和认真倾听。

回家的地铁上,我询问了萨姆一些他朋友的近况,因为整个晚上我都没有机会和男性阵营的成员交流。萨姆说他有两个朋友已经转行了,所以直到聚餐结束,男性阵营的话题都没有离开过工作。

"我好希望能在你们那边聊天啊,唉。"他感慨道。

我发现我每次参与和他人的互动时,都会回想起很久以前马克在教室告诫我的话,他说只有对话进入到了深层阶段,我们和对方之间才会形成某种真正的关联。我也一直在进行将对话往深层次方向发展的训练，试图直接绕过肤浅的闲聊阶段，提出一些有意义的问题，为真正有质量的交流打开突破口。

这次聚餐上的现象其实并不是个例。在过去一年的外向训练中，我已经发现和女性聊天达到深度交流要容易得多。可能是因为我们同为女性，有很多共同点；也可能是因为女性本身就被鼓励要更多地表达自我。真正的原因谁知道呢？我只知道每次我将对话领进了一个令人不安的未知领域，女性朋友们也会毫不犹豫地跟着我跳进去，我们就是在这种"信任"中达到了深度交流。

但相同的做法对男性朋友并不适用，如果像那样聊天，我大概率会吃闭门羹。一个我认识了蛮久的萨姆的朋友最近正饱受失恋的折磨。我上一次见他时注意到他情绪不佳，我试着温柔地旁敲侧击，问他最近是否遇到了什么不愉快的事，结果他起身去拿饮料打断了我的话。我不死心，再接再厉又试了一次，这次他直接拿出了手机。好吧，我放弃。另一个男性朋友则是像瞬间聋了一样简单粗暴地忽略掉我的话，然后强行转移话题。当然，我不是什么社会学、"有毒害的男子气概"或者两性研究方面的专家，但是仅仅通过直观感受就能觉察出男性在处理这类话题时和女性有多么大的差距了。

我情不自禁地想到了克里斯，那个几个月前在人际关系培训班上认识的"网球搭档"。他极度孤单，很难交到新朋友，却能在我面前卸下保护壳，坦诚自己对结交新朋友的渴望，因为我对他而言完全是个陌生人。可在他的妻子面前，他会重新穿上保护壳，掩盖所有的脆弱。

显然，我也不认为克里斯是个例。研究表明，男性比女性要孤独得多，大约有三分之一的男性日常都会被孤独笼罩。当我发现有八分之一的男性表示自己缺少可以讨论严肃话题的同伴时，我觉得自己关于两性对话的经历显得更有意义了。

那次聚餐后不久，我就抓着新认识的朋友保罗去喝咖啡了。他向我讲述了他花了几个月的时间，努力独自从荷兰骑行到西班牙的经历。我努力想象，如果是我在骑行的话会是什么样的情况。

第十章　当我们谈论孤独时我们在谈论什么

"你会觉得孤单吗？"我问保罗。

他停顿了两秒，显然是被我的问题吓到了。

这就是深度交流的问题所在了，首先你要冒着可能会被攻击的风险大胆地提出问题，然而这还不够，还需要你的谈话对象也一样大方、开放，他需要足够勇敢，能紧握住你的双手然后拥抱自己内心深处的真实感受。

他皱了皱眉头，沉默片刻之后轻轻点了点头。

"嗯，会。"他回答。

"那你怎么处理这种孤独感？"

"我试过写日记，也试过出去走走散心，但都没什么用，我还是很孤独。"

保罗说他原本是擅长和陌生人打交道的，但在沿途停下休息时，他发现绝大多数人面对陌生人时还是会抱着十分谨慎的态度，交流也就很难再继续下去了。

当我思考这段和保罗之间的对话时，我会想，如果是桑拿事件发生前的我在和保罗进行这次聊天，对话的走向会是如何呢？考虑到我和保罗算不上无话不谈的密友，所以为了保险起见，我估计会问问骑行装备方面的问题，骑的什么牌子的自行车，或者每天能骑多少路之类的。我最多能扯扯我在北京骑过的一辆小破车，它的坐垫实在太硬了，害得我几乎两个星期都走不了路，接着就是一段围绕大腿擦伤的无意义的独白。

保罗的坦诚让我印象深刻，因为他就算向我撒谎也没关系。他完全可以告诉我他一点都不孤单，他纵情享受着自己在马路上飞驰的时光，在落日余晖下像一匹孤狼，像一个牛仔无畏前行，除他值得信赖的金属坐骑外一无所有。

深度交流最重要的一点是，这个过程必须是双向的。参与双方都愿意分享，愿意袒露心扉，愿意承担风险。如果你主动向对方提出涉及深度交流的问题，却不予以回应或相应地敞开心扉，那你无异于一个单方面挖掘别人隐私的骚扰者。

我意识到我可能不应该到处打探男人们的孤独，却对自己的孤独守口如瓶。既然我们是同一边的，那我理应也对他们敞开心扉。

我人生中最孤独的一段时光估计就是在北京的日子，一只名叫路易斯（Louis）的聋猫是我那段时间里唯一的朋友，除了我对它的毛过敏，以及我俩其实没那么喜欢对方，一切都还好。路易斯是我室友的猫，但我室友很少在家，所以一般情况下，就我和路易斯一人一猫相依为命。因为它听不见，所以哪怕我已经在家待了3个小时，只要我一转身，它还是会吓得魂飞魄散，一蹦三尺高，它总这么大惊小怪也会吓到我。

下班后，我独自吃完晚饭然后上床休息。一到半夜两点，路易斯就会在我的门外无情嚎叫，但当我下床去一探究竟时，它又消失得无影无踪。这种只闻其声不见其影的场景，加上时间又是夜半三更，总是让我觉得自己仿佛和维多利亚时期的鬼魅住在同一屋檐下。

那段孤独的岁月已经过去很久了，现在回首过往，我也能像讲述一件奇闻趣事那样把它拿出来分享。但实际上，现实比听上去要痛苦得多。我最近找到了曾经的日记本，我的日记上清晰地记录着，当时的孤独和痛苦已经折磨得我几乎丧失了生活的勇气，我甚至考虑过死亡。

这一点都不好玩。

我没有自杀，也没有自残，依旧正常上班、吃饭，熬过一天又一天。我知道世界上有很多人比我那时的状态更糟糕。但我仍然陷在自己的泥淖里无法自拔，从早到晚，从今天到明天，孤独没有尽头。有些日子，我甚至觉得自己成了隐形人，也丧失了感知能力，生活中任何与人交往的互动，都无法让我觉得自己融入社会之中了，我只觉得自己既不能被看见，也不能被理解。有时候，孤独从四处袭来，我能感觉到无边的黑暗就那么静静地笼罩着我。我不知道如何摆脱那种感觉，当它紧紧抓住我的时候，我迫切地想甩开它。我幻想自己能迷迷糊糊地睡去，再也不要醒来，那样就能逃离它了，每每想到这儿，我的心就获得了片刻的安宁。

这种情况最常发生在周六清晨，我一睁眼，一个没有计划、无人可见、没

第十章　当我们谈论孤独时我们在谈论什么

人等我的周末赤裸裸地出现在我眼前。似乎当我漫无目的、没有任何动力和明确的目标时，孤独给我造成的伤害最大。雪上加霜的是，那时我远居海外，身边既没有亲人也没有朋友。

最近，一个可以无所事事的周末是我最梦寐以求的时光。在伦敦的这些周末我特意弃未完成的任务不顾，忙里偷闲，这让我感受到了莫大的愉悦。但当我处于孤独之中时，情况就完全不是这样了。

在北京的那段时间，我努力在工作中结交朋友，邀请大家共进晚餐，并搬去了新的公寓。和路易斯挥手告别后，我拥有了新的爱尔兰室友。他是一个群居动物，很快将我纳入了他的朋友圈。对抗孤独的斗争很辛苦，就好像在进行一场我永远都不会胜利的战役，但最终，我的努力还是奏效了，我的孤独感不断消减。

我花了很长时间才真正相信，孤独是一种随着你生活状态的改变自然而然产生的东西。在新的城市定居，从事新的工作，独自一人旅行，亲人和朋友搬家离开，以上种种都让我们不知道何时才能和这些爱的人重逢，也失去了和朋友的密切联系。孤独就这样产生了，它不是上天因为我们过于可爱而发出的一种谴责，它只是一种自然的情绪而已。

无论你是内向还是外向，羞赧还是活泼，孤独不会因为你的性格而网开一面，它就像一场无差别选择的流行病。因为相关研究显示英国已经有约900万人经常或一直被孤独困扰，英国政府甚至还任命了一名专门负责缓解民众孤独感的部长。遭受这些困扰的并不仅仅是那些传统意义上的群体——老人，生活在郊区的人们也在孤独感中苦苦挣扎。16岁至24岁的青少年群体比以往任何时候都要孤独，手机上的社交媒体、邮件和外卖软件让我们失去了和别人面对面交流的机会，相应地，我们对手机的依赖程度正在逐年增长。每个人都有一段孤独的岁月，或短或长。尽管这个话题早被媒体翻来覆去地提及，已不再是什么禁忌，但和别人面对面探讨它，依旧会让人觉得危险在步步逼近。

和保罗的咖啡会谈之后，我注意到当我提到我这一年的外向之旅时，我的孤独感最盛。我陷进软塌塌的沙发里，好朋友此刻正散落在全世界，并关切地询问我到底发生了什么事。某次我向对面的男士坦诚地叙述这个发现之后，他也会慢慢对我敞开心扉。

汤姆是我新友人的丈夫，他说他最孤独的时光是去日内瓦攻读博士期间。在他去之前，一个刚到巴黎工作的朋友就给他打了预防针，说他在那一定会孤单得要命，然后找一家酒吧独自坐下，在来来往往的人群中试图交到新朋友。汤姆当时就笑了，那简直是天方夜谭，因为他从来都没做过那种事情，以前没有，以后也不会有。

他垂死挣扎了一个星期，最终还是崩溃了。他的朋友是对的，对人群的渴望让他特意去酒吧坐着，然后在那里认识新的朋友，和他们聊天，约着第二天踢足球。他一直在交朋友的路上前进，在任何场合都表现得很活跃。有时候这些都是徒劳，毕竟交友不易，但幸运的是，友谊最终还是降临了。

汤姆告诉我他也是内向者，并就目前社会普遍存在的错误认知——内向者不会感到孤独，和我展开了一番讨论。

"我们当然会孤独啊！"他说道，"人际交往很重要，Skype（网络电话）和FaceTime（视频通话）确实能解决一些问题，但有时候我们需要那种真正的接触，面对面的那种。"

内向者渴望的是一种特定的人际关系。这导致内向者即使身处闹市，身边围绕着三三两两的同伴，内心依旧会感到孤独。而外向者则相反，一旦他们和这个熙熙攘攘的城市产生了一点点浅显的关联，就能感受到极大的愉悦。（换句话说，内向者更难被取悦。）

萨姆的一个朋友巴勃罗（Pablo）告诉我，他最孤单的时刻是独自旅行的夜晚躺在床上看书的时候。因为当他只能一个人端着书本时，住在同一个房间的旅客都已经不费吹灰之力互相成了好朋友。

那个我在即兴表演班上认识的朋友爱德华，活泼外向，20多岁。显然，我也把有关孤独感的问题甩给了他。我问他上一次感到孤独是什么时候。他沉

第十章 当我们谈论孤独时我们在谈论什么

默了,耸了耸肩跟我说他要回去好好想想这个问题。那天晚上,他给我发了信息,告诉我,住在伦敦的当下就是他非常孤独的时候。他在海外待了 5 年,再次回到英国的时候,他被一种失落感包围了,对故土既熟悉又陌生的感受以及失去与老朋友的联系都让他感到失落。事实上,除了即兴表演时的每一分、每一秒,他都沉溺在孤独之中。

"即兴表演是一件需要我投入很多心力的事情,只有那样,我才不会觉得……空虚。"看着爱德华的短信,我的心都要碎了,我没想到原来他承受着如此沉重的孤独。

好像世界在默认,我们每个人就应当是一座自给自足的孤岛。但每个人内心深处,无论是内向者还是外向者,其实都渴望能找到"自己人",然后大家成群结队地出去游玩。即使有时候这种渴望很微弱,但它一直存在,向往亲密关系是一种本能。我不禁开始思考,为什么没有人能用一张大网把我和我的"自己人"网住,放到带有壁炉的温暖酒吧呢?为什么讨论孤独、打破孤独是一件如此艰难的事呢?

我问爱德华和同事一般会聊什么。

"足球。"

"只有足球?"

"嗯。"

"就算你们一起去酒吧还是只聊足球?"

爱德华点了点头。

我记得我刚搬到英国,就慢慢但坚定地爱上了足球这项运动。在这里,足球无处不在,我甚至不用主动去记,大脑就会自动吸收英国球队的相关知识:大型赛程、球员信息、有争议的教练、保级大战等。2014 年的世界杯(巴西 VS 智利)上,我观看了我人生中的第一次点球大战。男人们哭了,我也哭了;内马尔(Neymar)哭了,我完蛋。我真的太喜欢足球了。

很快,我意识到其实关于足球我可以衍生出源源不断的话题。作为一名自由编辑，我经常在完全陌生的公司工作。每到要去一个新公司的前一晚，我都会失眠，就和大家跳槽去一个新公司的情况差不多（只是我在每个公司待的时间都很短）。

但有了足球这个话题，我融入新群体就容易很多了。我每次到了一个新公司，当同事们在茶水间围在一起讨论足总杯时，我总是有很多话想说。对像我这样的内向者却又喜欢足球的人来说，足球就是上天的馈赠。它充满了安全感，无时无刻不在陪伴着我，并且轻易就能驾驭。

足球是外向这一特质的完美载体，在你开启一段闲谈，会见新的朋友，打破尴尬或是想要应付出租车上的沉默氛围以及和客户谈判时，它都能派上大用场。

足球为我打开了一扇门，让我能快速融入人群（其中大部分是男性，因为热衷足球的男性是女性的两倍之多）。但我一旦跨进那道门，我就被困在了一个狭小的房间之中。我一般能讨论 40 分钟足球，如果是在世界杯期间，能再长一点，大概最多 1 个小时吧。然后，我就会收手了。一旦开始这个话题，我就像进了一个被施了法的迷宫一般，无处可逃，所有的道路不是死胡同就是被硕大的世界杯奖杯拦住。我被困在路口，向右走，是无休止的转会期讨论；向左走，是关于欧元的喋喋不休。我被困在了虚拟现实的循环里，内心不停地在咆哮：有人听到我说话了吗？

我开始担心我这么不正常能否合法地留在欧洲，会不会被驱逐出境？我们对足球太过狂热了吗？这个超级连接器、社会矫正机，把无数人连接在一起的东西，真的会阻碍真正的人际交往吗？

我在喜剧班认识的朋友本吉（Benji），是个喜剧演员。

"大家总嫌弃我老说一些严肃沉重的话题。"他说道，"于是他们给我起了个外号叫'沉重'，他们会说，你干吗老这么沉重啊，我们又不是在看病。"本吉比较严肃的原因可能与他白天是精神科医生有关。

但同时，有另一群朋友因为可以和本吉沟通比较沉重的话题而感到如释重负，比如正在备孕的朋友。除了本吉，没有人会关心这个朋友的试管授精进展如何，或者试管对他的夫妻关系有何影响。又比如另一个朋友的表弟自杀了，

第十章　当我们谈论孤独时我们在谈论什么

但他的其他朋友都不愿或者不敢提及这个话题,除了本吉。

"有时我的朋友会忍不住,跳过我的问题直接开始讨论昨天的比赛。"他说。

虽然这令他有些气愤,但他内心还是能够理解朋友们避开他的问题直接讨论足球的做法。足球是一个保守话题,但确实很有趣,聊起来既轻松又愉悦。比起想到岌岌可危的婚姻,人们估计觉得聊聊梅西(Messi)会更快乐。[这可能也是酒吧测试(Bar Test)① 广受欢迎的原因吧,因为在这个测试里人们几乎没有时间或者力气来聊他们的私生活。]

足球无数次成了我贫瘠谈话的救星,但我可能是一个怪物,因为我想要的谈话不仅仅是借助某个话题得以继续就足够了的那种,而是希望突破横亘在我们之间的屏障,然后进入深度交流。

我知道这种想法很可怕。

安妮是我在班布尔认识的新朋友,此刻我们正喝着咖啡,她向我讲述着她男朋友的事。她的男友叫苏尼尔(Sunil),他们交往了2个月,苏尼尔善良、帅气、有趣,工作也好,两个人的性生活也十分和谐。安妮和我讲述这些的时候,眼睛里仿佛有星星在闪闪发光。

"那很完美了啊,有什么问题吗?"

"我也不知道这重不重要,但是……我们一直都在开玩笑。"

"什么意思?"

"就是我们从来没有进行过……深度聊天。他会聊一些与电影有关的话题或者工作中的事情,但是我们从来没进行过什么有意义的对话。"

听了安妮的话,我一下子回想起了最开始决定变外向时遇到的那个美国女人,她戴着珍珠项链,在教室后排挣扎着想问我一个简单却有深度的问题。

---

① 酒吧测试,指邀请一个朋友或陌生人到酒吧,请对方给自己15分钟听自己做介绍。——译者注

"嗯，那你有问过他什么有深度的问题吗？"我问安妮。

"没有，感觉有点尴尬，我也不想让他觉得我是个古板严肃的人。"

其实我在想，也许苏尼尔在期待着安妮这么做，期待安妮开启一个有深度的话题。他可能也在和朋友抱怨：安妮性感、聪明、善良，就是讲话太肤浅。

安妮第一次和我说到这些时，我的第一反应是沮丧。她怎么能忍住不问那些她真正想知道答案的问题呢？同样地，苏尼尔怎么也能做到闭口不谈呢？

但很快，我就意识到这真的是一件很难的事情。我和萨姆交往6个月的时候也曾陷入同样的纠结里无法自拔。好多问题在我脑海中盘旋，但我不敢问。因为一旦问出口我就完全暴露在了他面前，那些我内心深处的想法，以及他在我心里的重要性，都会被他一览无余。我想知道他的恋爱史，想了解他的前女友，想知道是谁提出了结束上一段恋情，是萨姆，还是他的前女友。他们互相说过我爱你吗？他们仍然记挂着对方吗？他想要孩子吗？考虑过结婚吗？（和一个重心低的亚裔美国女人我本人？）

那时候我和萨姆还住在澳大利亚，冬天我们在乡下租了一间房子打算用来周末住。白日里我们去参观当地的酿酒厂，等到日落时分，我们就窝在门廊里，裹上厚厚的毛毯俯瞰低处的山谷，用葡萄酒配着当地的奶酪大快朵颐。我不记得是谁提出了这个建议（好吧，可能是我），我们决定在夜幕降临的那一小时，回答对方的任何问题。

这一个小时彻底改变了我们之间的关系。我把我心里的疑惑一股脑儿全倒给了萨姆，当然，萨姆也这么做了，然后我们坦诚地一五一十地将答案告诉对方。对于我们两个来说，这一晚都意义非凡，这一晚我们对彼此的感觉从好感正式升级为相爱。直到现在，"葡萄酒和奶酪时间"仍然是我们的安全空间的简称，但凡我们坐下来认真商讨什么事的时间都被称为"葡萄酒和奶酪时间"。其实对我来说有点痛苦，因为我不喜欢葡萄酒，所以现在改为"咖啡和佳发蛋糕时间"更合适（"伏特加和品客薯片时间"也可以）。

我告诉安妮对伴侣敞开心扉和适当展现自己内心深处的脆弱是多么重要。

第十章 当我们谈论孤独时我们在谈论什么

相关研究人员亚瑟·阿伦（Arthur Aron）表示他知道如何让两个陌生人坠入爱河。他罗列了 36 个较为私密的问题，并强调，如果你能向潜在伴侣问出这些问题，然后盯着对方的眼睛 4 分钟，你们坠入爱河的概率就会大大增加，因为关于这些问题的思考加深了你们之间的关系。但，这能奏效吗？

我把附有问题的文章链接发给了安妮。

"试试这个？"

我感觉自己就像一个医生，刚递给她一张处方药的药单。"药单"上的问题都不好问。你最珍贵的记忆是什么？最可怕的回忆是什么？甚至还有更难的——如果你今晚就要离开这个世界，不再有机会和别人交流，你最后悔没说出口的话是什么，为什么你到现在还没有说出口？

我和萨姆在拉面馆吃饭，但今晚我花在吃面上的时间比以往长。萨姆说他的一个朋友搬去了日本，在那边好像交不到什么朋友。

"你怎么知道，他跟你说了？"

"他倒是没怎么说，但是他一直埋头工作，而且没跟我们分享什么夜生活，或者外国人的新鲜事。这些东西对他来说可太重要了，他从来都不喜欢一个人待着。什么都不说，总是埋头工作，这一点都不像他。"

我想到了先前和那些或功成名就，或一事无成的男性们的对话。

我对萨姆说："我希望他能直接跟你倾诉，希望全世界的男人都能承认自己的脆弱。"

几分钟后，餐厅的门开了，一个男人推开门，大步流星地走进来。他独自在我们旁边的位子落座，手边放着一本书。我扫了一眼书名——《活出感性：直面脆弱，拥抱不完美的自己》（Daring Greatly: How the Courage to Be Vulnerabe Transforms the way We Live, Love, Parent and Lead）[①]，作者是布琳·布

[①] 该书在中国台湾出版时，书名被翻译成《脆弱的力量》。——译者注

朗（Brené Brown）。

苍天呐！

这一切真的太巧合了，但它真真切切地发生了。我用一切神圣的东西起誓，包括内马尔的右脚。我感觉宇宙听到了我的呼唤。

布琳·布朗正是那个给我启发的专家，她鼓励我去寻找可以帮我"移尸"的真正的朋友。在她著名的 TED（Technology、Entertainment、Design 的缩写，即技术、娱乐、设计）演讲里，她肯定了脆弱的力量，为此我开始重新考虑想在自己的婚礼上做个演讲。而此刻，在这里，正有一个男人在读她的书。

伦敦北部有那么多家拉面馆，他偏偏走进了我在的这一家！

我意味深长地看着萨姆，用下巴朝那个人和他的书扬了扬来示意。萨姆见状大惊失色，坚定地摇头阻止我："不要去！"我不管不顾，用力地点了点头："就要去！"萨姆无奈地冲着我摇了摇头，我做了一个深呼吸。

时机准备就绪，我也准备就绪。

"这本还可以吗？"我歪着身子，从我们的位子探到他的面前。

他抬起头，脸上明晃晃地写着，我打扰到他了。他只是想在周六晚上 8 点钟，安安静静地独自享用一碗美味的拉面，然后读读《活出感性》。

"我不清楚，我刚刚才开始看。"然后他好像故意似的，低头打开书开始看。砰，门关上了；啪，窗也关上了；对方拍拍屁股走人了。

于是，我成了人们口中常说的"某人"，那些嘲笑别人正常生活的坏人，在一旁喋喋不休如同噩梦一般的人。因为沉迷深度交流，所以我可能会摧毁每一个原本有趣的时刻，在别人聊得正酣时冷不丁来一句"那孩子们怎么办？"。聚会结束后，大家会称呼我为"闻风丧胆女士"。

那个男人已经开始阅读那本和脆弱、孤独有关的书了，我不该去打扰他，他在自己的频道上，他生活得很好。

有时与人深聊不错，有时保持安静更佳。感受自己生活的每个瞬间，也允许别人舒适地活着。那已经被我忘却的、逝去的生活方式，尤其是那些与我擦

第十章 当我们谈论孤独时我们在谈论什么

肩而过的匆匆路人,现在想起来居然异常亲切。

我们买完单,披上外套走进沁满凉意的黑夜里。出门后,我忍不住又回头看了那个男人一眼,他依旧沉浸在书里。

我们慢悠悠地散步回家,肚子里装满了热乎乎、咸渍渍的面汤。到家时正好赶上《今日比赛》(*Match of the Day*),我们又能够沉浸在足球的美妙世界里了。

第十一章

独自旅行：寻找『极乐之境』

第十一章　独自旅行：寻找"极乐之境"

周二早晨 6 点，我登上了开往斯坦斯特德的火车。天还没亮，外面一片漆黑，我已经不记得我上一次在太阳出来之前起床是什么时候了。

我在火车上找到自己的座位坐下，撕开上星期收到的信，里面有一张手写的纸条。

杰茜卡：

　　你好！

　　请拥抱未知。

　　祝玩得开心。

萨拉（Sarah）

我和这个萨拉以前从未谋面，彼此完全不认识，我只知道是她决定了我今天的去向。我要离开脚下这片土地，落脚在欧洲的某个地方，剩下的只有萨拉知道。

信封里有张纸条，告诉我早上 6 点 30 分前到达机场，我将在那里登上前往未知世界的飞机。

这像极了一个忙忙碌碌的普通人拿到了超级英雄的剧本：某天突然收到一张来路不明的纸条，然后开始打怪升级，拯救世界。纸条上往往会写："你被召唤而来，你别无他选，使命必达……"我追切地希望我的使命不要令我太痛苦。

走出内向：给孤独者的治愈之书

早上 6 点 30 分，我的目的地即将被解锁。我要做的就是把封在第二个信封里的密码刮出来，把它输入手机，然后一切未知都会被徐徐揭开。在去往斯坦斯特德的火车上，我望着窗外，看着太阳慢慢在伦敦升起，等待着时间嘀嗒嘀嗒地走完。我会降落在一个像博洛尼亚那样的新城市，吃上一大盘意大利面，骑上一辆橙色的韦士柏（Vespa）牌摩托车吗？我会喝上一杯浓郁的咖啡，在斯德哥尔摩的海边漫步吗？还是说我要去探索马德里的后街？

6 点 28 分。即使在最后的两分钟里，可能性仍然是无限的。我可以去任何地方，做任何事情。这是我一生中最快乐的时光。

不过，我寻找的不只是某个新地方，更是一种感觉、一种存在的状态。那种不可思议的瞬间，你没法预测接下来会发生什么，你会遇见谁，他们会带你去向何方。在这种状态下，一切都在流动，每一个未知的惊喜都在熠熠闪光，新的朋友即将到来，奇异的冒险即将开启。我的邻居汉娜（兴许是未来最好的朋友？）告诉我，她把我要找的东西称作"极乐之境"。有时运气好，你在家门口就会坠入"极乐之境"（不是那个音乐剧），而当你身处异国他乡时，就更容易走进这个美妙地带。

6 点 29 分。在我们短暂的生命中，什么时候才有闲暇去冒险呢？几乎没有。

在假期里，我们会下榻口碑不错的酒店，去猫途鹰（TripAdvisor）上评级不错的餐厅吃饭，去参观 Instagram 上标签最多的地方。每个旅游胜地都会有一个标准化的模板——人们离开家去寻找新的冒险，回来的时候却发现和认识的人享受着雷同的假期，哪怕从不同的地方跳进海里的照片的角度和构图也一模一样。

这种假期没有新意，缺乏神秘，更不会有什么"极乐之境"。此时，我不知道自己将去向何方，我不能用社交媒体，不能查询旅游攻略，仅凭对陌生人的洞察力和善意开启我的旅程。我对此充满期待。

我的目的地将在 60 秒之后解锁，我脑海中浮现出这样的画面：几小时后，我就可以在奥斯陆观看一支斯堪的纳维亚独立乐队的演出，在波尔多的一个露

第十一章 独自旅行：寻找"极乐之境"

台上和一个名叫杰勒德（Gerard）的酿酒师一起品鉴红酒，叼着一根木棍在阿姆斯特丹的运河边漫步。

6 点 30 分，吉时已到。我在口袋里找到一枚 20 便士（Penny）[①]的硬币，把纸上的涂层划掉，密码显现。我输入手机，屏幕上的倒计时开始闪烁：

5、4、3、2、1……

我屏住呼吸，紧张的心提到了嗓子眼，我的秘密目的地即将揭晓：匈牙利的布达佩斯。

哦！好吧。

每次旅行之前，我总是计划过度。对有些人来说，所谓内向就是自己想得太多，过于谨小慎微，却不向别人敞开心扉。这意味着更低频次的自主冒险，更多冗杂的电子表格，以及源源不断的计划，甚至计划中的计划。

因此，我决定开启一次真正的未知之旅。没有旅行指南，没有网络上的建议，没有 Instagram 搜索。我将全程听从沿途遇到的人的建议，以开放的心态拥抱一片全新的异国土地。

"谜底"揭开的瞬间，印证了为什么很多揭秘节目会给人虎头蛇尾之感。我去过布达佩斯，那次我父母乘船游览完多瑙河上岸时，我和他们迎头相遇。

以下是我对布达佩斯的全部记忆：

1）站在城堡里眺望到的城市胜景；
2）一个叫作"恐怖之屋"的博物馆，里面萦绕着纳粹和苏联的噩梦；
3）皱着眉头的当地人；
4）菜炖牛肉。

那已经是 7 年前的事了。布达佩斯是不错，但我并不是很喜欢。我不太记

[①] 便士，英国货币辅币单位。100 便士 =1 英镑。——译者注

得个中缘由，也不确定我是否还想再去——而此时我恰恰在故地重游的路上。为我预订这次旅行的公司叫 Srprs.me①，意思就像是"让我大吃一惊（Surprise Me）"。嗯，这绝对是一个惊喜——尤其是因为我永远不会预订一个需要我在早上 6 点 30 分之前到达斯坦斯特德机场的假日航班。

当你在 Srprs.me 的官网上预订你的假期时，你可以优先排除掉 3 个城市。我选了慕尼黑，因为我刚刚去过那里参加婚礼；第二个是巴塞罗那，因为我了解到当地居民正在抗议旅游业的过度开发；还有马赛，因为几周前在一次社交活动上，我遇到的一位女士神神叨叨地告诉我，她在那里被下了药，然后说："没事……我还好。但千万别去马赛！"她就像一个精神错乱的教母，眼睛里充满了恐惧，一边手里攥着一杯普罗塞克葡萄酒，一边还语重心长地给我建议。我倒是对她深信不疑。

我支付了 220 英镑，网站承诺他们会负责住宿和机票。出发前一周，他们给我发了天气预报，这样我就知道该带些什么了。我要为这场"惊喜"不断的冒险做足准备。

Srprs.me，一切准备就绪，你就好好让我"惊喜"吧。

我爸妈坚信 Srprs.me 实际上从事的是以营利为目的的绑架行动。某些白痴（这里特指我自己）会支付一笔费用，本质上是在出资绑架自己，就像利亚姆·尼森（Liam Neeson）主演的电影《飓风营救》（*Taken*）拍的那样，我心甘情愿地登上飞机，把东西拾掇得齐齐整整，然后下了飞机，投入绑匪的怀抱，还不忘大声喊："我在这儿！"

这样的"惊喜"的确让我有点猝不及防。

此刻我在机场该做点什么呢？我不能买旅游手册，因为这有违规则。

我径直走向免税店的香水区，在手腕上喷上香奈儿的"邂逅"香水，煞有介事地邀请好运加入我的冒险中来。我在脸上涂了厚厚的一层"海蓝之谜"，

---

① Srprs.me 是 2013 年在荷兰的阿姆斯特丹成立的一家旅行社。——译者注

第十一章　独自旅行：寻找"极乐之境"

因为那玩意儿实在太贵了。尽管它不是冒险的一部分，但我愿意坐飞机的时候带着我吹弹可破的少女般的肌肤。接着我又把科颜氏的润肤露擦在手上，毕竟飞机上非常干燥。好了，万事俱备。

布达佩斯。嗯，那然后呢……

我住的旅馆房间很少，但房间都很干净，每间房都有一个大窗户，宽敞透亮，还配备了一个迷你冰箱。我带了一件华贵的拖地长裙，因为我想象着会去罗马看意大利歌剧；还带了一套白色比基尼，以防我需要在圣塞巴斯蒂安的海滩上晒太阳或是潜入爱琴海中。我放下行李，整理好今天所需的物品：一些匈牙利的现金，一件黑色的泳衣（难不成我想在多瑙河游个泳？），一瓶水。一切准备妥当。

我走到门口去开门，结果和门把手展开了激烈的搏斗。我试着转动钥匙，但它纹丝不动。好了，我被锁住了。我出不去了。我又暴躁地扭动钥匙。好了，这下它卡住了。我把自己锁在房间里了。我开始冒汗，喉咙里仿佛有一种窒息的叫喊。

这下我爸妈的话应验了。我被自己绑架了。

我跑到房间的电话旁，给前台打了电话。

"救命！我被锁在房间里了！"我上气不接下气地喊道。

"你在房间里面还是在房间外面？"电话那头的人备受煎熬地问道。

"里面。"老兄，我不在里面，怎么给你打电话呢？

他甚至没有掩饰自己沉重的叹息。

"我会派女服务员把你放出去的。"他说。

几分钟后，一个满头问号的女服务员将我解救了出去。她努力向我展示如何正确使用钥匙，我模仿她比画着，表示自己已经学会了（感谢你，我上过的即兴表演课）。但不得不说，那真是一把很黏的锁。

她走到外面，演示性地把我锁在房间里，想测试我是否真的学会了。果不

走出内向：给孤独者的治愈之书

其然，我又被卡住了。

当我第二次被释放时，我立即收拾东西去换了个房间。

再来一次。我背起背包，收起护照，系紧鞋带，把头发扎成马尾。

如果我想有一次成功的旅行经历，我就得假装自己是贾森·伯恩（Jason Bourne）[①]，带着任务冲进一座城市。唯一不同的是贾森不太喜欢交朋友。他是个训练有素的杀手，为自己的使命奔波。也许这个比喻并不恰当，但它在此刻对安慰自己挺有效。

我突然感觉到了前所未有的自由。接下来去哪儿？我可以去任何地方！

我看了眼手机，看到了我的旅行导师查尔斯（Charles）发来的信息。

大约15年前，查尔斯曾担任萨姆为期两周的美国之旅的导游，从那时起他们就一直是朋友。

他曾多次带领团队遍游美国，从齐整的家庭旅行团，到醉醺醺的单身团，再到全是澳大利亚人的巴士旅行团，他一直保持着带队零伤亡的纪录。尽管团里有很多成员借着酒力，无所不用其极地做一些令人大跌眼镜的蠢事，比如在新奥尔良偷枪。

他走遍了美国的50个州，足迹遍及东南亚、南美，还去过印度和澳大利亚。

但这些都不是我选择查尔斯做我的导师的原因，我对他的神秘能力更感兴趣。你看，查尔斯几乎每到一个地方，都会撞进"极乐之境"；他是我认识的第一个承认自己有多幸运的人。他总把这样的话挂在嘴边："雨真的不会下在我身上。"他也遭遇过不测，却总能化险为夷，甚至还会有新的收获，比如他一路上结交了15个最好的朋友，友谊一直延续至今。他曾忘带自己的护照，却依旧能顺利起飞，就这样一路打怪升级，变成了现在的样子。

要长时间听查尔斯讲话而不嫉妒他是很难的。因为他善解人意，又非常可

[①] 贾森·伯恩，电影《谍影重重》系列的男主角。——译者注

第十一章 独自旅行：寻找"极乐之境"

爱，但他又过于优秀，导致你对他总是爱恨交加。他甚至看起来长得有点像本·福格尔（Ben Fogle）[①]。毋庸讳言，他是一个外向的人，我们天生迥然不同。

前不久我们在伦敦一起吃晚饭的时候，我告诉查尔斯，我的任务是不用手机，不看旅游攻略，出去认识陌生人并和他们交朋友。他对此表示有些担心。

"这在10年前是可行的。"他说，"但现在一切都变了。在我以前的旅游团里，一起玩的人会成为好朋友。现在，即使人们去了酒吧都只知道用手机和交友软件上的人聊天。"

我一直害怕这个。

"现在要认识一个人比以前难多了，以前我可以在旅馆或酒吧里轻轻松松就做到。"

"你很擅长是吗？"

"我简直是个交友小天才。"查尔斯说。

他的确是在陈述事实：查尔斯是个迷人精（魅力吸铁石），是房间里最最有趣的人，谁见到他都会忍不住想驶入他的轨道，和他保持同一频率。

"所以你会孤身一人在异国的酒吧里结识新朋友？"

"绝对。"

"你不怕他们谋财害命吗？"

查尔斯正在喝第二杯酒，差点喷出来。他看着我说："不怕啊。""真的从来没有怕过？"我问。

"我身上从来没有'害怕'这种东西。而你……身上全都是。"他指着我说。

我沉默良久，陷入思考。

"杰丝，我从来没有想过别人会是杀人犯。"

那是因为你是个男人。显然我的想法有些阴暗。

"我一天会想上10次。"我说。

[①] 本·福格尔，英国演员。——译者注

"这可能就是你不善于与人打交道的原因。"他说,"你不能一边这样想,还一边指望交到朋友。"

"如果最后我一个人都不认识,或是在冒险中失败了怎么办?"我问。

"没有失败。"查尔斯说,"要么做,要么不做。"我的"尤达"大师早有此言。

基于上述原因,我预订了我的这次旅行。我的脑海里循环播放着我独自旅行时可能会遇到的九九八十一难:你小便时谁帮你拿包?要是你没有看到正确的火车站标志怎么办?要是你的钱包被偷了,谁会救你一命?要是你生病了,该怎么办?要是……?要是……?要是……?查尔斯的短信是这样说的:

记住!拥抱未知,选择你的回应,自定义你的晴天和雨天。

"选择你的回应",查尔斯的意思是我们可以通过改变自己的态度来改变一个不太理想的现状。这恰恰是我不擅长的。说实话,我也不知道他是怎么指望我自定义天气的。

我扫视着布达佩斯的街道,完全不知所措。没错,我的确需要拥抱未知,但我也不想就这么径直走进一片杂乱无章的郊区,或者直接掉到黑魆魆的井底。我转过身去,问站在旅馆服务台后的加博尔(Gabor)我应该往哪个方向走,他用手指着前门的外面。

"去哪都是走那个方向。"他说。

这一天阳光明媚,天空一片蔚蓝。我走着走着,看到了一个歌剧院的标志。歌剧!我终于可以去看歌剧了!意大利歌剧什么的不需要了,我有匈牙利歌剧!

但当我走近这幢建筑时,我看到有脚手架环绕在它周围。一块指示牌上写着:"这里部分关闭。"在入口处的亭子里,一位男士告诉我今天没有表演,但我仍然可以进去参观。

第十一章 独自旅行：寻找"极乐之境"

我走到歌剧院的入口，一边排队买票，一边欣赏天花板上的金制镶边、彩色壁画和枝形吊灯。售票处的人向我问好。

"你好！有什么能帮你？需要两张票吗？"

我转过身，一个40多岁的亚裔男人站在我身后。

"哦，我们不是一起的。"我说。

付了票钱之后，等那个亚裔男人买完他的票，我转向他。

"你从哪儿来呀？你也是一个人旅行吗？"我问他，搞不准这个人会成为我未来最好的朋友。

"我来自婆罗洲（Borneo）①。"他说完，一个女人和一个女孩从他身边钻了出来，"这是我的家人。"

那个女人恶狠狠地看着我。

真棒。我在一个马来西亚男人的妻子面前和他搭讪。

这算是我遇到的第一个陌生人。

我环顾四周，看到越来越多的游客戴着千奇百怪的帽子、提着各式各样的行李包走进来，他们是跟团来的，正在集合。

现在是下午3点，我今天滴水未进。我不想待在这里。

我想看的是歌剧，并不想参加这次人挤人的参观活动。

我的这趟旅行是想取悦谁呢？答案是我自己。所以我做出了回应，把票扔进了垃圾箱。

"请问这里有可以吃饭的地方吗？"我拦下两个陌生人，他们似乎对我提出的问题感到困惑。我心灰意冷，干脆走到一个问讯处，问站在那里的一个20多岁的匈牙利小伙子。"请不要告诉游客往哪个方向走，而是回答，此时此刻，你会去哪里吃午饭？"他拿出一张地图，指给我看一个叫 Október 6（一

---

① 婆罗洲，印度尼西亚称之为"加里曼丹岛"。该岛是世界第三大岛，约三分之二地区为印度尼西亚领土，北部为马来西亚和文莱领土。——译者注

家餐馆的名字）的地方。我朝那个方向走去，在第一家餐馆停了下来，每张桌子上都摆着红白相间的桌布和几罐红辣椒。在这家空无一人的餐馆里，我吃了一顿齁咸的饭，里面有酱猪肉和红辣椒，薯条也都潮了。吃完后，我穿过这座城市，瞻仰着壮观的文艺复兴时期和巴洛克时期的建筑。

我独自一人游荡着，突然想起心理学家尼克说过的话："没有人会主动挥手，但所有人都会回应你的挥手。"我开始对路过的人微笑，却没有人回我微笑。

我很困惑，于是在谷歌上搜索匈牙利的统计数据（严格意义上说，我并没有作弊——我不是在寻找旅游小贴士，只是出于兴趣研究一下当地人）。我登录进一个国际排名系统，比较了 80 个国家中的 65 个国家的属性。在 1~10 分的"有趣"评分中，匈牙利人的得分为 1.6 分，意大利人得了 9.1 分。（英国人得 4.2 分。）所以可能不只是我觉得这里的人无趣。在一家店里，我看见镜子中的自己愁眉不展。就我而言，我现在有打 0 分的冲动。

虽然眼前的建筑美轮美奂，但我觉得这一切都遥不可及：要么宏大，要么雄伟，要么空空如也。通常情况下，我会去博物馆或画廊，但那并不是结识新朋友的好方法。对我来说，"认识人"才是寻找"极乐之境"最不可或缺的一部分。现在还不到晚上 7 点，我的眼神就已经逐渐变得呆滞。因为我昨晚没睡，我的眼睛现在没法保持睁开的状态。我决定步行回酒店，大睡一觉后重整旗鼓。

我睡着了，12 个小时后才醒来。现在是早晨 7 点 30 分。

我决不能告诉查尔斯我在布达佩斯的第一天是睡着度过的。我收拾了一下装日用品的背包，想要补救一下这个假期，以及我自己。

当我从咖啡师那里得到去浴场的路线后，我朝多瑙河走去。我穿过了桥，微风轻拂着我的头发。当我抵达盖勒特浴场（Gellert Baths）时，我立刻爱上了这片新艺术派的建筑：铺着瓷砖的拱廊和彩绘的穹顶。

在更衣室里，我换上了黑色连身衣和人字拖（无论目的地是哪里，人字拖总是必要的）。我把衣服塞进储物柜，四处看了看。

第十一章　独自旅行：寻找"极乐之境"

我完全不知道自己要做什么。我要和其他人一起去洗澡……？那不就是……游泳吗？

本来我就打算去匈牙利游泳的。而且，我一直在心里管它叫"匈牙利亚"，因为我曾经有一个来自保加利亚的室友。

我跟随着其他的游泳者爬上了通向室外的楼梯，发现了一个豪华的蓝色泳池，池壁上贴着五颜六色的马赛克瓷砖。泳池周围树木掩映——因为时值夏末，将要入秋，树叶开始呈现出橘黄和金色的迹象。

这里美得惊艳。我小心翼翼地爬进水里。天气暖和，但不热。我就像游在子宫里一样自在。游泳池里只有零星的几个人。我惊奇地甩了甩头——发现这样一块宝地实属意外，一种久违的快乐涌上心头。

我放松身体，沿着泳池的长边游了过去。我漂浮在水面上，翻了个身，仰面朝天，周围皇家般的胜景尽收眼底。我闭上眼睛，深深地吸了一口气。空气很是温暖，微风拂过，仿佛在和我亲近。我缓缓睁开眼睛，蓝色的天空纤尘不染，树上橘黄色的叶子偶尔会飘下来，落在水面上像是一艘艘小船，随风摇曳。

我真的好快乐。我以前很讨厌没有计划且还要独自旅行的想法，但我现在身处异国，一个人好不快活。不知怎的，我感觉自己仿佛在一个巨大的浴缸里漂浮着，凝望着匈牙利的天空，我的身心都从日常的琐碎中挣脱出来，得到了百分百的自由。那些密密麻麻的电子表格、无聊且缥缈的 5 年计划，以及压得让人喘不过气来的行程安排，此时此刻全都被抛诸脑后。我终于在一个陌生的地方找到了一丝冒险的乐趣。

游完泳后，我四处闲逛，探索周围的环境，看到一排人进入了一块木制的大门里面。啊，是我的老朋友，桑拿！外面有些凉意，所以我决定进去暖和一下。当我走进桑拿室时，眼前一片漆黑，黑暗得令人有些不安。

走进一个满是陌生人的房间总是会令人尴尬——但当房间里的陌生人全都是 50 多岁的匈牙利半裸男性，而你穿着凹凸有致的泳衣走进来，他们齐刷刷地盯着你时，这就不是尴尬了，而是有些惊悚。

233

不过，我还进过比这更糟糕的房间。

我摊开毛巾坐下，热浪很快将我吞没。我倚在木条上，脑海里闪现了很多以前的画面：桑拿房的接待员，穿着黑色毛衣的我，以及为了减肥我试图把身上的水分烤干的场景。我环顾四周，打量着那些匈牙利人，试着不去想我如何才能在健身和减肥比赛中轻松击败他们。

相反，我想得更多的是，距离起点我已经走出了多远。我已不像上次蒸桑拿那样害怕和沮丧，此刻我处在一个意想不到的如田园诗般的地方。谁能预想到会发生这些事呢？

最后我肚子叫了起来。换好衣服后，我就去找吃的了，我迫不及待想吃一块香甜可口的蛋糕。

我再次穿过多瑙河，四处晃荡，仿佛过去了好几个小时。没有目的地，随便找个地方停下来，是不可能的。最后，我来到了一个大广场，看到一个叫盖氏咖啡的咖啡馆。它和布达佩斯的很多建筑一样，很是宏伟，橱窗里摆满了五颜六色的蛋糕和闪闪发光的泡芙。

店里有高高的拱形天花板，豌豆绿色的点缀和落地窗壁龛，人造大理石地板和枝形吊灯。我挑了一个靠窗的角落坐下，可以环视整个咖啡馆。我突然想起来：很久之前我和父母来过这里。我还问过旅馆的服务员在哪里可以找到当地最好吃的蛋糕，他告诉我们来这里。我现在就坐在7年前我们坐过的那张桌子的旁边。我点了店里最负盛名的蛋糕。

它是一块长方形的油酥松饼，上面是杏仁酱和几层黑色巧克力。

它看起来太好看了，吃了似乎有些暴殄天物。

但不吃的话，才是真的暴殄天物吧。

我咬了一口。

蛋糕很干，非常干，尝起来就像风干无味的无花果馅饼上淋了一层苦涩的巧克力。上次我来这里的时候，这种蛋糕还很好吃。这儿究竟发生了什么？

低血糖使得我异常愤怒，不能自已。

第十一章 独自旅行：寻找"极乐之境"

这是一块蛋糕。蛋糕怎么能做成这样呢？你们匈牙利人搞什么玩意儿，蛋糕都做不好？？？

在《英国家庭烘焙大赛》(The Great British Bake Off)中，保罗·好莱坞（Paul Hollywood）有时会咬一小口那些"精美的杰作"，做个鬼脸，然后说："你需要改进一下蛋糕的味道哦。"这时，我总会在屏幕前嘀咕："这位大哥，你有没搞错啊，人家在规定的时间里做了一个那么精致的蛋糕，它的味道肯定很不错啊！"

现在我知道他是对的，就因为这份该死的、闪着光的、美得"不可方物"的蛋糕。

我的田园梦碎了一地。

我一边喝着咖啡，一边既羞耻又轻蔑地把蛋糕推到一边。

贾森·伯恩绝不会因为难吃的蛋糕而哭泣！贾森·伯恩从不哭泣。（其实他可以的，要怪只能怪他太有阳刚之气。）

尽管冒险精神指引我来到了这座城市，下午我也的确泡了澡，身心舒畅，但自从我来到这里，就再没有和任何人联系过，我倍感孤独。

这是一个奇怪的悖论。我非常想和人们一起出去玩，但是一想到和陌生人说话我就觉得胃疼。我原本以为摆脱了的羞怯感，现在又在这座陌生的城市卷土袭来。难道只有在伦敦的家中才能一点点地扩张我的舒适区吗？

我是不是并没有什么改变？

我听到一个声音，于是朝右边看了一眼。

在我旁边的角落里站着一个身材魁梧的男人，他蓄着络腮胡，留着一头卷曲的黑发。他正在用英语向服务员买单，但带着浓重的口音，两个人有些交流不畅。这是我出击的机会。

另外，我需要他的原始情报。

"嗨！"我对那个卷头发的男人说，"你点了什么？"

他拿起菜单，指着一张精美的香草冰淇淋图片。

"好吃吗？"我问。

"嗯，可好吃了！"他说。

"你从哪儿来？"

"希腊。"他告诉我。"你是来工作的吗？"他问道。我想我给人的感觉不像是"本地人"。

"不是，我是……我只是来玩的。"我说。这倒也不假。"那你到城里来干什么？"

"我是本周世界摔跤锦标赛的经理。"他告诉我。

棒极了！我要去看摔跤比赛！我很早之前就想去了！

但那个男人告诉我，比赛要在我飞回家后才开始。我还没来得及认真询问他为什么选择这份职业，他就起身离开了。

"保重！"他喊道，随即消失在门外。

我没有闷闷不乐。他走后我点了他推荐的泡芙松饼蛋糕。它看起来是那样的完美无瑕，像一件艺术品般精致，但我刚刚被骗过一次，心里还是有些提防。我用勺子舀了一小勺，尝了一口：咖啡味的奶油，夹杂着翻糖和波本香草的清香。蛋糕很可口，那个希腊人可算没有辜负我。他只在我生命中出现了短暂的一瞬，但他拯救了我的整个下午，满足了我对美味蛋糕的需求。我觉得我会一直记得他。

咖啡馆里的其他人都成双成对地坐着。我在伦敦的时候，独自一人在公共场合吃东西一般也无大碍，因为伦敦本身没有这种令人窒息的孤独感。此刻的孤独感是我两天没跟任何人联系而累积的结果。还因为当你想要消磨时间时，时间的流逝是不同的。在伦敦，我可以轻松地独处几天，反倒还能享受孤独。但在这里，在一个陌生的城市，一切都让我无所适从。我的思绪四散，无处安定。

想起我在伦敦的时候，四处询问人们对孤独的感受，觉得孤独一旦被谈起，它就会打破咒印，永远消失。现在，我在东欧——孤独就像其他时候一样降临

第十一章 独自旅行：寻找"极乐之境"

在我面前，再次将我捕获，撕扯着我。我顿感茫然，迷失在这铺天盖地的孤独感之中。

这个假期我没带任何书，这对我来说是第一次。因为我觉得自己不该把时间花在看书上——理论上在每个角落我都会遇上一群志趣相投的新朋友，他们会一下子点燃气氛，给每个人点上一杯龙舌兰酒，带我去某一座秘密花园，或是蹑手蹑脚地去偷别人家的船。但现实并非如此。这些人在哪里？为什么我还没找到他们？

猛然间，我意识到在我脑海里，我在一个人待着的时候，是多么想念我的父母，想更频繁地和他们见面；我想念萨姆，是他让我的每个周末都丰富多彩；我想念我散落在全世界的老朋友。我开始怀疑我最近所有的人生抉择，比如这次独自一人来布达佩斯的惊喜之旅。

尽管独处对我来说意义非凡，但我喜欢的是自己能把控的独处方式。这一刻，我真的很希望萨姆，或是我的父母，或是雷切尔，甚至是之前聚会认识的朋友，能走进那扇门站在我的面前，跟我说一句："嘿，好巧，你也在这里啊？"

这时我想起来了——我认识一个来自布达佩斯的人！我在伦敦的即兴表演班上认识的艾妮可。我还没来得及阻止自己，就给她发了短信，询问她有什么建议。我安慰自己这挺好的，这绝对不是作弊：她是当地"土著"，我是在一个即兴表演班上认识她的，当时我非常外向。这——绝对——不算——作弊。

她回我短信说："你一定要去泽勒小餐馆（Zeller Bistro）吃饭啊！"

有了这个内行人的建议后，我重新振作起来，吃完了泡芙松饼蛋糕，穿过城市朝泽勒小餐馆走去。它正在远处，灯火通明。我告诉自己，今晚就试着找个人聊聊天。一个就好。你坚持这么做好几个月了，而且你经常顺风顺水，没出什么岔子。你甚至做过数据复盘，能证明这一点。你还采访过社会心理学家。你还上过各种各样的课。你现在已经全副武装，训练有素了。

你能做到的。

我快到时，发现到这家餐厅充满了浪漫的气息：装饰用的绿植从天花板上垂下,灯和蜡烛在桌子上散发着柔和温暖的光。

我找了个位置坐下,服务员过来向我介绍店里的特色菜。正当我考虑点一例菌汤时,我听到旁边有人说:"我要来一份这个菌汤。"我向右边看,一个长得很像我的女人也在独自用餐。在她点了牛肉片后,我听出来她有美国口音。

点完菜,我端详着店里的蜡烛和植物。坐在我另一侧的一对夫妇手握着手,互相看着彼此的眼睛,满脸深情。还有一大群人在房间对面大声地笑着。他们中途停了一下,紧接着又爆发出一阵笑声。

我"磨刀霍霍",为接下来要做的事情做好准备。

"嗨,你是哪里人呀?"我冲着坐在我旁边桌的女人喊道。

这一刻,我变成了我母亲的模样,开始疯狂搭讪了。一切就这样发生了,我被推到了孤独的悬崖边上,最终还是向它屈服了。那个女人吓了一跳,看了我一眼。

"芝加哥。"她说。

"你是一个人旅行吗?"我问。

"是啊。"她说完,拿起一片面包。我环顾餐厅四周,环顾人群,环顾那些浪漫的情侣。我可以坐在自己的位子上,盯着我的手机看,也可以偷偷瞄她的手机。或者,我可以向她敞开怀抱。

"要不要一起用餐?"我指着我的桌子问。

"哦……好吧。"她说完,我才意识到我们近在咫尺。我把她置于这样的境地,她说"不"可能是更痛苦的选择。接下来的30秒是痛苦的尴尬时间,她把她的购物袋、她的盘子、她的饮料和她钱包一股脑儿全都腾挪到我的桌子上。服务员在一旁默默看着。

她坐在我对面的座位上。

"我叫杰丝。"我站起来伸出手说道。

"我叫温迪。"她握着我的手说。

"我叫马克。"我们旁边的一个服务员插嘴说。

第十一章 独自旅行：寻找"极乐之境"

"我叫卢卡斯（Lukas）！"

另一个人紧接着说。

他们互相握手，相视大笑，然后击了个掌。这很酷。

温迪，我的晚餐伙伴（最好的新朋友？）正在独自一人游览布达佩斯，接着她会去维也纳，最后一站是巴伐利亚。她更喜欢独自旅行，因为过去与她同行的伙伴都没有探索美景和美食的欲望。我试着透过她的眼睛走进她的内心——独自旅行是罕见而珍贵的，她有足够的自由去做自己想做的事情。

我还很想问一句："你会不会因为这种摧枯拉朽般的孤独感做一些事情，比如在蛋糕前哭泣？"但我和温迪刚刚谋面，这只是我们的"第一次约会"，我正忙着把服务员给我端来的免费面包塞进嘴里，我就咽回刚想说的话了。接着我又狼吞虎咽地将排骨和土豆消灭干净，身心满足，这是我到这座城市以来吃的第一顿像样的饭。

温迪刚申请了医学院，我怀疑她就是我爸给我举的例子中那些别人家的孩子。眼前这位和我十分相像的"分身"，对布达佩斯简直了如指掌。

服务员把账单拿过来，说了一句："你刚交了一个新朋友啊！我在这里是头一回见！"

他永远都不会知道，味同嚼蜡的蛋糕和排山倒海的孤独感会把一个人逼成什么样。

艾妮可还向我推荐了一家酒吧，于是我邀请温迪和我一同前往。我们一边在老城区的古街上漫步，一边悠闲地聊着天。渐渐地，那种困扰了我一整天的孤独感消失了。在温迪的陪伴下，我有一种很踏实的感觉，不再像蒲公英一样无根地飘荡，我感觉到了自己真切的存在。

这家酒吧更像是把10家酒吧合在了一起，两层的房间多得数不过来。每个房间都有不同种类的音乐——欧洲流行音乐、爵士乐、摇滚乐等。

Szimpla Kert 是一家"废墟酒吧"，历史非常悠久，但给人的感觉并非如此。

走出内向:给孤独者的治愈之书

温迪坚持要点巴林卡(palinka),这是一种传统的匈牙利烈酒(原来这位朋友喜欢烈酒啊!)。酒保递给我们几杯颜色鲜亮的酒,我尝了一口后,便放下了手中的酒,酒精引起的灼热感瞬间爬上我的脸颊。我不禁打了个冷战,赶紧又点了一杯苹果酒。几种酒如此循环。

我和温迪在一个房间里漫步,一位女士正在钢琴上弹奏歌剧《猫》(Cats)里的歌曲《回忆》(Memory)。我们在一个破裂的浴缸边上坐下,对面是一群在抽水烟的欧洲人(我不清楚他们到底来自哪里,但男人们都留着长发,个个都是金发碧眼,看上去神气十足的样子)。他们身后破旧的废墙上是一些阴暗恐怖的装饰物:一个被斩首的娃娃玩具,一幅画中人物为一个12岁儿童的画像,锡制的盘子,儿童马桶座圈,几幅灰猫画,以及弹簧玩具。要是仔细看看,其实这些都还挺正常的。

坐在浴缸边上,温迪开始谈论起她在芝加哥的实验室做技术员的工作。听她说话,我对她产生了一种说不清、道不明的好感,因为这个女人让我从孤独中走了出来,还陪我来了这个必须打卡的酒吧。

温迪还告诉我,她在纽约皇宫咖啡馆(New York Palace Café)吃过早餐,但她担心那对我来说太平淡无奇了。"因为你住在伦敦,所以你在'宫殿'里吃饭肯定太家常了。"她说。

她说得没错,我们确实都是这样的。

我告诉她,一定得去盖勒特浴场,我在那个蓝色的室外游泳池里遇到了我从未料想过的幸福时刻。我一个人漂浮在树下,有点参禅悟道的意味。和在旅途中偶遇的人交换旅行心得简直不要太美好。

在去厕所的途中,我不小心闯进了男厕所,赶紧落荒而逃,然后撞上了一个英国男舞团。在逃离他们的时候,我又被另一群人推搡着进了一个房间,里面有一个女孩用早熟的嗓音唱着一首欧洲流行歌曲。

当我历尽险阻终于回到浴缸时,温迪说她准备回家了。我纠结是否应该继续待在外面,去结识一些新朋友,但我的手机电量告急,只剩下8%。如果手机没电，我就找不到回旅馆的路了。

晚上 10 点，在布达佩斯最热闹的酒吧，这难道不是冒险的最佳时间和最佳地点吗？没错，但这也是被人谋杀的最佳时间和最佳地点。尽管查尔斯曾苦口婆心劝过我不要这么想，但这种感觉还是在我脑海中挥之不去。我今年的确突破了很多，但我仍觉得晚上独自在酒吧里会很不自在。

回去的路上，我和温迪经过一个食品市场，我停下来买了一种传统的匈牙利小吃 langos（一种油炸食品）。它其实就是一种可薄可厚的炸饼小吃，上面盖着厚厚的酸奶油和白奶酪。它看上去比我的脸还大。

我吃是因为我觉得我必须亲自品尝一下。这可是 langos！这可是匈牙利的传统美食！温迪也对它赞不绝口。

不久，温迪就和我告别了。我祝她去维也纳的旅途一路顺风，她告诉我她会在 Instagram 上关注我。也许温迪不是我未来最好的朋友，但她绝对是一个你在异国他乡遇到的非常惹人喜欢的旅行盟友。

我孤零零地走在黑暗空旷的街道上，回到旅馆时，我格外清醒。白天我在这座城市漫步，经过一座座宏伟而又陌生的建筑时，我的内心愉悦而又喧闹，我不知道未来是否还会故地重游。

有那么大约 10 分钟的时间，我仿佛回到了我在北京的时候。那真是一段神奇的时光，我常常步行回家，生命中的太多事情都尘埃未定，都充满了未知。北京的一切看起来都那么令人神往：曲曲折折的巷子，高声叫卖的街头小贩，优哉游哉骑自行车的路人。

在你定居的城市里，你很难持续保持好奇心和幻想的状态。当然，在每天去超市的路上，你还是会时不时瞥见头顶的树已经开始枝繁叶茂了，正大肆宣扬它们旺盛的生命力；或者，你会欣喜于你的公寓附近开了一家你心心念念已久的咖啡馆，终于得以近水楼台。但除了这些，我们大部分的精力还是被困在了自己日常的忙碌里，很难留心生活中的细节。出国旅行等于重新启动了我们的大脑系统。

此刻，在布达佩斯，我终于抬起头来，驻足观赏我周围的风景。

6个小时后，我在旅馆里因为晚上吃下的炸饼而上吐下泻。

就在那儿，在布达佩斯的浴室地板上，我终于低头向自己承认，在布达佩斯从来没有过什么"生命中最快乐的时光"。

尽管有些的确是我的过错，但在布达佩斯的生活也太艰难了。她就像个美丽而冰冷的女主人。她威严、神秘、不苟言笑。她不知道沙拉是什么。她沉醉于沐浴。我有点被她吓到了。

我没法向她目送秋波，我没法吸引她、逗笑她、爱上她。

如今，我们时常谈论真实性，尤其在旅行方面。要想真正深入了解一个地方，你需要认识当地的土著。但我发现，我不能只是走进一家酒吧，找上一群匈牙利男人侃侃大山，更不能冒冒失失地闯入一个当地的讲座，听一些见闻。虽说我遇到的服务员都非常友善，但他们肯定不希望在当地的澡堂里被强迫当成亲密的朋友（或许他们是愿意的，只是我不知道，我可能不应该太彻底地调查这件事）。

在情景喜剧《善地》（*The Good Place*）（剧透预警，如果你还没看完第一季，请立即跳到下一段）中，死去的人物被告知他们在善地（天堂），而实际上他们身处恶地（地狱）。主人公埃莉诺（Eleanor）发现自己被骗，通常都是因为一些非常引人注目的线索。例如她不得不忍受来自自己"灵魂伴侣"长达3个小时的口语爵士乐。每当这种时刻，埃莉诺都会站起来惊愕地说："啊，这原来是地狱！"

查尔斯说过："选择你的回应。"到目前为止，我一直让自己对目的地有下意识的反应，而先入之见往往压倒了任何新的可能性。刚到布达佩斯，我就有失公允地将它当成了我之前待过的那个烂地方：乏善可陈的食物，不是特别友好的本地人，黑暗、血腥的历史。

第二天清晨，我走出旅馆，往右走而不是像昨天一样向左走。今天，布达

第十一章　独自旅行：寻找"极乐之境"

佩斯将是一个"善地"。我可以的。

我在一家装修风格非常可爱的咖啡馆点了一杯咖啡。一个长相英俊的匈牙利男人为我服务。我对他微笑，他也对我微笑。

是啊，这么小小的动作是如此的重要，以至于这一天我都感觉自己已焕然一新。我问他接下来有什么好的去处，他写下了赛切尼温泉浴场（Szechenyi Spa Baths）的地址。

从咖啡馆步行过去大约需要 40 分钟，我漫步在宁静的街道上，感受着街边不同的住宅区的活力。

当我到达浴场时，我看到了这座宏伟、庄严、黄色的高大建筑。院子里有几个室外浴缸，室内还有几十个。我的天，他们是真的很喜欢泡澡。

在泳池旁晃荡了一圈之后，我做了一个快速按摩。一位匈牙利妇女帮我揉了揉脖子。我从飞机上下来后，脖子就一直僵着，现在终于恢复了正常。我坐在一个酷热的蒸气房里，里面闻起来有股桉树的味道，感觉不赖。我打量着周围的人，虽然说他们大多数都是情侣，但严格来说我觉得自己更外向些。

我在室外泳池游完泳后，又在冒险进入地下天然矿泉浴之前蒸了个桑拿。

桑拿房里又黑又热，房间里的热气闻起来有点像臭鸡蛋味的屁。我试着忍受。

所以你学到了什么，杰丝？

有时候你不得不拥抱未知，去闻那些热屁。

我又潜回到室外的泳池，好把那股臭味冲洗掉。

头发湿了。我穿好衣服，又在街上闲逛了一会儿，直到打车去机场。

杰丝，你在布达佩斯都玩了些什么呀？

我洗了 15 次澡，漫无目的地走了 50 英里（Mile）[①] 路，还因为吃了油炸食品而上吐下泻。你呢？

[①] 英里，英制长度单位。1 英里大约为 1.61 千米。——译者注

我泡过很多次澡，也认识了些新朋友，但我都巧妙地避开了"极乐之境"，或者说"极乐之境"巧妙地避开了我。也许你刻意去找的时候根本找不到。这或许就是这个地方的重要特征吧。

在候机室里，我的航班在登机显示屏上变红了。

航班延迟了好几个小时。

不。不不不。

我要是赶不上回家的末班火车，就得坐优步或出租车回家，估计凌晨3点才能到伦敦。

我在机场里搜寻潜在的住在伦敦东北部的人，疲惫和节俭把我的羞怯消除得一干二净。我迫切需要找个人一起搭车回家。经过几轮失败后，我找到了一个智利男子杰米（Jaime）。他指着一个离我的公寓只有3分钟路程的地址告诉我，他和朋友住在伦敦。我高兴得手舞足蹈。

这简直是匈牙利给我的奇迹。

杰米站起身，拿了瓶啤酒回来，坐在我旁边。

他告诉我，他在匈牙利和当地人一起工作，还向我介绍了鲜有游客知道的好的酒吧和秘密餐馆，以及全市各地的小地方会举办的现场音乐节。

"好吧，好吧，你现在说有点太晚了，杰米。"我一边嚼着玛尔斯巧克力，一边说，"你的见识现在对我来说没有用了。"曾经附着在我身上的羞怯都消失了。坦率地说，我已经克服了社交的恐惧。现在已是午夜时分，我身上仍然散发着浴缸里的氯气味（我从澡堂出来时没有冲干净，谢谢你在这个敏感的时候没有对我评头论足）。

绝望可以把人们联系在一起，但你没法操控它。幸运的是，绝望找到了我。

最后，登机口开放登机，我们朝它走去。在队列中，因为我实在太累了，护照从我的包里掉了4次。我和杰米各自找到自己的座位坐下。

我很想重启这段旅程。我想再预订一个未知的目的地，并且我一定要指定那些工作人员给我安排一个美食超级好吃、当地人超级友好的地方。但人生没

第十一章　独自旅行：寻找"极乐之境"

有重来的机会，这是我作为一个成年人仍在学习的重要一课。这次"惊喜"之旅就这样结束了，这段日子过得非常真实，也许这就是生活最真实的模样吧。不要像彩排一样不当回事，别再抱怨炖牛肉，你没有第二次机会了。

在伦敦着陆后，我们下了飞机，寒冷的雾气瞬间包裹着我，我挣扎着想穿上外套。我的包带松开了，我抬头一看，发现杰米正在门口等我。他跑过来帮我拿包，我终于费力地穿上了大衣。

有一种理论认为，要想在职场中生存，你需要一个柏拉图式的"工作妻子"或"工作丈夫"，他们能帮你安稳且舒适地度过每一天。同理我认为，我们每个人都需要一个"瑞安航空（Ryanair）[①]式的配偶"：一个面容姣好且态度友善的人会在登机口等你；当你的鞋带松开时会帮你拿外套；会告诉你护照在你的后裤兜里，提醒你30秒前你刚把它放在那里；当航班延误时，你可以义愤填膺地找他哭诉。这样的"配偶"可以在你买票的时候给你发一个。

我和杰米坐上优步，两人都困得神志不清。他开始絮絮叨叨列举一大堆城市（马德里、维也纳、布宜诺斯艾利斯），说他宁愿去一次惊喜之旅，也不愿去布达佩斯。我提醒他，如果我的"惊喜"之旅没有在布达佩斯降落，他现在就会一个人在国家快运（National Express）[②]的客车上。

当优步沿着北环线往前开的时候，他说关于这次旅行，想问我一个问题："你会选《黑客帝国》（*The Matrix*）里的红色药丸还是蓝色药丸？蓝色药丸代表安全、幸福和有限的舒适，红色药丸则代表幻想、自由和不确定性。"我在黑暗中望着窗外的伦敦，杰米的问题加深了我的困意。

"安眠药。"我说。

司机把杰米送到他的朋友家，几分钟后，我回到公寓，凌晨4点给自己做了奶酪吐司，感觉好吃到爆炸。

[①] 瑞安航空公司是一家总部设在爱尔兰的航空公司，是欧洲最大的廉价航空公司。——译者注
[②] 国家快运，英国领先的旅游公司之一。

走出内向：给孤独者的治愈之书

对布达佩斯赞不绝口的大多数是新婚夫妇，他们会在惊叹哥特式和新古典主义建筑的同时手拉着手，吃上一碗美味的炖牛肉，喝上一杯可口的热巧克力茶，晚上乘船沿多瑙河吹风，然后在 800 针（Thread Count）[①]的床单上翻云覆雨，一宿无梦。但事实是，地点对于这些情侣来说往往无关紧要：随着大量的催产素在他们的血液中流淌，他们会爱上盛产好床单的考文垂（Coventry）[②]。

匈牙利没有实现我梦想中的冒险之旅。事实上，更糟糕的事情会在海上发生（比如晕船，这是我没有参加夜间航行的主要原因），而且，我体内的催产素可能会降为零。

每一个我喜欢的地方，例如北京或者墨尔本，我都非常熟悉，仿佛这个地方是我的老朋友一样。多年来，我一直通过我最外向的朋友的视角来看待旅行和冒险，导致我不再去思考旅行对我来说真正重要的是什么，我真正沉醉其中的原因是什么。我喜欢慢旅行。我喜欢花一个星期的时间去探索整座城市或村庄，然后选择我最喜欢的地点再去漫步一次，这会让我觉得我拥有了它们。我喜欢认识当地的人，比如在北京拎着鸟去公园的老人，在悉尼牵着山羊去散步的年轻人。在布达佩斯，我并没有因为身处异国城市而感到那么惊讶或是欣喜，因为我知道我在当地停留的时间非常有限——我没有充裕的时间和当地人建立联系，也没法真正触摸和感受当地的文化。我只是一个周末到此一游的背包客，我只是如同蜻蜓点水般轻轻掠过水面。

尽管没有花上足够多的时间去探险，但回到伦敦时我自信满满，觉得终于可以好好照顾自己了。在我孤独难耐时，我很可能会主动出击，交到那么一两个朋友对我来说已不是问题。那个所谓的"极乐之境"，虽然还是很遥远、很缥缈，但对我来说它仍然不失为一种可能。

---

① Thread Count，指每单位面积的布由多少条纱编织而成。一般来说，纱数越大，越细滑。——译者注
② 考文垂，英国英格兰西米德兰兹郡的城市，曾以纺织业驰名于世。——译者注

第十一章　独自旅行：寻找"极乐之境"

最近的一项研究表明，半数的旅行者认为旅行最好的事情是离开他们的舒适区。这次旅行离我的舒适区实在太远，超出了我能接受的范围，以我的个性来说并不好玩——也许我应该带上一个同伴，也不至于如此孤独；或者我应该下飞机时买一本旅游指南，解锁一些神秘的地方；或者说，我可以自主选择目标城市，搞不准我可以在没有任何指导的情况下独自完成一场完美旅行。

哦，对了，听说马德里很不错，剧院目前也对外开放，西班牙人还被评为世界上最友好的人。而且不得不提的是，他们的甜点真是一绝。

第十二章

至暗时刻：第二次喜剧表演

第十二章　至暗时刻：第二次喜剧表演

临近午夜，我推开了酒吧的大门，映入眼帘的是空荡荡的大厅，只有舞台前方坐着两个观众，他们看上去是一对情侣。表演喜剧很可怕，对着30多张空凳子表演喜剧更可怕，我根本没想过我居然会遇到这种"地狱模式"。

那对情侣起身了，还拿上了外套。

我瞬间就捕捉到了他们的意图，他们要走了！

"那个，那个！你们去哪里啊？"我急忙拦住他们。我感觉自己就像是酒吧里那种在努力挽留女生的痴汉。

"我们刚刚才看了一场难看的单口喜剧。"女孩有些抱歉地回答我，男生也在一边不好意思地点头。他们应该25岁上下，看上去很招人喜欢。

"然后……"

"我们受不了了。"男生带着温柔的苏格兰口音。

女生继续补充："他们居然让我吃了一根香蕉。"

"什么鬼？太吓人了吧？谁干的，他们在哪儿呢？你没事儿吧？"我说着就开始扫视房内的角角落落，瞬间化身夏洛克·福尔摩斯。

"我也不知道什么情况啊，他从魔术帽里拿出一根香蕉，然后就问我敢不敢吃。"

"你放心，我的节目很精彩，而且最重要的，绝不会逼你吃什么香蕉的，我保证！"

他们听完有些怀疑地上下打量着我，而我看着空荡荡的酒吧，狠下心继续"攻略"他们。

"今天是我第二次演出，留下来吧，这里都没人了，我需要你们。"我的声音越来越高。这时右边传来一声咳嗽，我往那边望去，莉莉站在那里，看上去很惊恐。我正在恐吓别人，包括我的朋友。我没有理会她，继续试图说服那对情侣。就算莉莉再反对，再有礼貌，也无济于事。

那对情侣不情不愿地告诉了我他们的名字——亚当和珍妮。

"珍妮，我保证你会笑的。亚当，我需要你当观众。"我恳求道。

亚当看向珍妮，珍妮无奈地耸了耸肩。就这样我留住了我的观众，他们放下外套，重新回到座位上。

改变就在不经意间发生了。曾经和陌生人说话对我来说是一件可怕至极的事情，现在，眼前这个画面看上去似乎是我在欺负人了。

我决定再挑战一次单口喜剧，因为第一次的成功给我带来了不少困惑。舞台上那个游刃有余的人是谁？那一次的成功是因为我运气好，还是真的擅长这个？最困扰我的一个问题是，难道我其实是享受聚光灯的？

我的第二次演出在爱丁堡边缘艺术节（Edinburgh Festival Fringe）上，我不懂为什么我第二次的演出就已经在世界上最负盛名、规模最大的喜剧节上了。这种感觉就像我刚赢了我爸一局网球比赛，就立马被要求在温布尔登网球公开赛（Wimbledon Championships）上拥有一席之地一样。

我可能根本没准备好。

但是凯特在这个艺术节上，每天午夜都会举办一场单口喜剧表演，并且允许我、莉莉和薇薇安每人有5分钟的表演时间。

经历了一段头晕目眩的火车旅行，我们3个抵达了民宿。我们拿着梳子当话筒，互相练习；在街上溜达来溜达去，品尝烤奶酪三明治和羊杂碎，喝热巧克力，看世界上最有才华的喜剧演员的表演。

薇薇安前一天在25名观众面前完成了她精彩绝伦的表演，莉莉也在一个40人的小组里表演完毕，现在只剩我了，轮到我给珍妮和亚当表演了。

现在是23点45分，距离表演正式开始还有15分钟。我径直走向了厕所，

第十二章　至暗时刻：第二次喜剧表演

打算给自己打打气，就像克拉克·肯特（Clark Kent）[①]做的那样，只不过我是冲着镜子里的自己大吼大叫，期待暂时忘掉自己的本性。

　　最终表演开始之前，我收获了 8 名观众。亚当、珍妮、两名船员、一对来自谢菲尔德的 40 多岁的夫妇以及两个好像酒后迷路的苏格兰女孩。再加上前排的薇薇安和莉莉，空着的位子差不多有 30 个。

　　其实在看完我第一次表演的录像后，我就已经莫名自信起来。因为透过影像我发现，那些我内心的不安、混乱，其实观众是看不到的。这时主持人叫了我的名字，我走上前，经过被我强行留下的可怜兮兮的亚当和珍妮时，他们礼貌性地冲我鼓了鼓掌。

　　我想我已经准备好了。

　　"大家都还好吗？"我进行了我的开场白。

　　"好！！"薇薇安和莉莉非常捧场地接下了我的话茬，果然是好朋友！

　　我咽了咽口水，已经紧张到不能动弹了，手脚都没法移动，好像一旦我动了一点点，地球马上会从我脚下开始塌陷。最后，我开口讲了我的第一个笑话，关于我来自阿里马洛的段子。

　　但是观众席一片寂静，没有笑声，没有掌声。我甚至为了救场，用了其他喜剧演员常用的套路，用那种自以为是的语气问大家："这难道不好笑吗？"现在大家了解了我的需求，但还是没有一个人笑。

　　继续，继续，我告诉自己要继续，我重新抖了一个包袱，现场依旧一片寂静。其实也不是全然寂静，你可以想象一下电影里常出现的场景，一片漆黑中只有玻璃杯叩击台面的声音和观众的咳嗽声。

　　这就是我此刻听到的全部声音了。

　　没有我所期待的笑声。

[①]　克拉克·肯特，美国 DC 漫画人物超人（Superman）的名字。——译者注

轮到我为在英国的美国人做些贡献的时候了。我努力保持活力，展现我的热情，凯特说这在戏剧表演里至关重要。要让自己的能量足够强大，强大到所有人站到你这一边。

　　"所以，我并不是本地人，"我说，"但我喜欢英格兰！"

　　如果让我提一个建议的话（有且仅有一个），那一定会是当你在苏格兰进行喜剧表演的时候，不要热切地对英格兰表现出忠诚。

　　苏格兰人民不喜欢英格兰。

　　"喊！"醉了的苏格兰姑娘在第一排冲我大叫。

　　"喊喊！"后排的酒保也在叫喊。

　　我抬头看了一眼明晃晃的灯，台下是几双死气沉沉的眼睛，没有人笑，只有苏格兰人民此起彼伏的嘘声。上帝啊，快带我走吧，带我这个违反了社会准则的人走吧，我只能以死谢罪了。

　　"亚当和珍妮居然那样看着我？"我在皇家大道上对着莉莉哭喊，"我之前答应过他们我会表现得很好的！我食言了。"

　　莉莉拖着我在大街上走，想尽可能快地把我安置进一个酒吧，好让我喝杯伏特加冷静一下。

　　"那两个女孩子喝醉了，所以才那样的。我在厕所门口看到有一个都快摔到地上了，然后另一个也进厕所了。"薇薇安接过安慰我的接力棒。

　　我没有接话，我感觉自己摇摇欲坠。

　　"还有那对谢菲尔德来的夫妻，我觉得他们根本不会说英语。不然主持人问他们话的时候，他们为什么一言不发？"

　　我们终于到达了目的地，莉莉迫不及待地将我介绍给其他人。莉莉是个外向的人，喜欢和各种陌生人聊天，出租车司机、一起排队看喜剧的情侣，还有其他一起表演的演员，她都能聊上。无论男人和女人都会被她强大的社交能力所震撼。有一次，薇薇安忍无可忍，大叫："我受不了啦！莉莉和太多陌生人

第十二章 至暗时刻：第二次喜剧表演

说话了，反正下次又不会再见了，干吗这么麻烦，非得和别人聊天啊！"

乐天派的莉莉是我见过的人当中总是能得到免费美食的人。如果她把这些美食藏起来，吃独食，那她就一点都不可爱了。与之相反，她总是和我们一起分享那些美食。

莫名其妙的是，那个让我在舞台上"死亡"的夜晚成了我为数不多的最爱的夜晚之一。

凌晨4点，我、莉莉和薇薇安顺着爱丁堡大街走了30多分钟才回到住处，街道两边是延绵的山脉，微风时常和我们抱个满怀，妙不可言。

大学以后，这种强烈的、确切的、令人心旷神怡的亲密感，以及被友谊包围的温暖已经消失太久太久了。我现在在"极乐之境"吗？我们遇到了很多有趣的陌生人，总是开怀大笑。我们在城市的街道上闲逛，穿梭在不同的酒吧之间，我们在一个陌生的城市，享受着很多美好。

无论如何，如果你想"断送"自己的单口喜剧表演生涯的话，有莉莉和薇薇安这样的朋友在你身边绝对是事半功倍。她们会把你介绍给其他朋友，"这是我朋友，一个喜欢英格兰的喜剧演员"，没有任何多余的解释。看着莉莉和薇薇安，我不由得心生感慨，生活的巨变总是让人猝不及防。

第二天早上，她们端着茶钻进了我的被子，我颇感震惊。不是因为她们在我刚入睡3个小时之后就吵醒了我，而是前几个月我还在和一起打"心灵网球"的克里斯抱怨，我以为像现在这样的时刻我永远都不会再遇到了，可是仅仅几个月之后，它就奇迹般地出现了。

"我最好的朋友不是搬走了，就是渐渐疏远了，我也许再也不会有无话不谈的好朋友了，好难过啊。"那时候我对克里斯这样说道。但现在我在想，如果莉莉和薇薇安并没有端着茶爬上我的床，也没有和我闲聊昨晚的经历，我可能料想不到能体会这种安心的亲密感，也不知道它会是什么样子。毕竟，4个月前，她们对我来说还是彻头彻尾的陌生人，想想这真让人难以置信。

我们的冒险之旅很快就结束了，我提前回了伦敦。在回程的火车上，我戴着耳机凝视着窗外，这是我这段冒险开始以来第一次自己独自上路。窗外是苏格兰延绵的海岸线和开阔平坦的海滩，远处崎岖的悬崖依稀可见，阳光明晃晃地洒下来，海面金光闪闪，列车好像在地中海海边穿行。

节日的喜悦渐远，莉莉和薇薇安也不在身边，表演失败的恐惧开始向我袭来。第一次表演带来的沾沾自喜早已消失在泛着大海气味的空气中。《飞蛾》表演之后，我误以为自己所向无敌，因为所有东西都进展得太顺利了。我和很多陌生人成了朋友，和潜在的朋友一起游了泳，我还爱上了每周的即兴表演课。但在布达佩斯，我重新陷进了灰暗的情绪之中，无法自拔。就在这一周，我从第一次喜剧表演后的云霄跌落。为什么人的自信和乐观不能一旦获得就终身拥有呢？

我想我需要一个喜剧导师的专业意见，即使他可能没那么情愿。

我给菲尔发了信息，告诉他我刚刚遭遇了什么。他回得也很快。

"边缘人群本来就很难被打动，何况你还说你喜欢英格兰，那注定不是一场能轻易完成的演出。杰丝，你活着度过了如此艰难的一个夜晚，已经很了不起了。"

他说的好像有点道理。

"上帝在保佑你，杰丝，祝你下次演出顺利。"

嗯，好的。我会追梦不止，菲尔。

第十三章
自我救赎：卡文迪什喜剧之夜

第十三章　自我救赎：卡文迪什喜剧之夜

"太惨了吧，我感觉你摆脱不掉这个人生污点了，那几分钟你一定受尽了屈辱。"

我刚刚对面前这个女人讲述了我在苏格兰遭遇的至暗时刻，她的反应让我有点开心，因为她是我最喜欢的演员之一，而当她听说了我的那段经历后都表现得如此惊恐，这说明我当时的阵脚大乱也算不上什么特别差劲的表现。

萨拉·巴伦（Sara Barron）是一个新人喜剧演员，今年刚获得爱丁堡边缘艺术节最佳新人的提名。她的表演充满魅力，节奏满分。

我不能接受我历尽艰辛的一年，最终在爱丁堡的酒吧里以如此尴尬的失败收尾，我不希望我在舞台上最后的记忆是，一个苏格兰女孩向我比了一个"反V"①的手势。

这不是我想要的结局，我要重写我的结局。

所以，我决定去找萨拉。

在漆黑的夜幕下凝视天空的经历让我感觉自己渺小如微尘。这是一件好事，它给了我更多敢于冒险的勇气，因为无论如何，天都不会塌，阳光永远耀眼，星辰永远闪烁。所以不如再试一次吧，只是在那之前，让我和更多人先聊聊。

萨拉在一场电台采访中透露，10年前她在纽约刚接触单口喜剧时，一度患上了怯场症。听到这儿，我知道，我必须找她聊聊了。她以前真的怯场吗？

---

① 这个手势有羞辱对方的意思。——译者注

她可是我知道的现场发挥最好的演员之一,从最初的怯场到现在的游刃有余,是什么改变了她?我迫不及待地想知道其中的秘密。

萨拉说,当她开始在伦敦表演时,她发现自己演出的频率一旦达到每周3次,她就没有多余的精力去担忧每一场演出了——这就是终结表演焦虑的秘密。而且她有了孩子,有了心灵的依靠,焦虑便少了很多。(哭闹的孩子,令人窒息的表演,有了这两样,怎样都能度过一天。)

萨拉告诉我:"我一直在进行这些令人恶心的单口喜剧表演,也许观众只觉得我是个有点古怪、年纪有点大的女人,但我觉得自己就是个混蛋。我会在心里说:'你们这些傻瓜根本不知道我经历了什么!'而生育,让我觉得自己是个英雄。"

显然目前我没有办法立马生个孩子出来,虽然父亲做手术时,我答应他会马上让他抱孙子,但我还是把这个计划又往后推迟了1年。

我向萨拉讲述了我在台上时内心的恐惧。

"很奇怪,即使最愚蠢的人群也有这样的智力,一旦他们嗅到了你的恐惧,你就不可能是当下情境中掌握主动权的那个人了。"她说。

我无奈地回应:"我从来都不是那个能掌握主动权的人。"

"但你可以是。"

萨拉向我转述了一句她刚出道时别人给她的忠告:"你只要能做到和上次表演得一样好就行了。"

"你上次的表现明显不怎么样,所以你现在会感觉一团糟,你别无选择,除了带着这种糟糕的感觉上台直到表演成功,然后重获新生。"萨拉说。

于是,我再一次踏上征程。

"卡文迪什武器"(Cavendish Arms)是一家位于伦敦南部斯托克韦尔的喜剧机构,是"臭名昭著"的单口喜剧之夜——"喜剧处女"的发源地。20名喜剧演员,每人5分钟,争夺一个奖杯。

第十三章 自我救赎：卡文迪什喜剧之夜

如果你的表演超过了 6 分钟，室内就会响起卢达克里斯（Ludacris）的《滚开》（*Get out the Way*），来催促你下台。我无论如何都不能接受这种具有侮辱性质的行为，这种侮辱会给人留下终身的痛苦和伤害。

这次，我带上了萨姆。我一般不会带他看我的喜剧表演，但今晚规定，每位表演者必须带一位朋友来观看整场表演，直到所有演员表演完毕。我怎么忍心把这种痛苦强加到我那些脆弱的新朋友身上呢，所以只好拿我的婚姻来冒险。

我来这里是想赎罪。萨拉说得对，爱丁堡的演出将是烙印在我灵魂上的污点，我必须赎罪。

我现在有点想吐。

表演开始之前，主持人会从帽子里随机抽取一个名字，这个人就是下一个要出场的人。所以直到上场的前一秒，你才会知道："啊，轮到我了。"没有人知道整场表演的顺序，所以你也没办法悄悄告诉你的朋友："嘿，我下半段才开始表演，你下半段来好了。"

每位表演者表演结束之后，如果观众对他的表现满意，就会在台下大喊："请他喝一杯！"这个简单的动作会让这位演员有资格在整场表演落幕以后获得大家梦寐以求的奖杯。

屋里坐满了表演者和他们拐来的"人质"，我紧张地做了好几次深呼吸。我脱掉了牛津衬衫，穿着随意的 T 恤和牛仔裤，这是我一贯的舞台装扮。

台上主持人在观众面前挥了挥奖杯，奖杯很小，和他的手掌一般大。我想得到那座小小的奖杯，它将帮助我从爱丁堡的至暗时刻中获得救赎。我想用我肮脏的小爪子握住它，想把它放在我的壁炉上，前提是我买得起一个带壁炉的房子。然后等人们在它面前驻足的时候，前提是有客人愿意来拜访我，我就轻描淡写地提一句："这个啊？这只是一个小小的纪念品——纪念一段陌生人推崇我当他们女王的时光。"

主持人开始从帽子里抽取第一个名字了。

"接下来让我们欢迎……"

滚烫的白色恐惧贯穿了我的全身。

"丹尼尔·吉尔伯特（Daniel Gilbert）！"

每当主持人宣布下一位表演者之前，我都会感到一阵恶心。夜越来越深，我被叫到的概率呈指数级增长，但还是没有轮到我，我仿佛在遭受着酷刑。在过去的45分钟里，我紧张得喘不过气来，他们怎么能这么残忍地对待我们呢？

10个演员表演下来，夜已过半。我的头发成了一团乱麻，因为我总是忍不住去薅它们，我的眼妆也花了，嘴唇从水汪汪的润泽状态变成无比干燥的状态。我努力保持理智，控制自己的行为，细密的汗珠不停地渗出我的皮肤，我不能再等了，下一个一定要是我。

但依旧不是我。主持人已经召唤12位表演者了，马上该召唤第13位了。

所以英国女王到底是谁？她能不能现在就杀了我？

"接下来上场的是……"

我已经紧张到听不见自己的名字了，萨姆用力地拍了拍我的腿，我才回过神来。

天哪！

我边向观众挥手边往舞台的方向跑，假装自己很兴奋、很自信，对之后的表演也胸有成竹，我就是这样一个大方有趣的灵魂。但实际上，我只能无力地抬起我的手臂，仅此而已。

我站上舞台，接过主持人手里的麦克风。

对灵魂污点的救赎从此刻开始。

你见过比一个女人独自在舞台上虚弱地唱着《这是去阿马里洛的路吗？》更悲伤的事情吗？她是唯一的表演者，也是唯一的观众，因为台下那些穿着时髦的千禧一代的脸上写满了冷漠。

你没有。

有一次在意大利度假，我意外地把车开到了步行街上。街边那些年老的意

第十三章 自我救赎：卡文迪什喜剧之夜

大利妇女不停地用包拍打我的车，男人们则既愤怒又失望地敲击我的挡风玻璃。我只能不停地向他们哭喊："事情已经这样了，除了把车开走，我还能做什么？"

我现在的心情和那时一样。我正在这个期待颇久的污点救赎里，对着一群面无表情的年轻人歌唱，我能看懂他们在恳求我不要注视他们的眼睛。第一排的女孩甚至用头发挡住了自己的脸，好像那些头发是保护她免受我的笑话伤害的盔甲。

我快窒息了，整个房间好像成了一个巨大的水池，我溺在其中。我记不清我有没有讲什么比较成功的段子，只感觉世界在被黑暗一点一点地吞噬。

我只想着如何快速结束这段噩梦，所以语速飞快，然后我听见观众席传出了些许笑声。那时我正在讲述我小时候看过《四个婚礼和一个葬礼》(Four Weddings and a Funeral)后对休·格兰特（Hugh Grant）产生了强烈的感情，然后便听见观众席里传来了轻微的笑声。

终于结束了，我放下麦克风，直奔舞台下自己的座位。萨姆轻轻地把我搂在怀里，让我安心，真是一种耻辱的安慰啊。此时，我身后突然响起一阵声音。

"请她喝一杯！"一个男人喊道。

我得救了！如果我这次的表演和上次的一样，那么这个男人的行为正好能说明其实我并没有那么失败！对此，我既惊讶又狂喜。

至此，我的表演似乎成了一个奇怪的转折点——之后的每一个演员都比前一个表现得更糟糕。有个女人的表演让人摸不着头脑，所有观众包括我，都不知道她说的到底是不是笑话；她后面的那个男演员在准备解释说唱歌词的含义时忘词了，他在舞台上双手抱头，拼命回忆，再之后就"死"在舞台上了；又一个女人上台了，她在假装自己是个性感的婴儿……

真的够了。

大家来到这儿仿佛就是为了完成自己遗愿清单上的单口喜剧表演那一项，然后由于任务过于艰巨，这里便成了各种未完成清单的"埋葬地"。

走出内向：给孤独者的治愈之书

终于到了颁奖环节，规则是所有表演结束后获得"请喝一杯"的演员一起上台，经历令人屈辱的"鼓掌时间"，观众会依次为这些演员送上掌声，最后获得最高分贝掌声的演员将得到今晚的奖杯。

我高中时啦啦队选队长用的也是这种方式，只不过候选者要在全校面前表演侧手翻。我以前对这种丢人的事情嗤之以鼻，发誓绝不会参与，没想到随着年龄的增长，我也会做出这样的蠢事。

我离奖杯仅一步之遥。只剩下我和 4 位男士角逐最后的胜利，肩负着"改写男权社会"的使命，所以我更加要赢了。我紧紧攥着拳头，主持人向我做了一个手势，仿佛我是他想要拍卖的一个价值连城的花瓶，示意大家为我鼓掌。

等下，真的会有人为我鼓掌吗？所以，我做到了？在这个可能是历史上最无聊的喜剧之夜，我把那座小巧的，但是最最甜美的奖杯收入囊中了？

当然，并没有。

现实是即使你精心打扮，涂上了娜斯（NARS）的口红和睫毛膏，也许是 5 个人中第一个接受大家掌声的，但还是不可避免地被一个 16 岁的牙买加少年给打败了。他的段子虽然数量不多，但他的表演烙上了专属于戴维·阿腾伯勒（David Attenborough）[①]的印记，令人印象深刻，他最终获得了今晚的冠军。

然后你愁眉苦脸地走下舞台，回到家，泡了很长时间的澡之后吃了一点意大利面，突然发现厨房碗柜里的老鼠又回来了，晚上好不容易入睡了，却又梦到了苏格兰。

保罗曾说："害怕被拒绝的恐惧感比被拒绝本身更可怕。"

恕我不能苟同。

但无疑，我们可以熬过被拒绝后的痛苦时光。就像食物中毒之后，你会大病 3 天，你虚弱到不想任何人来探望或者触碰你。但 3 天之后，你就恢复了以

---

① 戴维·阿腾伯勒，英国广播公司主持人，被誉为"世界自然纪录片之父"，他还是一位杰出的自然博物学家、探险家和旅行家，代表作有《动物园探奇》(*Zoo Quest*)等。——译者注

往的神采,能够欣赏窗外的美景和感受暖洋洋的太阳,会感觉到饥饿继而想去拉面馆大快朵颐,也想看看自己食欲不振的这几天到底减了多少斤,哪怕其实掉的全是水的重量。

为了弥补我在"卡文迪什武器"受到的伤害,我去看了一部电影,叫作《疯狂的亚洲富豪》(*Grazy Rich Asians*),然后默默地吃着麦提莎巧克力。我才不是什么疯狂的亚洲富豪,而是一个极度悲伤、在影院里偷偷哭泣的亚洲平民。

电影中有这样一个场景:一个富豪家庭举办了一场盛大的聚会,聚会上有两个女人在讨论一株植物。她们叫喊着:"它每年只开一次花,还是在半夜的时候!"这惹得其他人都投来好奇的目光。

我瞬间从位子上弹了起来。

这不就是我的"梦中情花"吗?

之后在皮卡迪利广场逗留的一整晚我都很开心,我甚至录了视频为证,想不到我居然也能如此快乐。

影片结束后,我给哥哥亚伦(Aaron)发了封邮件,他是一个古植物学家(不是那个有趣的哥哥),我想他应该知道更多关于这株植物的故事。

他回复我:

> 这种花叫昙花(也被称为"夜晚女王"),花朵呈白色,一年之中会有几个晚上开花。花朵凋谢后,植物仍活着,等到来年再开花。

我永远无法成为那种每次都能艳惊四座的演员,也不愿忍受一整晚糟糕的表演,只为换取那5分钟在舞台上绽放的时间,我更不是什么天生的演员。

但一定有那么几个夜晚,我能绽放自己的魅力。当然,就这几晚短暂的绽放靠的也不是什么与生俱来的天赋,而是为之全力以赴:积极的打扮、对着镜子打气、大量的练习、早晨对着枕头大呼小叫以及努力按捺住想踢我丈夫的冲动。即使在那些不能被别人看见的日子里,我知道,它仍在努力开花。

最近我看了一部关于第一个登上珠峰的挪威女性的纪录片,她告诉主持人她能感觉到自己体内涌动的热血,她能随时调动它们做任何事。

喜剧已经两次刺痛了我,但每当我回想起第一次登台的夜晚,看见那个在台上泰然自若的自己,无论何时,我都能从她的身上汲取继续前行的能量;反之,如果我开始沾沾自喜、骄纵自满,我会再回顾一下在苏格兰的至暗时刻,好让自己的理智变得清醒。

为人之不敢为是一件光荣的事。在有人告诉你卧室里有一头熊之后,你仍能坚定且无畏地选择进入,这说明你已经拥有了一股莫大的心灵力量。即使你的耳朵会被咬伤,你的腿会流血,你也不会后悔,因为你至少直面过大魔王了。这个世界上,有人从未见过熊,也有人从未踏进那个卧室一步。

莉莉说单口喜剧表演是她经历过的最艰难的挑战,但同时也是最有趣的挑战。而于我而言,单口喜剧表演大概是我做过的最让我人格分裂的事之一。

其中我最看重的是,我在耻辱的至暗时刻里建立起来的亲密友谊。我从来没有关系密切的工作搭档,唯一的萨姆立马被我发展成了永远的生活搭档。我和杰米在瑞安航空公司时的关系很好,同时也很脆弱。但现在我有了莉莉和薇薇安两个喜剧搭档。

我把我在卡文迪什的遭遇发给她们后,莉莉立刻回复我:第一次尝试就想获得奖杯无疑是一种傲慢,也一定会败兴而归。

每个人的生命里都应该有一个如莉莉般温暖而又睿智的朋友。

第十四章 与我共进大餐

第十四章　与我共进大餐

我"梦魇"般的外向之年即将走到尾声。在这段时间里，我表演过单口喜剧，主动接近过陌生人，征服了和新朋友的约会，参与过即兴表演，参观过多瑙河，容忍了各式各样、层出不穷的社交活动。我被羞辱过，被肯定过，也真切地感到变得更好了一些，甚至去过好几次公共浴室。但这个与之前截然不同的我，让我觉得有些地方不太对劲。

11个月的时光已逝，是时候为这段经历写上最圆满的终章了。

这11个月的经历无法用文字准确言说，任何修辞在真实的生活面前都显得黯然失色。而我将邀请我在这11个月中遇见的所有好友，来我家共进一顿午餐，共谱终章。

宴会是社交性的活动，你要同时兼顾许多琐碎的事情，也要做好准备应付那些无法预测的意外。一顿正餐从筹备到落幕，没有一件事情会让内向者感到快乐。比如对我来说，这只意味着种种焦虑汇聚在一起，汹涌而至。我会担心做出的食物是否可口，担心自己是否会被客人劫持，担心自己做东的聚会是不是过于无聊，担心自己的生活环境就这么赤裸裸地暴露在大庭广众之下。最可怕的是，你认识的不同人群将会搅和在一起。

该有一个专有名词来形容对合并自己的社交圈的恐惧了。如果担心这个词太长的话，其实大可不必，"长单词恐惧症"（hippopotomonstrosesquippedaliophobia）这个词这么长都已经被接受了，这种社交恐惧的专有名词也会被人接受的。

你没有这种恐惧吗？那就想象一下，所有你在网上认识的朋友都共处一

走出内向：给孤独者的治愈之书

室，互相攀谈，交流着各自是如何与你相识的；你的父母、同事、发小、室友、前任正觥筹交错；你不喜欢《美食，祈祷，恋爱》(*Eat Pray Love*) 的朋友对面站着你那个把这本书当作《圣经》的朋友；虔诚的教徒和一夫多妻的夫妇面面相觑；有朋友说他去电影院看了五次《一个明星的诞生》(*A Star is Burn*)，你老板却在一边不屑地表示这部电影毫无新意，充斥着陈词滥调；坚信阿德南（Adnan）有犯罪事实的朋友和无理由地相信阿德南无罪的朋友狭路相逢；等等。然后再想象一下，往已然不堪入目的场景中加入一些类似爱尔兰边境这种糟糕的话题，以及难吃的砂锅菜和让人"为所欲为"的酒精。

现在，你感受到那份恐惧了吗？

只要一想到大家聚在一起的场景我就头皮发麻，因为很多我不愿面对的问题都会在那顿晚餐上被解答。比如，是不是每个朋友眼里的我都是不一样的？如果是的话，当大家聚在一起，信息整合后，我在大家眼里会变成什么样？他们会不会喜欢彼此胜过喜欢我？我上次就《1984》这本书对着谁撒谎，以及谁是知道真话的那一拨？

我采访了一圈周围的朋友，想知道他们是否和我有同样的感受。男性朋友一致告诉我，他们在自己的单身派对上会有类似的焦虑。

其中一个说："爸爸、叔叔、同事、发小、兄弟、小舅子、球友，都成了你的噩梦，你不知道在他们面前如何表现才是得体的。"

我很欣慰在害怕合并社交圈这条道路上我不是孤独的，但仍然嫉妒世界上那些热衷集体活动的外向者根本不用承受这些恐惧之苦。当然，世界上还是有一些人会邀请自己的全部网友，大概几百个人去参加他的生日酒会。我觉得这种行为实在有些变态了，至少我接受不了，直到乔瑞向我发出同样的邀请。我傻眼了，甚至开始重新思考我们的友情。

作为我的年终总结，这顿正餐必然不能落入俗套，草草了事。我需要赋予这个夜晚特殊的意义，使其充满仪式感，让大家都参与进来。但我的生日还有几个月，大家假期也都很繁忙，没有闲到只要我邀请就能来的地步。我也不能

第十四章　与我共进大餐

告诉大家,我对自己(也对你们)做了一年的实验,现在该轮到你们聚在一起,不停地被灌酒,然后慢慢揭晓实验结果了。

突然,我灵光一现。我有让英国人来我家吃饭的终极秘诀了,我的锦囊妙计和秘密武器——感恩节。

英国人普遍对感恩节充满好奇,因为他们不过感恩节,而感恩节又被美国电影美化得太过了。宽敞的别墅、散乱的后院、穿着睡衣的古怪家庭成员,大家都睡在高得离谱的床上,床上堆满了松软的枕头。

这样的感恩节,我也很想拥有,只可惜,它是虚构的,我们的床上并没有那么多枕头。但是,英国人不知道。我准备用一些神秘的甜品来诱惑他们,比如南瓜派和带小棉花糖的红薯。

真是完美的诱饵。

如此一来,我们就可以在下午2点吃饭了,就当吃午餐,而不是吃晚餐。我感觉身上的担子稍稍轻了一些。准备一顿丰盛的晚餐实在是责任重大,但午餐就没有那么重要了,就算我午餐做得不尽如人意,大家也能够接受。

有了上次试图扩大我的社交圈却被29个女人拒绝的前车之鉴,这次我慎之又慎,撒了一张巨大且缜密的网。现在,我的竞争对手有婚礼、假期、生日和团建。

我向今年结识的25位朋友发出了邀请,随后回复邮件纷至沓来。不巧的是,保罗、薇薇安、莉莉因为出城了无缘这次聚会。剩下的有10个人明确表示他们可以出席:杰曼和托妮,我喜剧班的同学;托妮的丈夫,罗布;参加即兴表演培训班认识的劳拉、莉兹和卡罗琳;查尔斯,我的旅游导师;本职是精神科医生的喜剧演员本吉以及他的女朋友西尔维娅(Sylvia)。当然,还有萨姆。

至少会有11个人光临我的小公寓。

我数了数,我们一共只有5个盘子。

真是惨不忍睹的现实。

走出内向：给孤独者的治愈之书

我从未举办过类似的聚会，所以我只能一切都根据晚宴节目《与我共进大餐》的流程和框架来操办。我前文提到过，初到伦敦时，我丢了签证无法工作而沉迷综艺真人秀的经历。这个节目的内容是，四五个陌生人轮流在各自的家中宴请彼此，为期一周。每晚结束，大家都会对晚宴做出评价，得分最高的人可以获得1000英镑。

我最喜欢的一期是一个自信满满的中年男子彼得在发现自己不但没获胜，反而排名最后时，对获胜者大发雷霆的那一期。他犀利的眼神在获胜者和镜头间来回移动，他说出了以下独白：

> 好好花这笔钱吧，希望有了这些钱你能开心点。亲爱的上帝啊，生活多卑微啊……你摧毁了我美好的夜晚，然后得到了这笔钱。希望你拿着它好好去上上礼仪课，毕竟你把所有的优雅都用在了大卡车的倒车上。

于是我给自己设立了一个标准，只要午餐结束，没人说"亲爱的上帝啊，生活多卑微啊……"，这顿午餐就算是一个巨大的成功。

节目里的就餐流程很严格，开胃菜、主菜、甜品，最后是一些烦人的餐后活动，类似卡拉OK或跳舞。为什么节目组不干脆放当妈妈发现酱汁不够浓的时候，惊声尖叫的时刻呢？这才是决定晚餐成败的决定性瞬间啊？

夏天的时候，我和萨姆用我哥哥、嫂子送的券在一家临湖咖啡馆吃饭，这个券是我们的圣诞礼物。那是一个令人难忘的夜晚，夕阳的余晖消失之前，美妙的事情一件接一件地发生了。先是服务员在我面前放了一盘手工意大利面和一碟松糕，再是我抬头发现妮格拉·劳森（Nigella Lawson）正经过我的餐桌旁，笑眯眯地望着我的意大利面。

她仿佛美味又颓废的意大利面守护神守护着我的盘子。我有点晕眩了，好像有天使抚摸过我的肩膀一样。我的意大利面变得无比神圣，因为妮格拉的赞

第十四章 与我共进大餐

许赋予了它至高无上的荣耀。

妮格拉,简直就是舒适和成熟的代名词,她是宴会女王,是家庭女神。我的宴会导师已经向我证明了她的实力。

但那是在夏天,夏天看起来一切皆有可能,而眼前这顿不在计划内的午餐,看起来如此遥不可及。

当我把午餐计划提上日程时,我的导师正在世界的另一边——澳大利亚巡演。她不可能亲自帮助每一个焦头烂额的主妇举办一场完美的宴会。

但没关系,她曾经对着我的意大利面微笑了。她将是我精神上的导师,我浏览了她所有的网站、书籍和电视节目。

最后我在网上找到了一个她举办感恩节晚宴的视频,我的指甲就像深深嵌进了屏幕里一样,我完全丧失了自主思考能力,乖乖地跟随着她的步伐。

妮格拉说如果你对受邀的朋友说:"你能带一些甜品过来吗?"朋友们会很高兴。

所以我给即兴表演班的蓝头发女孩劳拉发了短信:"带上你的招牌烤面包吧。"又给喜剧班上的同学托妮发了短信:"带些南瓜派吧。"

不费吹灰之力。

妮格拉还说她喜欢可以赤脚参加的聚会,这样能够营造出一种轻松随性的氛围。这个我也能办到。

我读了她的书,做了很多笔记,就像一个要通过妮格拉等级考试的女学生。我还决定根据她的菜谱做一份鲜嫩多汁的烤火鸡大餐。但当我看到她做可乐火腿的菜谱时,我沉默了。用可乐煮火腿?这太荒谬了,太不健康了,太美式了,但我还是把它加进了我的菜单里。

我定了一条更长的凳子,好让更多人有位子可坐。我和楼下的汉娜(新朋友)及她丈夫打了招呼,到时候借用他们的餐具。原本我也邀请了他们,但是不巧,他们已经计划好了度假行程。

我假装一切都在我的掌控之中,实际上却根本不知道自己在做什么。

走出内向：给孤独者的治愈之书

聚会的日子一天天临近，屏幕里的妮格拉不再能够缓解我的焦虑。我需要一个现实生活中的导师，可以听我倾诉我的恐惧，可以将我训练成得体的东道主，可以在我没烤熟火鸡时，接受我的鬼哭狼嚎。

记者多莉·奥尔德顿（Dolly Alderton）本人看起来和照片上很不一样。她身高 6 英尺（foot）①，金发碧眼。我只有 5.2 英尺，黑发。她有一头闪亮的长发和浓密的睫毛，衣服也很鲜艳。如果把她和一块擦过机油的脏抹布一起丢进洗衣机，那么一小时后出来的估计就是我，看着缩水了不少，皱巴巴的，也更害羞，走路摇摇晃晃。从此世界上多了一个家养精灵，少了一名超级模特。

从多莉的回忆录《我所知道的关于爱的一切》（Everything I Know About Love）中我了解到，她的生活被各种晚会、晚宴、约会、舞会、音乐节安排得满满当当，她很享受和陌生人聊天的乐趣。她随意的一次活动，我要是去参加的话，死亡几率为 25%。

多莉十几岁就爱上了举办宴会，她最开心的就是坐在火炉边对着朋友们大声说话，然后为每个人的幸福负责。我不知道我是否同样能从中感受到快乐，因为我从来没有尝试过。

感恩节聚会的前 3 天，我给多莉打了电话。

当时她正在火车站候车，我在电话里解释了我的情况，我告诉她我是一个内向害羞的人，邀请了 10 个互不认识的朋友共进午餐，并且我的厨艺一般。

多莉可能从我的声音中听出了我的紧迫和恐惧，立马变成我的官方向导，开始替我出谋划策，仿佛我刚刚告诉她我们打算装置一个炸弹，现在只有她能说服我放弃一样。

"好听的背景音乐至关重要，有些宴会没有背景音乐，我简直不知道举办的人在想什么？你必须准备好一个大家都会喜欢的、超级棒的歌单。头顶上的

---

① 英尺，英美制长度单位。1 英尺约为 0.3 米。——译者注

灯也要打开，所有的灯都应该打开，还要加上很多蜡烛。"多莉说。

天哪，我根本没想过音乐和灯光，我现在准备的东西比宴会需要的东西少多了。我开始一字不落地记下多莉说的每句话，已经没有多余的时间可以让我浪费了。

"提前准备好一切是最好的选择，你可以先做一道冷菜放在盘子里，然后再准备一道慢炖菜当主菜。

"在托盘或罐子里放点东西，这样就算你暂时离开也没关系。不要土耳其配菜，没人想吃它，大家都只想吃点让人心情愉快的食品，比如千层面之类的，也不要意大利调味饭。"

我重重地划掉了刚写下的意大利调味饭。

"做个奶酪饭吧，买三块奶酪就好了，一块硬的，一块蓝的，一块软的。"

我会严格遵守多莉的指令。

"去买点布丁，或者买些冰激凌也行，不用做什么花哨的布丁，这样聚会当天你就可以离开朋友们去干活了。"

还好，我已经把这部分活外包给劳拉和托妮了。

我向多莉坦白，这是我第一次举办这类聚会，我在电话里听到她倒吸了一口凉气。

"提前一两天去塞恩斯伯里超市采购，确保锡箔纸和洗涤液够用。所有的脏碗等到客人走光再去洗，准备尽可能多的酒，即使有些客人会自带酒水，酒一定不能不够喝。"

这个女人是个英雄。

我还表达了对于聚会人员如何相处的担忧，想知道她是如何确保几乎是陌生人的参与者顺利沟通的。

"在我筹备聚会之前，我会研究一下大家潜在的关联。有时候主人是需要在其中充当润滑剂的。比如中间插一句'啊，你今年想去墨西哥啊'，或是'哎，克里斯，你去年圣诞节不是刚去过墨西哥吗'。

"啊哈，波佩图阿，这是马克·达西。"

"大家可能会觉得一些好像在社交场合游刃有余的人不用做什么准备工作，但实际上，我每次去约会前都会准备差不多 5 个有趣的故事话题，以防交谈失败。"

想不到自信的外向者也会做类似的准备工作，我以为他们只有在深夜表演单口喜剧时才需要这么准备。想到最有魅力的人也会在旅途中讲述自己的故事，以防冷场，我顿感安慰。

"我们可能真的很难想象看着坚不可摧的完美人士脆弱起来会是什么样子。就像看到完美的宴会女主人，你想象不到她自己准备菜单时焦头烂额的样子或者准备聊天话题时绞尽脑汁的样子，但她们确实是这么做的。"

多莉在我眼中就是一名成功女性，也是完美女主人。听到她和我讲述这些，我的压力似乎又减轻了一些。

我又问了她关于聚会游戏的问题。尽管我内向且害羞，但我仍然热爱聚会游戏，因为游戏能将客人们联系起来，也能缓解必须和陌生人尬聊的压力。比较起来，后者更令我困扰。但当我提到这个问题时，她的语气变了。

"我是典型的英国人，讨厌任何有组织的娱乐活动。"

为什么所有英国人都这么说？槌球、马球、足球不都是有组织的娱乐活动吗？难道混乱的、无秩序的娱乐活动才算是娱乐活动吗？

"等下，我们每年圣诞午宴的时候会玩一个'谁在袋子里'的游戏，还蛮好玩的。"

我觉得这是对聚会游戏的默许，之后我们接着聊下一个话题了。

挂了电话以后，我马不停蹄地列了一份菜单，从塞恩斯伯里超市订购了所有多莉提到的食材。我又从慈善商店买了两把椅子，这样每个人都会有座位。我还从卧室搬了一盏灯到客厅，这样就不用开顶灯了。

我翻阅了妮格拉的《如何成为家庭女神》（*How to Be a Domestic Goddess*）这本书，决定实践一下书里的内容，于是我打算简单地为自己烤一个布朗尼。

第十四章　与我共进大餐

我赤着脚，头发垂在身后，平静地在炉子上融化黑巧克力和黄油，这一幕成了厨房里禅宗的缩影。黑巧克力和黄油的混合物异常黏稠，但闻起来香气浓郁。我将它们倒进平底锅，放入烤箱。

结果它们被烤成了一锅炭。

火鸡到家了，足足有 12 磅重，而且是冰冻状态，这让我始料未及。我抱着它走上楼，差点闪到腰。为了让它尽快解冻，我必须把它没入冷水中，而且每隔 30 分钟就更换一次水，它甚至比一个婴儿更需要关注。

歌单也让我伤透了脑筋，但是还好我找到了一个名为"Nigellissima"的歌单，里面全是性感奔放的意大利歌曲，简直不能更完美了。["声破天"（Spotify）① 的主人是马克·罗曼，快去关注吧，这些歌曲会让你仿佛置身罗马仲夏夜，身着露背的丝绸连衣裙，手里端着内格罗尼咖啡，几分钟后就会和名为乔内瓦的意大利青年共浴爱河。最重要的是，不用满手是油地给一个超大号的死火鸡宝宝按摩。]

我牢记着多莉的建议，提前一天烤了香肠、苹果、洋葱和蘑菇。我的旅行导师不能吃麸质，所以我做了无麸质面包。仅仅看着它们就令我得意非凡，因为我在聚会前一天就准备好了一切。

聚会的前一晚，我和萨姆一起齐心协力处理了那只火鸡。伴随着无数次的尖叫，我们经过一番精心的操作，终于把它推进了烤箱。但不幸的是，萨姆被烤箱烫伤了，我们用大量的冷水冲刷了伤口。然后，我稍不留神，萨姆就剥了一大堆红薯皮，但我本不想去皮的，我生气地冲他大喊："你把全部事情都搞砸了！"于是，他怒气冲冲地走出了厨房。

---

① "声破天"是一个正式流媒体音乐服务平台，2008 年 10 月在瑞典首都斯德哥尔摩正式上线。——译者注

那天我睡过了头，因为前一晚为了让自己平静下来，我熬夜在看妮格拉的视频。没有时间打扫屋子了，我决定放弃打扫，因为之前荷兰邻居请我们吃饭的时候也没有打扫。我喜欢这种感觉，随意得令人安心，仿佛我就是一个从楼上掉下来的家人。

我把所有的东西（衣服、书、杂志）都丢进了书房，然后关上了书房的门。我没有铺床，所以关上了卧室的门。我的清洁策略是把用不着的房间的门都给关上。

第一阵动静响起的时候是下午2点，我正飞速地切着根菜，准备放进烤箱。查尔斯，我的良师益友，站在了我家门前的台阶上，边上是我在即兴表演课认识的女孩莉兹以及和我一同上喜剧课的杰曼。

他们3个人除我之外毫无共同话题，只能讨论我。

地狱来得太快。

我领着他们上楼，把他们带来的几瓶酒和几杯普罗塞克葡萄酒一起放在了茶几上。我的房子突然变得很挤很吵，还有6位客人在赶来的路上。

我准备蔬菜时无意间听见莉兹在大谈她的南美之行。嗯，很不错。除了她向查尔斯介绍的玻利维亚的一些景点，查尔斯已经背着包走遍了这个国家。我想起了多莉的话，我要承担起女主人的责任，把莉兹从尴尬中解救出来。

莉兹正陶醉在玻利维亚的美景中："我妈想把她的骨灰撒在玻利维亚的那条小道上，你肯定会喜欢那里的，真的超漂亮。"

我从厨房喊道："查尔斯，你没去过玻利维亚吗？"

"去过。"他回答道。

"那你没去过那条小路吗？"我继续喊。

"去过的。"他继续回答。

莉兹惊讶地用手捂住了嘴，看着查尔斯："啊？那你刚刚怎么什么都不说？"

气氛陡然变得愈发尴尬，我忍不住在厨房大喊："你们死后想把骨灰撒在哪里啊？"

第十四章 与我共进大餐

他们一齐转向我。

我说:"我想把我的撒到夏威夷!"

我太棒了,我是社交润滑剂,我是德布雷德的顶峰,我是妮格拉本人!

外面突然下起了倾盆大雨,我在屋子里四处小跑着关窗户,听见大门响了一次又一次,客人们陆陆续续来了。

我在即兴表演课上认识的劳拉带了刚烤好的蛋糕和一瓶波兰烈酒。因为没有带伞,她到达时头发正不断地往下滴水。如果我带她去卧室吹头发的话,就会暴露我的整理方式,她会看到"一堆堆的衣服"。但我已无暇顾及这些,因为楼下的客厅和厨房里已经人满为患了。

我跑下楼,萨姆正在一边加热火鸡,一边准备素食土豆泥。我望了一眼边上的红薯,上面油腻腻地淋满了黄油、白糖和棉花糖。棉花糖根本不是我想象中凝固成一堆火焰的样子,而是在金黄色的红薯中一块一块随意地放着。

"看着好像我把牙膏沫吐上面了。"萨姆还在一边跟我描述这个画面。

我恨不得马上手刃萨姆,但现场目击者过多,我只能收起这个计划。

终于,饭菜全部准备妥当。我把最后一盘菜端上桌之后,光着脚站在餐桌前,观察了一下我的客人。

托妮和她的丈夫正在沙发上坐着,莉兹激动地看着橄榄球赛,和我一起上即兴表演课的同学在讨论我们上过的课,其他人则讨论连体衣讨论得不亦乐乎。

"嘿!"我开口道。

无人回应。

"这里!嘿!嘿!"我一边大喊,一边挥动手里的叉子吸引大家的注意。终于吸引到了一小撮人的目光,但托妮还在兴奋地和角落里的莉兹说话。

"托妮!"我的声音又提高了几分贝。

房间内顿时鸦雀无声,我看上去和当年在班里维持秩序的班主任一模一样。

走出内向：给孤独者的治愈之书

"盘子在这里，刀叉在这里，可以开动啦！"我向大家招呼着，内心还是七上八下，这么做对吗？大家都是这么做的吗？我真的一点经验都没有啊！我佯装镇定继续说："我们准备了火鸡，里面塞了食物，还准备了可乐火腿。"不知道怎么回事，大家听到可乐火腿的时候不约而同地发出了一阵惊呼，好像这是什么开心魔咒。

"查尔斯，我特意用无麸质面包做的火鸡肚子里的馅料。"我仿佛只是轻描淡写地随口一提，实际上却渴望着大家的夸奖：看啊，我是多么完美的女主人，准备得如此周全。

"太棒啦，这些香肠也不含麸质吧？"查尔斯问道。

"嗯？为什么香肠会有麸质？"

一来一回间我们终于达成共识，香肠的肠衣含有麸质，查尔斯最终还是吃不了这个馅。早知道这样我就不用特意去买无麸质的硬面包了，这样的馅料是我长这么大吃过的最难吃的一次。

大家都盛好了自己喜欢的食物，然后把盘子放在腿上，围坐在地上。今天我最期待的时刻终于来临了。

美国的感恩节的传统之一是大家在餐桌上向自己的亲友表达感激之情，这是一种诚挚而深刻的美国精神。恰好，我这一年在努力学习的也正是坦诚待人，以及与他人深入地交流。

我想起之前人际关系培训班的老师马克曾经说过，当我们精心准备一顿晚宴时，我们觉得做出美味的餐点很重要，收拾干净屋子很重要，准备一些好酒很重要，唯独觉得交流没那么重要。这正是我今晚想尝试改变的，抛开那些不痛不痒的闲聊、辛辣的幽默，我希望大家能释放自己真正的情绪。

到此刻为止，我和萨姆为了今天已经付出了整整两天的心血。我们轮流给那只12磅重的火鸡解冻，几次差点毁了厨房，也差点让我们的婚姻陪葬。

但结果是好的，我们把大家聚集到了这里，即使他们对彼此来说都是陌生人。过去的一年里，我和他们邂逅，甚至得到了其中一些人的指导。然而一年

第十四章　与我共进大餐

之前我还不认识他们,如果我没有开展那个疯狂的外向计划,我们就永远都是陌生人,也不会有此刻相聚在这里的缘分。

窗外大雨如注,蜡烛摇曳着昏黄的光,我的思绪好像从屋子里飘走了。

"感恩节有两个传统:一是大家要尽可能地多吃点;二是每个人都要说一件自己心存感恩的事情。"说完我瞥见角落里的查尔斯——我不吃麸质的美国小伙伴。

"查尔斯,要不你先来?"

只见他举起酒杯:"感谢我的老朋友萨姆,以及新认识的朋友们,还有这些好吃的!"

接下来轮到托妮。

她说:"感恩我现在生活在一个全民医保的国家。"(托妮在美国短暂地生活过,现在痴迷于英国的国民健康保险制度。)还有一些人表达了对今天午餐的感恩。

几番讲话过后,话筒到了我这里,我看着这些一年之前还是陌路人的面孔,说道:"我最想感谢的是,在过去的一年中,结识了在座的绝大多数朋友。这一年我做了很多现在想想还后怕的事情,也认识了很多了不起的人。今天邀请大家来是想让我们的友谊更进一步,在座的每一位对我来说都是特别的存在,你们让我在过去这一年里发生了一些积极向上的转变,是你们改变了我。"

我做到了。

我后面是罗布。

"嗯……我想谢谢妮格拉发掘出可乐火腿这种绝世美味。"和我想的深入交流不一样,但我没有追究他的责任,因为他是英国人,英国人本来就没有办法在公众场合敞开心扉,这可以理解。

最后是杰曼。

"你们把能说的都说完了,那我就感谢一下……门,它们帮我们遮风挡雨,实在很伟大。"我居然无法反驳杰曼的观点,因为我也无比感激那些门,是它们把我那些没收拾的烂摊子都藏在了背后。

我的刀叉还在半空中举着,我盯着杰曼想知道他会不会额外说些我期待的真心话。

"同时我也很感恩此刻能够和大家相聚在这里。我觉得你们时而有趣,时而举止怪异,这是一群有趣而又怪诞的灵魂的相聚。"他说完端起啤酒一饮而尽,试图掩饰自己释放了太多善意的尴尬。

"有趣而又怪诞的灵魂",真是堪称完美的总结。

1个南非人,2个基尼人,1个罗马尼亚人,1个美国人,1个桑兰德人,3个英国南方人,1个澳大利亚人和1个北爱尔兰女人走到了一起。

只吃海鲜的朋友吃了满满两盘可乐火腿,而无麸质素食者在一旁品尝南瓜派。这就是感恩节的意义啊,打破原来的饮食习惯,能够共享一份可乐火腿。

主菜一上,我就开始收拾之前的盘子,然后独自回到厨房。我在早已准备就绪的播放列表上按下播放键,马文·盖伊(Marvin Gaye)的《我必须放弃》(*Got To Give It Up*)开始在屋内流淌。

我一边摆弄着洋娃娃操控的奶酪滑板,一边哼着小调:"我过去常常参加聚会,站在那儿不知所措,真的会睡不着……"

马文·盖伊肯定是个内向的人,不然怎么会为参加外向型派对的内向者写赞歌?

我独自待在厨房里,手里握着一块奶酪板,耳边有动听的音乐。厨房外正在举行一场派对,我的派对。这就是梦想照进现实的样子吧。我正在进行社交,但我可以随时拥有自己的独处时光。我在聚会之中又仿佛游离聚会之外,我是薛定谔的女主人。我已经解锁了举办一场聚会的全部密码,我的音乐,我最喜欢的食物和我精心挑选的客人,并且只要我想,我随时可以离开聚会的房间。

我拿起劳拉带来的蛋糕、生奶油、蛋奶冻和妮格拉教我做的焦巧克力布朗尼,还有香草冰激凌和纸盘,和奶酪板放在一起,奶酪板上还有一些无麸质饼干和普通饼干。

第十四章　与我共进大餐

最后我在角落放了一个水煮梨，因为我实在没法抗拒它的诱惑。现在我要向陪我度过伦敦最初时光的电视节目致敬，没有它，我就不可能做出下面的举动。

"要不玩个游戏吧？"我试探性地提出了建议。

空气中弥漫着矛盾的气息，有几个人用茫然的目光看着我。

大家明明都想玩游戏，只是没人愿意第一个跳出来承认。这里有几个可是跟我一起上过即兴表演课的人啊，他们不想玩游戏？我不信。

同时，我之前有听到托妮在闲聊时和大家说她讨厌玩游戏，所以她在主动玩游戏的这口井里下了毒。

我向大家推荐了一款游戏——papelitos，以前圣诞聚会时，我的委内瑞拉室友带我玩过，它在西班牙语中是小纸片的意思。

每个人都在自己的小纸片上写下5部电影，然后将纸片扔进一个碗里，让队友来猜电影。一共有3轮提示，第1轮只有单词描述，第2轮可以提示电影名中的一个单词，第3轮可以用肢体语言。

所有人开始动笔写电影名，一切都在按计划进行。

"人为组织的娱乐活动太没劲了！"托妮醉醺醺的声音从角落里传来。

不不不，别这样。

我挨着她坐下来，轻轻用手搭住她的胳膊，向她靠得更近一点。

"有钱真好，希望这些钱能让你快乐。天哪，多可怜的人啊。你摧毁我的夜晚就为了得到这些钱，我希望你能把它花在礼仪课程上……"（之前我提到过的《与我共进大餐》那个节目里那位发疯的大叔的发言。）

不，我没这么说。

我说的是："托妮，今天是有爱的感恩节，不要在游戏环节起哄，好吗？"

她点点头，露出害怕的神情。

这是杰丝版本的《与我共进大餐》，是我的主场，我一定能做到的。

我让托妮和她丈夫搭档，游戏中所有需要表演以及看起来很蠢的部分都由她丈夫来承担，她只需要负责猜就行了。托妮稍稍松了一口气。

游戏开始，我的队友是西尔维娅和罗布。

竞争很激烈。第1轮中，为了让罗布猜到电影《关于一个男孩》（*About A Boy*），我想到了一个单词线索。

"teenagerhood。"大家一头雾水。

"没有这个单词！"大家抗议着拿出手机开始查字典。

结果你猜怎么了？它真的是一个单词，用来表示青少年的状态。

不过没什么用，罗布没猜出正确答案。

整个游戏过程都充斥着激烈的喊叫、戏精的表演、争夺冠军的激烈角逐。

所以事实证明，如果你想度过一段愉快的时光，那就邀请你的朋友让他们在屋里打赤脚，让他们吃着火鸡、喝着酒，最后让他们表演《虎胆龙威3》（*Die Hard III*）里的片段。

劳拉拿出她带来的波兰榛子酒，倒了几杯，又往杯子里加了全脂牛奶。我们互相传着品尝，它的味道很像费列罗巧克力的味道。

我真的沉醉在这次聚会中。不知不觉，一下午的时光就溜走了，大家陆续准备离开。

最后离开的是托妮、罗布和杰曼，我拥抱了他们，看着他们走下楼梯，然后关上门。转身的瞬间，我听到杰曼的声音从楼梯间传来："今天太棒了！"我产生了一种美妙的错觉：我们正在参加《和我共进大餐》的录制，杰曼在出租车上给我打了9分！（没人能拿10分。）

我瘫倒在窗边的沙发上。

下午真是举办聚会的最佳时间，这样在晚上8点30分之前我就能喝着无咖啡因的咖啡，就着吃剩的南瓜派，和萨姆一起重温《老友记》（*Friends*）中的感恩节片段。

我邀请了10个陌生人（大部分是）来家中聚会。从长远看，我感受到了

第十四章 与我共进大餐

新的友谊正在萌芽。他们是我过去一年的经历中的某个组成部分，而现在，他们也是彼此的某个部分了，即使只有今天这一个下午——我们共享同一段经历的下午。

比如杰曼为了让他的队友猜出《五十度灰》(*Fifty Shades of Grey*)，他假装爱吃火腿，这会成为我们每个人的脑海里挥之不去的记忆。

所以，如果你不擅长社交，可以试着举办一场聚会。主人的职责使得你一直都有事可以做，这一天也会因此变得紧张而又充实起来。退一万步讲，如果你真的觉得难以支撑还可以偷偷躲进卧室，就算躲进被窝里也无所谓，总比在别人家里躲进别人的被窝里要好得多。

第十五章 在内向者和外向者之间切换

第十五章　在内向者和外向者之间切换

当坐在我对面的克丽丝蒂朝着某人挥手时，我们正坐在伊斯灵顿的酒吧里喝酒。克丽丝蒂是我今年在网上认识的新朋友，当她提出见面时我没有选择拒绝，而是答应了。我顺着克丽丝蒂挥手的方向看到了喜剧演员萨拉·巴伦。

我看到萨拉脸上闪过一丝惊讶。

"这是我的朋友，杰丝。"克丽丝蒂向萨拉介绍。

萨拉愣了一下，一秒钟之后认出了我——在爱丁堡喜剧演出中遭遇滑铁卢的那个女人，为了康复找她寻求过帮助。

"但你之前说你没有朋友啊？"萨拉看着我惊讶地笑道。

"那是以前。"我回道。

上次举办午宴后的第二天，我在《卫报》上看到了一位心理学家的话：一个难相处的内向者并不一定过着不快乐的生活。

即使是那些独自在沙发上的至暗时刻，我也不确定我是否"被迫过着不快乐的生活"。

也许是吧，至少我内心里带着一点恐惧。

有时这份恐惧会被放大。

我害怕如果自己一成不变，待在深渊，就永远无法进入更广阔的世界。所以这一年，这份恐惧将我推出家门，推上舞台，推入别人的家中，推入和陌生人的谈话中。

但实际上我根本就不觉得自己一定要拥有更广阔的世界。

但我想见一见它,想知道它到底是什么样子,然后选择自己想过的那一种人生。

世人普遍认为,内向是一种自然特征。有些研究认为内向是一种生理上的甚至基因上的特征,同时也有研究指出内向有40%来自遗传。但是心理学家布赖恩·R.利特尔(Brian R. Little),也就是《卫报》上提出那个观点的人,则表示人的性格不是一成不变的,也不是完全由先天或后天决定的,性格能够通过你的行动来改变。

他的研究揭示了人类的"个人价值",你可以选择你想成为的样子,从微不足道的遛狗的宠物主人到令人生畏的珠峰攀登者,再到人际交往中一个好的倾听者。他在书里写道:"你的行动可以重塑你是谁——这是对人类之前关于性格的看法的颠覆。"

他说我们有"自由的人格特质",自由特质是指我们在需要它时所采取的行为或表现出的某种品质。(比如内向的人在工作时需要社交的话,他会比其他时候更愿意社交;害羞的人在好友婚礼上当伴娘时,会变得更自信。)

我想起联合教堂里我逃避了那么多年的舞台,我第一次站在聚光灯下,表演了单口喜剧。我看着视频里的自己从容且自信。我想到了自己走进几乎全是陌生人的房间去和保罗攀谈。过去的一年里我在需要自由特质的时刻,我充分调动了所有的自由特质。

我也遇到过许多同样调动自由特质的内向者,当现实情况需要他们外向时,他们就成了完美的外向者。起初我是惊讶的,但现在想来这其实是一件稀松平常的事情。要在事业上有所前进就不能畏惧当众演讲以及和陌生人交谈,甚至需要你成为交际能手。关于这一点,我的魅力教练理查德、网上认识的记者们以及一起上喜剧课的精神科医生本吉都曾告诉过我。本吉说他早已厌倦了被内向和害羞所裹挟着的生活,并最终成了我的午宴上吃掉火腿的素食主义者。

在现代社会,外向者在工作、生活中的确比内向者更占优势。因为他们在各种社交场合如鱼得水,不断结识新的朋友,建立新的人脉关系,也更容易在

第十五章 在内向者和外向者之间切换

工作中得到领导的赏识。但人类应该保持其多样性,千篇一律的外向人格是不健康的,也是不现实的。不少外向者开始追求内向型的活动来帮助其反思和放松,那么同样的,我们内向者为何不能反过来去"窃取"外向者的特质呢?在应该外向的场合就表现得外向吧,这是自然而然的事情,也没有那么难,毕竟这并不需要我们像吸血鬼那样咬外向者一口才能获得这种能量。

因为我是内向者,所以我的亲切感和同情心自然会向内向者倾斜。我交到的大多数朋友都是内向者,因为我对他们持有一种与生俱来的好感。安静的人们机智、体贴,他们也暗暗观察着我,想尽快和我做朋友。

但社会既是如此,身处洪流中的内向者该如何处之?抑或,内向者对自身的命运可有不满之处?在我已经逝去的近半生岁月里,我最常挂在嘴边的自我评价就是我无法做到他人所做之事。但过去的这一年,我把这些事几乎做了个遍。诚然,也有很多与我不同的内向者,他们在内向的世界里悠然自在,不希求改变,对此我的敬佩之情无以言表。但充分利用自由特质,拥有随需随取的能力,在外向和内向之间来回切换,这是我可以努力做到的事情,它们真切地赋予了我一种不可思议的自由,无私地赐予我希望之光。

我原以为从开始接受挑战的那一刻起,我会面临两种极端的命运:要么堕入地狱,万劫不复;要么凤凰涅槃,浴火重生。瑟缩的阴暗怪物和风情万种的名利场交际花,我必成其一。未曾料到经过一年的历练才发现崖底的风光居然和崖上无异,我还是原来的我,丝毫未变。但我知道,有些细微的变化很难一下子就显露出来。

我再次踏进联合教堂,依旧缘于《飞蛾》的表演,但我这次是作为观众坐在观众席。舞台上的女士在讲述第一次和她妹妹相见的故事,不是在医院的新生摇篮,也不是在温暖的家里,而是一场紧张的约会,因为她此前从未知晓自己有个妹妹。我看着她在聚光灯下侃侃而谈,几乎无法将这个场景和曾经的自己联系在一起。我全神贯注地看着她的动作,听着她的声音,感受着她浑身散发出的自信和笃定。她突然停了下来,停顿的时间超出了一场演讲正常的停顿时间，她忘记了下一句台词。她深吸一口气，慢慢地，有分寸地再呼出那口气，气流涌向麦克风，传出一阵杂音。台下的观众跟着她的节奏一起往外呼气。她没有结巴，也没有泪水涟涟地冲下舞台，她只是站在原地，慢慢地等，等她的故事重新回到脑海中，然后，她的故事就这么回来了。

长久以来，我一直认为舞台上的失误是致命的，是用尽一生的时光都无法治愈的伤痛。但这位女士告诉我，我错了。演讲结束以后，她情绪正常，甚至比平常还要更高昂一些。她在人群中闪闪发光，尴尬和羞愧根本没有在她的眼中闪现。如果非要找出不妥当的地方，那应该就是她的情绪过于高昂了。事态的走向即使不如预期完美，即使发生了那么一小点或一大点无伤大雅的失误，宇宙也不会崩塌，海水也不会倒流，我们依然能看见明天的太阳，对吧？然而这么简单的道理，我到今天才真正明白。

所以即使你面对着此生最大的挑战，并且事态急转直下，比如在苏格兰的单口喜剧表演的舞台上宣布自己对英格兰的爱，其实也没那么严重，对吧？

"成为外向者的这段日子，你有快乐一些吗？"这个问题今年我被问了很多次。

我的回答是，有时候是。

在狭小的教室里，当即兴表演达到高潮时，我的身边围绕着各种各样友好且温暖的笑脸，沉浸式的表演、令人惊叹的创造力，以及无处不在的欢声笑语溢满整个空间，我很快乐。

和素昧平生的人有了不期而遇的美好邂逅，就像在欧洲之星上遇到了克劳德，与人为善的亲切感油然而生，我很快乐。

信步走进布达佩斯的第一家公共浴室，成败的忧思都被丢在一边，平躺着面朝澄澈的天空，感受顺着身下的水波恣意漂浮的自由，我很快乐。

我对了解他人和建立新的社交关系乐此不疲。比如，我和在《飞蛾》一起表演的伙伴共进晚餐，或者在读书俱乐部和他人共享馅饼，以及在我父亲住院期间，听护士皮特一边给我父亲量体温，一边讲他祖父母的故事。

第十五章 在内向者和外向者之间切换

但与此同时，我也有一些困惑。感恩节午宴过后，我送走最后一批客人，立马瘫倒在沙发上，无法动弹。我实在无法想象外向者如何能够将这些繁杂的事务逐一处理妥当。他们如何在不需要彻夜思考、反省、复盘的情况下，弄清楚到底发生了什么？如何在脑海中的想法随时会更新的情况下，听到自己内心真正的声音？

外向者夜晚睡觉的流程和我们一样吗？

365 天每天重复这样的生活，承担如此的焦虑，着实不是一件易事。

我知道那微小且不易觉察的变化是什么了，是我敢于尝试一切的勇气。

我知道莉莉和薇薇安会一直和我一起在喜剧表演事业上携手并进，如果我再次在舞台上失误，她们依然会在台下为我加油。

我知道距离我两层楼的地方，住着我的邻居和新朋友汉娜。

我知道我仍会对公开演讲感到焦虑和绝望，但只要我努力练习，就会有希望。

我知道我和阿比盖尔成了可以一起游泳、一起喝咖啡的朋友。

我知道深度交谈绝对有益，即使对方有些警惕，但它仍能拉近你们之间的距离。

我知道小即是多。我在线下聚会认识了保罗，随后她的女朋友向我推荐了喜剧课，由此开启了我和莉莉、薇薇安的缘分；有人在网上点赞了我的即兴表演课，唤醒了我对即兴表演的回忆；和同事的交流让我发现了那个舒适的读书俱乐部。

在某个晚上，我向别人引荐了一位文学经纪人，又给另一位朋友提供了约会建议，回家的路上带迷路的法国夫妇到地铁站，在地铁站的自动扶梯上帮陌生女士提了包。以往面对以上这些情况，我都会踌躇不前，会顾虑介入别人的事情是否礼貌，但现在我会去做了。扶梯上的女士不会英语，她没有和我说"谢谢"，但是她抛了一个大大的飞吻，然后挥手离开。也许以后，我终将成为某个人的皮特。

这一年,我对孤独有了很多新的感悟。一个成年人要足够幸运,才能够拥有一个从孩提时代直至今日的密友,友情更多的是需要主动维护。因为更多的人在成长后不得不背井离乡,离开自己的旧友,当距离和时间让你们无法朝夕相处时,拥有自己的新朋友尤为重要。这绝非易事,也许几年下来,你的好朋友仍遥遥不知所踪。这时你就要发挥主观能动性了,你必须主动出击,抓住每一个潜在的朋友。当生活陷入黑暗,或者你所爱之人正在进行一场严重的手术,而你在手术室外魂不守舍,这时要是能有一位朋友握着你的手,这幽暗漫长的时光就没有那么难熬。一旦这样的朋友出现在你的生命中,就不会轻易离开。即使他们搬到遥远的巴黎,他们仍然是你的朋友。人们都会在某个时刻突然陷入孤独,几乎我身边的所有人都和我谈过这个话题,所以如果你不注意保护自己,孤独就会在不知不觉间悄悄敲响你的门。

听心内之声,做有畏之事,今年我的自信源自于此。在或骇人,或疯狂,或不公的世界中,这是无价之宝。因为世上能吓到我的事日减,能控制我的物日衰,这的确是宝物一桩。

时至今日,事态的发展似乎比我最初预想的还要美好一点。我处理起生活中的大小事务已变得游刃有余,因为我可以有选择地在某些时刻成为一个外向者。我可以走进一个满是陌生面孔的房间,加入他们的话题;我可以在需要方便的时候打断整排的观众去上厕所;我可以在有疑问时,大声地向讲师提问;我可以结识新朋友,留下他们的联系方式,最后邀请他们到我的公寓里吃可乐火腿。我渐渐从一个害羞的内向者转变成了爱交际的内向者。

这星期我恰好路过了那家因为一场比赛把我带进桑拿房的健身房。自从结束最后一次称重任务,我就极力避开这家健身房。我并不想睹物思人,回想起当天的我。我加快脚下的步伐准备离开,一位教练却透过窗户看到了我并跑出来和我打招呼。

"好久不见,你去哪里了?"

第十五章 在内向者和外向者之间切换

我该怎么回答呢？布达佩斯、爱丁堡、陌生人之家、即兴表演、舞台表演、朋友约会？最后，我神秘地说："我一直都在。"

"你知道今年谁赢了比赛吗？"

"谁？"

"波希亚！"

一瞬间空前的解脱感向我扑来，地球仍然在转动，世界仍然在前进，我根本没有弄坏时空机器！

此刻我正准备出门去赴汉娜的咖啡之约；刚刚手机收到劳拉的短信，问我要不要下个月一起上新的即兴表演课，我答应了；读书俱乐部又有活动了，我正在看新的书；保罗和他女朋友下星期要来家里做客，我和萨姆决定每年都办感恩节宴会；克劳德现在是我的电子邮件笔友，他习惯在结尾处写"愿身体无恙，日行善事"，我很喜欢这句话；莉莉和薇薇安想说服我再表演一次单口喜剧。我应该会去看她们的演出，替她们加油。生活里都是这些幸福的小事。

我的社交生活不算丰富，但我已经找到了一种体验世界的新方式。舒适圈内的生活我安之乐之，但短暂地去圈外未知地带冒险，我知道，我也可以。

但如果你在格拉斯顿伯里见到了我，不要犹豫，轻轻拉住我的手，把我送上可以回家的第一班公交。我因为打盹而被带到了这里，这并非我意。

| 后 记 |

正如苏珊·凯恩（Susan Cain）在她的《安静：内向性格的竞争力》（*Quiet: The Power of Introversts in a World That Can't Stop Talking*）（我极力推荐这本书）一书中谈论内向一样，我在本书中也从文化的角度探讨了这个话题。

我理解的内向者和外向者通常是这样的：内向者喜欢寻求独处，注意力集中，喜欢思考，不喜闲聊，更偏向于一对一的对话，认为长时间的社交令人疲惫，大部分人害羞敏感；而外向者善于交际，喜欢冒险，不惧怕成为焦点，声音洪亮，热情，喜欢热闹。

与文化的内倾性相关的性格特征可以归入五大性格特征的不同类别（例如，害羞可以归为"神经质"，而厌恶风险的性格可以归为"经验开放性"）。

同样，迈耶斯-布里格斯性格量表（Meyers-Briggs Personality Inventory）将内向者描述为通过思考或独处获得能量的人，将外向者描述为通过行动或社交获得能量的人。本书对内向者、外向者的定义与之一致，但也包括前面提到的与内向者相关的文化特征。

如果你是一个内向者（或外向者），本书提到的部分内容可能适用于你，部分内容可能不适用，因为人是复杂的生物，性格不能简单量化。卡尔·荣格（Carl Jung）说："世界上不存在纯粹的外向性格或纯粹的内向性格——那样的人会是疯子。"

走出内向：给孤独者的治愈之书

我不是专业的心理学家，也不是相关领域的学者，但我在本书中引用了大量的最新研究成果。

为保护本书中所提及的人物的个人隐私，许多姓名和可识别的细节已被更改。我尽量如实还原本书中的故事所发生的时间，并尽可能详细地讲述这些故事。

| 致 谢 |

非常感谢我的著作代理人——睿智善良的埃玛·芬恩（Emma Finn），感谢你给我这个机会，感谢你总能给出令人赞叹的写作建议，感谢你从来没忘记给"碧昂丝"加上口音，感谢你是我最值得信赖的好朋友。

感谢我的天才编辑达西·尼科尔森（Darcy Nicholson），你像整理女皇近藤麻理惠（Marie Kondo）的书一样整饬我的书稿。很抱歉那么多封深夜邮件给你的打扰——我还不能保证你是否已悉数收到这些邮件。感谢一丝不苟的编辑艾利森·阿德勒（Allison Adler），和你们俩以及贵团队一起工作实在是大幸且欢喜。感谢海利·巴恩斯（Hayley Barnes）（抱歉我写了关于双子座的东西）和埃玛·伯顿（Emma Burton），谢谢你们的热情、付出和专业。感谢索菲·威尔逊（Sophie Wilson）的独具慧眼。

感谢所有帮助过我的人，感谢所有我采访过的人，很抱歉我无法在这里一一列出。谢谢你们扎实过硬的专业知识，谢谢你们协助我渡过难关。

感谢妮格拉·劳森引人入胜的菜谱，它俘获了我午宴上所有客人的味蕾，感谢你在你的书中耐心地解答了我的问题，谈论了你是一个内向者还是外向者的话题。

感谢乔瑞·汤普森（Jori Thompson），作为我这么多年最好的朋友，你给了我莫大的鼓励与帮助。感谢尚塔尔·海恩斯（Chantal Haines）和露西·汉

走出内向：给孤独者的治愈之书

德利（Lucy Handley）对烤玉米饼的精神支持和风格指导。谢谢你，萨拜因·汉德克（Sabine Handtke），谢谢你鼓励我坚持写作。谢谢塔恩·罗杰斯·约翰斯（Tarn Rodgers Johns）倾囊相助。感谢汉娜（新的最好的朋友？）在你认识我没几周，就花时间读了我的书稿，并给出了十分中肯的建议。你们都是我真正的好朋友。

特别感谢那些为我提供写作空间和食物的咖啡馆和餐厅，即使在最寒冷的冬天，你们也会为我的拿铁咖啡提供冰块。你们是最棒的。

大大的感谢送给这群特殊的朋友，是你们注意到了我深夜发短信和电子邮件时那种歇斯底里的语气，并温和地回复："要给我看一眼吗？"我将永远感激杰茜卡·J.李，一个女孩所能期待的最好、最善良的闺蜜，你还带我去游泳；感谢朱丽亚·巴克利，那个突然出现并把我介绍给艾丽斯的内向英雄；还有摩根·杰克逊——你集风趣、聪明、大方等多种优秀品质于一身，而且你做的酸辣酱真是人间一绝。感谢大家百忙之中抽出时间阅读我的书稿并给出恰到好处的建议。

还要向雷切尔·卡佩尔克-戴尔（Rachel Kapelke-Dale）说声谢谢：没有你，没有雨棚下的鼓励，我也不会开始写作，也就不会有这本书的诞生，我更不会享受到其中的乐趣。感谢你一次次的咖啡会，一个个疯狂的电话，一封封深夜的邮件，感谢你一直肯定我、支持我。谢谢你这么多年来一直是我的好朋友。对我而言，你是个了不起的编辑。你对我来说意义非凡。哦，对了，你的新发型看起来美极了。

感谢我的父母、兄弟和祖父母——我说过或写过的任何有趣的话都可能来自你们中的一个，尤其要感恩我的父母，感谢你们总是鼓励我、挂念我，并告诉我要做大事、成大器。

非常非常感谢我的丈夫萨姆——我非常非常感谢有你陪在我身边，谢谢你为了帮我渡过难关付出了很多：当起"家庭煮夫"为我做饭，演出前帮我熨衬衫，帮我核对稿子，害你一整年聊天的重心都在这本书稿上。除此之外，还有

| 致 谢 |

很多温暖的细节难以穷举，遇见你是我一生中最幸运的事，没有什么语言能表达此意。

我还要感谢在这奇妙的一年里所结识的新朋友们，是你们让我走出深渊，重获光明，是你们为本书的写作提供了丰富的素材和灵感。

我知道任何词汇都不足以表达我对各位的谢意，但为了延续本书一直以来所传达的精神——"选择你的回应"，我要说：我非常爱你们，发自肺腑。

以书寻词文字，分享人类智慧

天喜文化